● 梁鸣早　主编

生态农业优质高产
"四位一体"
种植技术手册

中国农业科学技术出版社

图书在版编目（CIP）数据

生态农业优质高产"四位一体"种植技术手册 / 梁鸣早主编. --北京：中国农业科学技术出版社，2022.2（2024.7重印）

ISBN 978-7-5116-5693-3

Ⅰ.①生… Ⅱ.①梁… Ⅲ.①生态农业 - 农业技术 - 技术手册 Ⅳ.①S-0

中国版本图书馆CIP数据核字（2022）第 017377 号

责任编辑 马维玲 崔改泵
责任校对 李向荣
责任印制 姜义伟 王思文

出 版 者 中国农业科学技术出版社
        北京市中关村南大街12号 邮编：100081
电 话 （010）82109194（编辑室） （010）82109702（发行部）
        （010）82109702（读者服务部）
传 真 （010）82109194
网 址 http://www.castp.cn
经 销 者 各地新华书店
印 刷 者 北京科信印刷有限公司
开 本 185 mm × 260 mm 1/16
印 张 17.25
字 数 300千字
版 次 2022年2月第1版 2024年7月第4次印刷
印 数 8 301～10 000册
定 价 98.00元

◄◄◄ 版权所有·翻印必究 ►►►

《生态农业优质高产"四位一体"种植技术手册》

编辑委员会

技术顾问　刘立新

主　　编　梁鸣早

副 主 编　张淑香　孙建光

参编人员　吴文良　孙　成　王天喜　那中元　韩成龙　蒋高明

　　　　　吴代彦　路　森　陈安生　王永仁　刘祥东　杨金良

　　　　　陈丛红　王春懿　罗立双　王站厂　徐　江　秦　义

　　　　　查宏翔　郭　强　秦小鸥　程存旺　石　嫣　赵兴宝

　　　　　王士奎　王建钧　杨小英　邹子龙　代　鑫　李迎春

　　　　　李书田　赵士明　张家元　侯月峰　梁龙华　仝雅娜

　　　　　任凤莉　张鹏鹏　金玉文

序　生态农业的科学原理与应用

　　生态学在经历了 100 多年的发展之后，今已日益成熟，生态学的基本原理广泛应用到农业领域，并发挥出越来越重要的作用。现代生态农业不仅解决了人们所担心的产量低问题，而且在生态环境保护、气候变化遏制、全民大健康工程实施、乡村振兴、城乡和谐发展、生态文明建设等诸多方面，都发挥着主导作用。

　　生态农业，顾名思义是指农业生产方式是生态的，是在健康的生态环境之下，用健康的理论及方法进行管理的农业，以种植谷物、油料作物、中草药、蔬菜、果树、烟草等作物为主，而动物饲养则尽可能采取仿生态养殖。生态农业所需要的原料均来自自然界，尽量就地取材，不使用农药、农用地膜、植物生长添加剂和转基因种子，尽量不用或少用化肥，满足植物对水、热、矿物质的需求，使其产量不低于或高于常规农业。生态农业具有较高的生物多样性，尤其具有较高的土壤微生物多样性，生态相对平衡；在必要的时候使用物理 + 生物方法控制虫害，但不使用化学农药灭杀；对于杂草，采取机械处理与人工处理相结合的办法，尽量避免使用除草剂。生态农业不仅需要建构人与自然共生的关系，而且需要构建人与人之间的合作关系。

　　由于生态农业与非生态农业之间界限不清楚，很多非生态农业的元素如农药、化肥、地膜、激素、反季节种植与养殖等，都混在生态农业中，造成了概念混乱。由于对生态农业的原理不清楚，人们将生态农业简单等同于原始农业。在错误的理论指导下，生态农业所使用的科学技术被忽略，转而使用现代化学农业技术。上述问题严重阻碍了生态农业发展与生态文明建设，下面谈谈生态农业相关的概念、边界、科学原理与应用技术等热点问题。

一、生态农业的概念

传统生态农业是从系统理论出发，以生态学理论为依据，运用现代科学技术成果和管理手段，在一定范围内，因地制宜地进行农业生产活动。农业生产活动包括农、林、牧、副、渔等方面，采取无机和有机投入物相结合的办法，用生态学原理来管理农业生态系统，使其实现自我维持，并且经济可行。因此，生态农业是一种低能耗农业，主要对太阳能和生物质资源进行充分利用，以尽可能少的能源、化肥、农药的投入，求得尽可能多的深加工原料；对土地精耕细作，使农工贸一体化、产供销一体化，较为理想地实现农业现代化、生态环境保护、能源的节约和再生利用、社会经济效益等综合统一，实现社会效益和经济效益双赢，促进生产和环保协调发展，为农业生产的现代化进一步发展开辟新的前景。

现代生态农业是在生态学理论指导下开发的环境友好型、耕地固碳增氮型农业，是在不使用农药、化肥、除草剂、地膜、激素、转基因种子等前提下，满足植物健康生长需要的一种农业生产方式。长期坚持这种生产方式，耕地生产力会不断提高，生产出来的产品为绿色产品或有机产品，在市场上价位高于常规农产品。

从生态农业的特点来看，生态农业并不是落后、低产、低效的代名词，而是具有十分明显的生态效益、社会效益和经济效益的农业。生态农业是在传统农业基础上，利用现代生态学原理和技术提升的一类环境友好型农业模式。

二、生态农业的科学原理

水热耦合原理 农田生态系统由气候、土壤、生物等因子组成。其中，气候中的大气温度和降水占主导地位，对其他因子产生重大影响。农田是由改造自然生态系统而来的，不同植被地理背景下农田生产力或产量受水热组合影响最大。自然界中，最高生产力是热带雨林，热带雨林的水热条件最好，元素循环快，年干物质生产量（即生物量）约45吨/公顷，是在不施肥、不打药基础上实现的。在农田中，光照、CO_2都不是限制因子，而水热条件，尤其水热组合，最能反映农田生态状况。在中国即使有些农田面临季节性干旱胁迫问题，依然比地中海荒漠地区的农田具有十分有利的条件。中国草原雨热同期，而地中海附近、非洲的部分草原，雨热分离，出现的最佳时期是冬季和夏季。水利是农业的命脉，在不同气候带上，水热组合决定了生态系统生产力。生态农田尽量利用天然降水，适度利用客水或地下水，做到"旱能浇、涝能排"，形成的土壤团粒结构具有较好的水分吸附能力，土壤毛细管悬浮水还能发挥水源涵养功能。热即热量，地球上的一切热量来自太阳，热对植物生长发育乃至群落分布有重要的作用。在不缺少阳光的地方，热量与水的耦合对农业增产的作用大于化学肥料。生态农田利用自然界的热量，顺应季节，充分利用水热同期优势，因地制宜种植适合的作物。夏季高温，杂草生长也很繁茂，如将杂草作为资源利用起来改良土壤，也是生态农田利用热量资源的有效途径之一。

土壤碳氮库增长原理 碳表现在土壤中即有机质。目前，中国耕地有机质含量普遍偏低，平均1%左右。通过有机肥养地，可大幅度提高土壤含碳量。这里的有机肥，指自然界中的所有光合产物及其衍生物，不单是传统意义上的人类和动物排泄物。生态农业中的有机肥，以植物源肥料如绿肥、秸秆肥、杂草肥为主。研究发现，在暖温带湿润地区，当生态农田有机质提高到5%时，土壤肥力就可以大幅度提升，空白对照（不施肥）的作物产量也能超过吨粮田（小麦—玉米周年产量）。氮是植物光合生长必需的元素。自然界可以利用的氮都来自空气，空气中氮气含量约占78%。生物固氮、雷电固氮、干沉降和湿沉降都可以为植物生长提供氮源。在种植过程中，用以上培育碳库的办法，培育土壤氮库，通过微生物活动固定空气中的氮，并活化土壤中的氮。碳与氮之间的比例为（10～12）：1，当土壤含碳量增加到5%时，即使按照碳氮比10：1，也意味着每亩（1亩≈667平方米，全书同）土壤20厘米耕作层中有相当数量的活性氮可供作物利用，这些氮不会像化肥那样流失。因此，人类离开化肥厂，也能够满足作物需要的氮。解决了氮的问题，适量补充每年收获从土壤中携带出的矿物质，可以实现每年将籽粒带走的氮双倍还回土壤，使土壤可利用氮不断增加。因此，合理的碳氮比，对生态农田非常重要。

增加土壤碳库和氮库的办法有很多，除每年添加有机肥外，秸秆还田、种植或施加绿肥、利用杂草肥都是很好的办法。生态农田必须每年添加碳和氮。山东、河南的农田土壤使用了4 000～5 000年没有出现退化，就是有机肥和土壤生物对土地滋养的结果。如今通过培育土壤碳库、氮库增产技术已非常成熟。

生物多样性原理 生态农田具有丰富的生物多样性，尤其是土壤生物多样性。农田生物多样性包括种植物种（植物）与养殖物种（动物）多样性。在多样性丰富的农田生态系统中，其生态系统稳定性高，抗自然灾害能力强，同时延长了农产品货架期，避免集中上市带来的农产品滞销。以在10亩农田基础上发展起来的弘毅生态小院为例，经济物种有73种，包括植物、动物和微生物三大类。在这个系统中，害虫与杂草都转变为资源得以利用；同时，由于土壤健康，农田生态系统健康，植物病害基本消失。害虫与杂草本身就是自然界存在的物种，它们的作用也是辩证的；害虫会吃植物，但也会给一些虫媒植物授粉；害虫是益虫的食物，害虫死亡后其尸体可以参与构造土壤中的团粒结构；杂草会与作物争夺养分，但也会增加土壤碳库和氮库；杂草根系及其分泌物对土壤中生物多样性的维持及良好土壤结构的保持也起到正向的作用。当然，对于害虫和杂草必须进行管理，农民辛勤耕耘是为了管理它们，不受其危害，并且达到变害为宝的目的。

生态位原理　农田生态系统中，不同物种都有自己的生态位，在时间和空间上所占生态位不同，大部分时间物种相安无事，只有生态位重叠时，才会发生激烈的竞争或对抗。生态位是生态系统中每种生物生存所必需的生境最小阈值。拥有相似功能生态位，但分布于不同地理区域的物种，在一定程度上称为生态等值生物。生态位与资源利用谱相对应，生态位宽度是指被一个生物所利用的各种不同资源的总和。

在农田生态系统中，因种间竞争，一种生物不可能利用其全部原始生态位，所占据的只是现实生态位。作物的生态位是人为保护的，人类为了高产，人工除草或机械除草，去除竞争者。土壤表层一定深度，是土壤微生物、蚯蚓、线虫等动物的生态位，一些害虫的幼虫也分布于此。利用生态位的空间差异，可以减少杂草控制成本，如果园和葡萄园生草，就是利用乔木（藤本）与草本植物生态位不同的原理；种植高粱也可以控制杂草，因为高粱为高秆作物，比杂草占据更优势的生态位；利用生态位时间差异可以控制害虫，如诱虫灯捕杀的是夜行害虫，而益虫多在白天捕食较少受害。夏季的杂草很难在春季生长，可以利用夏季高温多雨生长杂草，混播豆科植物养地，然后种植越冬小麦，可以提高产量，这是利用小麦与杂草的时间生态位原理。

生态系统原理　生态系统指在自然界的一定的空间内，生物与环境构成的统一整体。在这个统一整体中，生物与环境之间相互影响、相互制约，物种间的相生相克所产生的化感物质，可以使农田生态系统在一定时期内处于相对稳定的动态平衡状态之中。生态系统能够自我维持、自我更新，并且具有一定的恢复能力。掌握了农田生态因子的变化特点、物种组成及其相关关系，人类就可以利用所掌握的生态学知识进行农田生态系统设计，力求获得最大的产量、生物量或者最高的经济效益。间作套种、林禽互作、果禽互作、林粮互作、药粮互作、稻田养鸭、稻田养鱼、莲鱼共生、鱼菜共生，等等，都是利用生态学原理进行的农田生态系统设计。在该类设计中，最重要的因素是种子。种子是农业的"芯片"，人类不能制造种子，只能收集和改良种子。生态农业基本使用老种子，鼓励农户自留种。

在生态农业生态系统中，不是温室气体排放源而是温室气体库，从源头解决了面源污染问题；农田生态环境大幅度改善；农田生物多样性逐渐恢复；农产品不再含有人为添加的有害化学物质，它们提供的优质健康能量，将使得人类重大疾病发生率大幅度下降；农业将成为附加值很高的产业；优良种质资源可以长期保留和使用；病虫草害发生率基本可控；土壤越养越肥，耕地生产力将得到稳定提高。

三、生态农业主要应用技术

从小范围实践成功的案例来看，完全不用化肥、农药等能够生产足够的食物，来满足人类可持续生存的需要。生态农业不是落后、低产、低效的代名词，而是高效、高产、高附加值的现代农业，并且能够带动农民与农二代、大学生二代就业。生态农业除使用机械、电力和燃油外，其余石化类农资已基本停用，主要投入是劳动力。资本市场下，劳动力就是金钱，是最安全的生物生产力。生态农业不是不需要现代科学技术，而是需要很多环境友好型的科学技术。生态农业是对现代农业的革命，革命就需要武器，农民不可能回到"原始社会"去出"傻"力气，他们需要学习和使用新的、现代的、高效的"武器"开展生产活动，这些"武器"就是生态农业中的关键技术，具体如下。

物理＋生物防虫技术　这是中国人自主发明的技术，利用害虫的趋光特点吸引害虫进行诱捕，同时恢复天敌控制害虫。该技术来自物理学和生态学的贡献，即从源头控制雌虫数量，将交配后的雌虫连同雄虫通过物理方法控制，因害虫雌虫不能回到土地产卵，留下的后代越来越少，再加上天敌恢复，害虫不至于产生危害，这些物种还在，但危害基本得到控制。

有机肥养地技术　　这是来自生态学的直接贡献。地球上所有的光合产物及其衍生物均可以做肥料，这些物质包括植物枯落物、秸秆、人类和动物排泄物、动植物残体、农产品加工废弃物、菌类养殖废弃物、可降解生活垃圾，等等。中国仅大型养殖场粪便折合成化肥高达 7 000 万吨以上，超过化肥使用量 5 900 万吨，秸秆、可降解生活垃圾中含有的养分数量也很大。停止向农业生态系统投入化肥、农药、除草剂、地膜等之后，土壤微生物和动物得到休养生息、物种消失得到遏制；持续投入有机肥、绿肥、杂草肥等生物质肥料，可以实现耕地碳库与氮库同时增加，人类担心的产量问题也会得到合理解决。

生物与机械控草技术　　这是来自生态学与物理学的贡献。除草是农业生产中最辛苦的环节，采用生物、机械、人工等办法，根据不同生态位，该除草的除草，该养草的养草，利用动物和草治草，发展小型除草机械。鼓励农民多付出劳动，劳动强度比在城市打工低，但收入却高于在城市打工。当农业管理的收入超过进城打工的收入时，年轻农民将陆续回乡，农业后继有人，一些传统农艺也就有人继承了。

生物控病技术　　这是来自生态学的贡献。自然界中的生物都遵循适者生存的原理，植物在亿万年的进化中已经学会在逆境胁迫到来之时开启次生代谢途径，产生与环境协调的物质，这一过程多次重复就形成植物体内具有物理屏障和化学屏障作用的防御系统，植物的抗病能力源于此。人类的祖先发明的各种农田管理措施属于人造胁迫，采取这些措施尽量不让庄稼、蔬菜、果树生病。该技术与有机肥养地技术配合，将会发挥更重要的作用。在自然界中，热带雨林、草原、湿地、海洋、森林都是"不生病"的，具有自我调节的功能。在生物控病技术中，用螯合态矿物质液肥、有益微生物制剂、中草药提取液、沼液等，也可以起到"外在补充、内在激活"的生物防治作用。

动力与灌溉技术　　这是来自物理学的贡献。为了降低劳动强度，收获、储存、运输、灌溉尽量采取机械措施，农业机械部门应该多研发一些实用型农业机械。目前研发动力很足，大型设备可以用作整地、耕地和中耕除草，自动喷灌设备可布局到田间地头，大幅度提高劳动效率，同时减小劳动强度，让农业生产变得不那么辛苦。

农产品加工技术　　农产品加工是使农产品升值的重要渠道。利用物理或生态的办法，进行生态种植的农产品深加工，提升农产品附加值。农产品加工应以小型化、家庭化、多元化为主，带动农民专业化分工，带动更大范围的就业。尽量不采用规模化做法，从而避免市场竞争风险。传统的食品加工工艺，在高效生态农业体系中将发挥巨大的作用。以白酒为例，那些动辄上百、上千甚至上万的白酒，其实粮食和酒瓶等成本只有十几元或几十元。生态农业食品加工，要禁止使用防腐剂和形形色色的工业食品添加剂。

互联网技术 又称为信息技术，这是来自数学的贡献。没有销售渠道的农业要少搞，优质农产品销售是关键，高效生态农业必须有自己的定价权。要发挥互联网与物联网优势，线上与线下相结合，网上购买与现场体验相结合，将优质农产品以优质价格销售出去。互联网技术保障了顺季节多种经营，延长了货架期，避免集中上市带来的农副产品滞销风险。

物流技术 目前，物流技术在中国已经非常成熟。该技术可使所有适合人类食用的生态产品，无论是来自海南岛还是黑龙江、来自深山老林还是远渡重洋，都可以送到任何地方，满足人们日益增长的对营养丰富的生态产品的需求。当然收获或捕捞各种自然来源（如海洋、草原、森林、湿地、荒漠等）的食物都是生态农业的范畴，并且提供的是无须认证的有机食品。物流技术让生态农业的优质产品实现了从产地到餐桌的直接分享。

中国共产党把生态文明建设写入了党章，提出加快构建生态文明体系的战略构想。生态农业是生态文明建设的重要组成部分。本手册推出的生态农业优质高产"四位一体"种植技术，符合生态农业基本的科学原理，并具有一定的实操性。本手册的发布对中国的生态农业有重要的推动作用，很高兴为手册出版撰写上述体会。是为序！

中国科学院植物研究所

中国科学院大学资源与环境学院　　蒋高明

2022 年 2 月 28 日

目　录

第一章

土壤肥料基础知识

第一节 从农耕文明与化学农业冲突谈起

一、中国的农耕文化蕴含东方智慧

中国疆域宽广、地势与气候类型多样、河流纵横、雨热同季，适宜的自然生态环境造就了生物的多样性，逐渐形成以北方旱作、南方稻作为主的多元化的原生农业格局。中国是全球唯一既有持续五千年的农业文明又开创现代生态文明的国家。五千年农业文明中的阴阳五行、相生相克的辩证观、天人合一的自然观、追求天下太平的人类观，是华夏文明的特色，数千年的农耕文化蕴含着东方智慧。距今约 2 800 年前，春秋时期管仲的《管子》一书中对农田兴修水利、防患水涝的方法沿袭至今。距今约 2 500 年前，春秋时期老子的《道德经》中的哲学思想成为中国农耕文化之源。距今约 1 500 年前，北魏贾思勰的《齐民要术》对耕作方法的陈述堪称经典，书中描述的物种间相生相克，在今天看来是人们对化感作用的感悟。距今约 700 年前，元代王祯的《王祯农书》描述当时从事的生态循环农业情景，被国外学者评价为"14 世纪的中国就已经有了很好的农作制度和高度发达的生产力"。距今约 400 年前，明代宋应星编著的《天工开物》一书，被翻译成十几种文字，被西方称为中国 17 世纪的百科全书。中国自古以来的农业就是生态农业。先民们用顺天时、借地力、精细化、生态化的理念创造财富。

二、中国的化学农业始盛于 40 多年前

20 世纪 70 年代末，中国农业开始全面学习西方，已历时 40 余年。在这几十年间，在粮食连续丰收的背后却付出了巨大的环境代价，化肥和农药用量逐年递增，而对产量的贡献率却逐年递减。化肥市场上占主导地位的氮磷钾高浓度等比例速效肥，发达国家早在 1984 年就禁止其直接施入农田，在此之后，西方国家将其倾销到中国。2010 年国务院公布《第一次全国污染源普查公报》（2007 年 12 月 31 日调查数据）显示，中国农业污染已经超过工业和生活污染成为污染水资源的最大来源。2014 年环境保护部和国土资源部发布的《全国土壤污染状况调查公报》显示，土壤污染（点位调查）超标率达到 19.4 %，其中 82.8 % 为重金属污染。2020 年 6 月国务院新闻办公室公布《第二次全国污染源

普查公报》（2017年12月31日调查数据）。农业领域中的污染排放量明显下降，化学需氧量、总氮、总磷排放量分别下降了19%、48%、25%。但从总量来讲，农业源、生活源对水污染物排放贡献比较大。化学农业过度依赖化肥和农药带来的负面影响，已成为世界性难题。从20世纪70年代末开始到现在，中国农业全面学习西方的农业化学化、工业化和资本化。从图1.1中可以看出化学农业投入品中由于化肥使用过量、农药使用过量［包含杀虫剂、杀菌剂、除草剂（草甘膦、百草枯）、人工合成激素等］、农用地膜大量使用造成污染的现象普遍存在。化学农业造成土壤退化、农业面源污染，同时增加了温室气体的排放。化学农业还推进了不能留种的育种方法，使得农民不能自留种子，每年买种子的钱构成农业投入的重要部分。化学农业使土壤有机质普遍下降，农产品中严重缺乏本应含有的营养元素和抗氧化物质，失去了食品应有的价值。农产品不耐储存、品相不好、风味差、农药残留超标、塑化剂和微塑料含量高，影响环境与大众健康（图1.1）。

几十年的化学农业，在大幅度增产的同时导致农产品质量有下降的趋势，引发人类健康的问题。中国疾病预防控制中心营养与健康所2015年发布的跟踪报告，历时10年对辽宁、黑龙江、山东、河南、湖北、湖南、江苏、贵州、广西14 000多位25~45岁妇女每日膳食中营养素达标率进行跟踪调查，发现此类人群每日膳食中各种营养素摄入量达标率极低，不能从每日三餐中获得足够的营养，其中钙的摄入量达标率平均仅3%，这一数据令人震惊。人类95%的食物来自土壤。土壤缺钙导致作物缺钙，进一步致使养殖产品也缺钙，引起食物链反应。世界卫生组织（WHO）宣布全球统计的135种基础疾病中，有106种与缺钙有关，基础病包括骨质疏松、骨质增生、高血压、动脉硬化、心脑血管疾病、老年痴呆症、糖尿病、各种结石病、各种过敏性疾病、肝脏病变、肾病综合征、性功能障碍、经前综合征及癌症等。总之，种植和养殖的农产品缺钙问题影响人类的健康，这一问题应引起全社会的关注。化学农业所造成的作物营养元素和维生素的缺乏对食物链产生影响也同样影响人类健康（表1.1）。

与此同时，中国农业还存在过度依赖化学投入品和对已有有机废弃物资源浪费的双重问题，每年产生的有机肥资源50亿吨（包括秸秆9亿吨）总利用率仅有41%，其中畜禽粪便利用率为50%左右，作物秸秆还田率为35%。

中国农业应走东方传统农耕与现代技术相结合的生态农业之路。

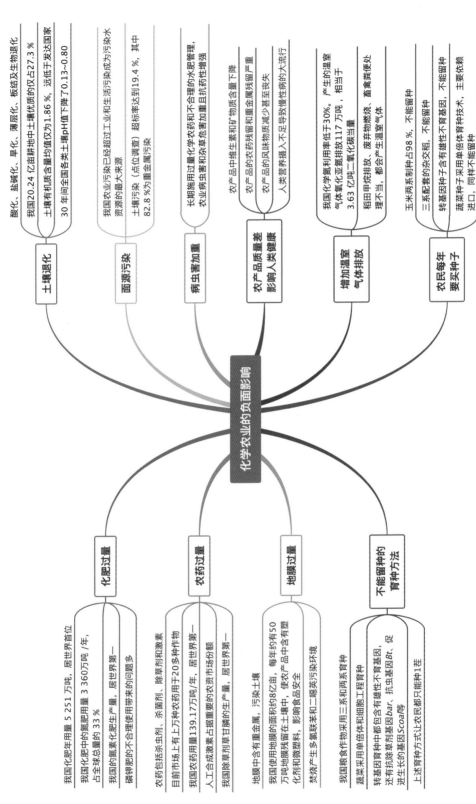

图 1.1　化学农业带来负面影响的思维导图

表 1.1　中国成年女性每日膳食营养素摄入量达标率统计　　　　单位：%

矿物质和营养素	每日膳食推荐量	2000 年	2004 年	2006 年	2009 年	2011 年
维生素 A	700 微克 RAE	26.9	25.9	25.7	27.2	25.2
维生素 B_1	1.2 毫克	24.0	23.5	23.7	17.9	10.7
维生素 B_2	1.2 毫克	6.9	7.6	7.4	6.6	6.9
维生素 C	100 毫克	30.5	31.0	29.5	26.7	24.3
钙	800 毫克	4.6	2.7	3.1	2.9	3.3
镁	330 毫克	34.3	33.5	31.2	24.7	23.6
硒	60 毫克	11.5	12.2	15.4	14.4	13.3

资料来源：杜文雯，王惠君，陈少洁，等，2015.中国 9 省（区）2000—2011 年成年女性膳食营养素摄入变化趋势［J］.中华流行病学杂志，36（7）：715-719。

第二节　理想的土壤是什么样子

联合国粮食及农业组织（FAO）提出理想土壤的结构，即矿物质占总量的 45％，有机质占总量的 5％，空气占总量的 25％，水占总量的 25％（图 1.2）。

作物生长需要多方面的环境条件，除了需要最好状态的土壤，即土壤为作物生长提供充足的养分、水分和适当的空气［二氧化碳（CO_2）和氧气（O_2）］，还需要充足的光照、有效积温和适度的生长空间。这里重点谈的是如何培育土壤的问题。

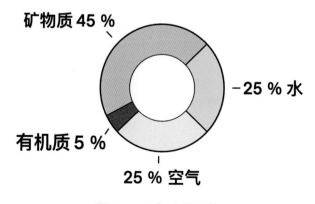

图 1.2　理想土壤结构

资料来源：联合国粮食及农业组织（FAO）。

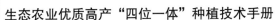

理想土壤中 45% 的矿物质是由岩石风化而来，矿物质又分为原生矿物和次生矿物。理想土壤中 5% 的有机质由 3 个部分组成，其中 80% 是腐殖质、10% 是植物根系、10% 是土壤生物。理想土壤中还有气体和水分，它们各占土壤总量的 25%（表 1.2）。

表 1.2　理想土壤结构成分与功能

物质名称	占总量比例	来源与功能
矿物质	45%	由岩石风化而来，分为原生矿物和次生矿物，是土壤的骨架，可为植物提供其生长必需的矿物质营养元素
有机质	5%	80% 由预备腐殖质、营养腐殖质和永久腐殖质组成，可为土壤微生物和植物根系提供适宜的生存环境和有机营养，调理土壤的理化性状；10% 由植物根系组成；10% 由土壤生物组成，包括土壤动物（昆虫、蠕虫、各种原生动物）、植物、藻类、微生物。土壤微生物的数量特别大，1 克土壤中有数十亿个微生物，影响土壤的物质分解、合成、转化和能量循环
气体	25%	由大气层进入，主要为氧气、氮气等，还有由土壤内部产生，主要为二氧化碳、水汽等，供植物根系呼吸，也供土壤动物和微生物利用
水分	25%	主要由降水或灌溉进入土壤，含有溶解物质，土壤水分实际指浓度不等的土壤溶液，含各种溶质，供植物根系、土壤动物和微生物利用

土壤中 45% 的矿物质分为原生矿物和次生矿物，原生矿物主要由硅酸盐和铝硅酸盐组成，次生矿物是由原生矿物分解转化而来，其中包括黏粒中的次生硅铝酸盐类等（表 1.3）。土壤中的原生矿物和次生矿物中存在着大量作物生长必需的元素，如钾、磷、钙、镁、硫、铜、铁、锰、锌、硼、钼、镍、氯，还有有益元素和稀土元素。同时也存在着对作物来说并不需要的元素，如镉、汞、铅、砷、铬等重金属元素。

表 1.3　土壤的原生矿物和次生矿物

矿物质来源	常见成分
原生矿物 （硅酸盐和铝硅酸盐占绝对优势）	石英 长石：钾长石、钠长石、钙长石 云母：黑云母、白云母 辉石 角闪石 橄榄石 磷灰石

表 1.3（续）

矿物质来源	常见成分
次生矿物 （由原生矿物分解转化而来）	次生硅铝酸盐类主要分布在黏粒中，包括高岭石、蒙脱石、伊利石、蛭石等 含水氧化铁、氧化铝等 简单的硅铝酸盐、硫酸盐和氯化物

资料来源：全国土壤普查办公室，1993. 中国土种志：第一卷 [M]. 北京：中国农业出版社.

总之，调控好土壤的四大要素，即矿物质、有机质（含土壤生物）、水和空气，就可以提高土壤的质量和功能，培育出团粒结构好、保水保肥力强的土壤，同时收获高品质、高产量的农产品。

土壤质地的划分 土壤质地是指土壤中不同直径大小的矿物颗粒的组合状况，不同质地是由土壤中砂粒、粉粒和黏粒的数量决定的，土壤颗粒越小越接近于黏粒，越大越接近于砂粒。砂粒含量高的土壤，按质地分类为"砂土"。当土壤中存在少量粉粒或黏粒，该土壤不是"壤质砂土"就是"砂质壤土"。主要由黏土组成的土壤为"黏土"。当砂粒、粉粒和黏粒在土壤中的比例相等时，该土壤称作"壤土"。细致的划分可以把土壤分为 12 种质地类型，根据上述的分类方法还有更细致的划分。

土壤质地和结构影响植物获得空气和水分的数量。对作物来说，最好的土壤就是含有适量有机质的壤土，这种土壤中空气和水能够自由移动。改变土壤质地状况有 2 种方式，一是客土，让土壤中的砂粒、粉粒和黏粒比例趋于均等形成壤土；二是通过耕层发酵有效地增加土壤有机质和有效性的矿物质，形成土壤的团粒结构。

第三节 土壤 pH 值对元素有效性的影响

化学农业投入品中过多使用速效化肥特别是氮肥，使土壤板结和酸化过程加速。中国农业大学张福锁教授和他的同事对过量使用化肥引起的土壤酸化趋势进行了研究，对比 20 世纪 80 年代土壤测定结果与最近 10 年的测定结果，同时还搜集了中国有关部门过去 25 年监测所获得的数据。研究发现，从 20 世纪 80 年代早期到 21 世纪初期，中国耕作土壤类型的 pH 值下降了 0.13~0.8，平均下降了 0.5。土壤变酸会加速营养元素的流失，降低化肥利用效益，同时对土壤微生物和土壤动物造成危害。这种规模的土壤酸化在自然条件下通常需要几十万年甚至更长。

在连年种植作物的农田上，收获农产品中携带大量的矿物质，使土壤矿物质的原始积累降低。速效化肥的使用进一步加快了土壤板结和酸化。这是因为土壤中起到使有机胶体和无机胶体搭桥作用的二价阳离子（钙、镁、铁、锰）被化肥中更活跃的一价阳离子（铵、钾）取代。图 1.3 描述了化肥中的一价阳离子取代二价阳离子的过程，第 1 层表示正常的土壤，带有永久性阴离子的黏土和依赖性阴离子的腐殖质与钙等二价阳离子搭桥，形成稳定的土壤团粒结构；第 2 层表示过量施用氮肥，产生铵的一价阳离子，取代了土壤中钙的二价阳离子位置，土壤结构被破坏；第 3 层表示过量施用钾肥，钾的一价阳离子也很容易取代土壤中钙的二价阳离子，土壤结构也被破坏。当土壤中二价阳离子被置换掉 12%～15% 时，土壤结构就受到破坏。过量速效化肥带入土壤许多酸根，酸根与硝化过程产生的氢离子结合生成酸性化合物引起土壤酸化。可见，速效化肥的过量使用是造成土壤酸化和板结的主要原因。

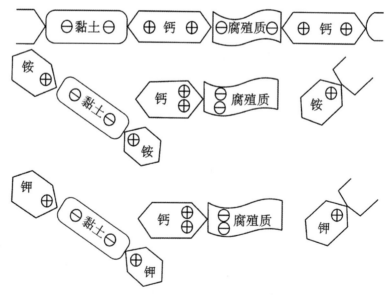

图 1.3　过量速效化肥对土壤结构的破坏

资料来源：刘立新，2008. 科学施肥新技术与实践 [M]. 北京：中国农业科学技术出版社。

注：图中"+"号表示正电荷、"−"号表示负电荷。

在中国土壤酸碱度分为 5 级：强酸性土（pH 值小于 5）、酸性土（pH 值

5~6.5）、中性土（pH 值 6.5~7.5）、碱性土（pH 值 7.5~8.5）、强碱性土（pH 值大于 8.5）。

土壤酸化会使土壤中的营养元素有效性降低。磷元素对土壤 pH 值非常敏感，pH 值 6.5~7.5 时磷的有效性最高，但当 pH 值降到 6 时磷的有效性下降了 70％，当 pH 值降到 5 以下时磷几乎无效。当土壤 pH 值从 6.5 下降到 5.5 时，土壤中的氮、钾、硫、钙、镁以及微量元素钼的有效性会下降 60％ 以上。相反，随着 pH 值下降微量元素中的铁、锰、硼、铜、锌的有效性却有上升趋势（图 1.4）。研究发现，给酸性土壤种植的苹果树施肥，氮肥过量会加重土壤酸化，从而激活土壤中更多的锰，使苹果树发生锰中毒，表现为树干粗皮病或内皮坏死。

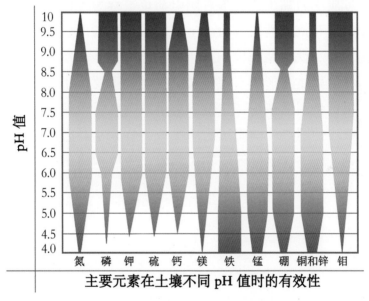

图 1.4 土壤 pH 值变化影响元素的有效性

注：图中描述从红色酸性环境到蓝色碱性环境中元素的有效性。

另外，近年来中国土壤中重金属（砷、汞、铅、镉、铬）的污染加重，也与土壤酸化有关。因为土壤酸化会进一步活化土壤中的重金属。植物通过根系把重金属吸收到体内，通过食物链影响人类健康。中国土壤的重金属污染主要来自大气沉降、进口磷肥、农药、地膜和用药过量的畜禽粪便。还有一个更重要的原因，就是由土壤酸化引起的重金属活化，而当土壤 pH 值趋于中性时重金属就会被钝化，因此，调整土壤 pH 值也是阻止重金属对作物污染的重要措施。

可见，把土壤 pH 值调节到最适宜的范围十分重要。过去调节酸性土壤用石灰，调节碱性土壤用石膏。现在有了更好的产品钙镁磷肥，它不仅可以中和土壤酸性,而且还能给作物提供有效钙、镁、磷、钾、铁、锰及有效硅。而石灰只能提供钙及少量镁。碱性土壤 pH 值可以用过磷酸钙或者腐殖酸类肥料调节。

第四节　如何给土壤补充矿物质

成土母质是土壤形成的物质基础和植物矿物质元素的最初来源,良好的土壤具有向植物生长提供必需的矿物质和维持土壤良好结构的功能。土壤形成团粒结构是土壤健康的标志。土壤团粒结构的形成离不开二价阳离子矿物质的搭桥作用。成土母质中的黏土矿物带有阴电荷也被称为无机胶体,腐殖质被称为土壤有机胶体,带有依赖性阴电荷。土壤团粒结构的形成,需要有机胶体、无机胶体通过钙、镁、铁、锰二价阳离子搭桥结合而成,图 1.5 用阴阳离子相结合的方式来解释矿物质在形成土壤团粒结构时的重要作用,其中黏土矿物带有永久性阴离子用黄色圆圈表示,二价阳离子以钙离子微粒作为代表用颗粒状黑点表示,带有依赖性阴离子的腐殖质用叉或斜杠表示。因此,为土壤补充带有二价阳离子的钙、镁、铁、锰等矿物质元素,用以构建土壤团粒结构,是必须考虑的农业投入品。

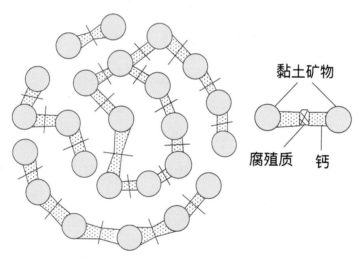

黏土矿物

腐殖质　钙

图 1.5　土壤黏土矿物、二价阳离子和腐殖质的结合模式

资料来源:刘立新,2008.科学施肥新技术与实践[M].北京:中国农业科学技术出版社。

如何给土壤补充矿物质呢?对作物和土壤需要量比较大的钙、镁矿物质元素来说,在施肥中要考虑作物和土壤对钙、镁的双重需要。给土壤补充的矿物质不仅需考虑作物移走量，还需要考虑土壤矿物质的有效性，一般土壤有效钾（K）的临界值为 80 毫克 / 千克，有效镁（Mg）的临界值为 120 毫克 / 千克，有效钙（Ca）的临界值为 400 毫克 / 千克，有效磷（P）的临界值为 12 毫克 / 千克。土壤中有效镁与有效钾的比例是重要的土壤属性标志。研究表明，土壤中有效镁钾比在（3.7~15）：1 比较合适，土壤中有效钙镁比在（2.4~7）：1 比较合适。从上述数据可以看出，作物和土壤需要的有效钙和有效镁的值应该远远大于有效钾的值。建议补充钙、镁、钾的比例大约为 5：2：1。除了钙、镁、钾的补充建议外，还要考虑如何给土壤补充磷、硫和微量元素。这里主要考虑的因素是作物收获从土壤中携带走的量，以及每年随降水和过度灌水造成的淋失量。因此，每年的施肥要按照移走量补充。

补充矿物质还需要考虑作物不同生育期对各种元素的吸收规律。作物对磷的需要在生长早期易形成高峰。作物对钾的需要也是从生长早期开始。硫是作物开启次生代谢的前体物质。因此，适当在底肥中考虑补充钙、镁、钾、磷、硫这些需要量较大的矿物质元素很有必要。作物对微量元素需要总量并不高，但也不可以长期不补充。缺少微量元素会使作物的次生代谢空转，使农产品抗逆能力下降、风味物质减少。微量元素的补充最好与底肥中的秸秆、畜禽粪便等有机废弃物以及大中矿物质元素等一起施用，这样做可以提高作物对微量元素的利用率。

在这本生态农业优质高产"四位一体"种植技术（以下简称"四位一体"技术）手册中，用了很大篇幅阐述矿物质的作用。"四位一体"技术从耕层发酵（底肥）就开始强调用矿物质（矿物质元素的使用比例如前所述），可率先解决土壤微生物对矿物质的需要，特别说明，固氮微生物对钙的需要量很大。二价矿物质元素的投入可以快速形成土壤团粒结构。耕层发酵还能快速形成土壤腐殖质层，腐殖质吸附功能非常强大，可以吸附大量的营养元素，这些元素处于可交换状态，便于作物利用。在作物生长期间还通过胁迫 + 营养（螯合型微量元素、氨基酸和腐殖酸等）的方式补充各种矿物质。

第五节　土壤的团粒结构是如何形成的

土壤的黏土矿物、腐殖质和二价阳离子，在微生物的作用下，形成疏松多孔的团粒结构,团粒结构就是很多土粒集聚成微聚体。在团粒化多孔的土壤结构下,土壤的通气性和透水性比较好,可以保证植物根系生长,提高土壤保水保肥的功能。有团粒结构的土壤才有希望达到联合国粮食及农业组织所描述的理想土壤的状态。

土壤的团粒结构是如何形成的呢? 土壤中黏土矿物带有永久性阴电荷,也被称为无机胶体,土壤中的腐殖质带有阴、阳 2 种电荷,腐殖质的有机酸根带有 pH 值依赖性阴电荷,也被称为有机胶体。与二价阳离子(Ca^{2+}、Mg^{2+}、Fe^{2+}、Mn^{2+})搭桥,再加上地理环境、成土母质和风化程度的差异,形成不同形式的土壤团粒结构。土壤团粒结构存在着 G_1、G_2、G_3 这 3 种形式(图 1.6)。

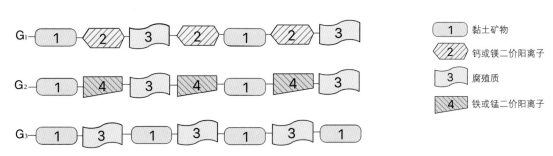

图 1.6　土壤中形成团粒结构的 3 种形式

资料来源:刘立新,2008.科学施肥新技术与实践[M].北京:中国农业科学技术出版社。

这 3 种形式土壤团粒结构如下。

第 1 种形式 G_1　由黏土矿物—钙或镁二价阳离子—腐殖质—钙或镁二价阳离子—黏土矿物为基本环节,反复结合而成,这类土壤很肥沃,多见于中国北方旱地,是世界主要粮食带的土壤。

第 2 种形式 G_2　由黏土矿物—铁或锰二价阳离子—腐殖质—铁或锰二价阳离子—黏土矿物的模式结合,多见于水田。因此,水田秸秆还田中更强调添加微量元素铁、锰。

第 3 种形式 G_3　由腐殖质的依赖性阳电荷和黏土矿物的永久性阴电荷相互结合,是黏土矿物和腐殖质的直接组合。在大棚栽培中如果只使用有机肥,就可以形成这种土壤团粒结构。但这种模式存在缺陷,即温室环境下种植者尽量保持地温长时间高于15℃,土壤中的腐殖质始终处于消耗状态,土壤团粒结构并不稳定。

推荐使用 G_1 形式　在生态农业优质高产"四位一体"种植技术中,推荐采用第 1 种形式 G_1，即黏土矿物—钙或镁二价阳离子—腐殖质结合形式，其效果更好。这就需要在耕层发酵过程中适量增加钙、镁二价阳离子。如果土壤中砂粒多，可以适量掺入黏土（带有永久性阴电荷）。有机物料在微生物的作用下形成腐殖质。土壤中的黏土矿物、腐殖质与二价钙镁阳离子相结合，就可以形成第 1 种 G_1 形式的土壤团粒结构了。用这种方法培育的土壤团粒结构最稳定。G_1 技术不但在保护地可行，而且在旱作物田也可行。G_1 形成的带有团粒结构的土壤，保水保肥能力强，能抵抗逆境天气。

第六节　水的特性决定了水是农业的命脉

水是农业的命脉。土壤给作物提供水分的质和量在很大程度上决定了作物的长势及产量。进入植物体内的水只有很少一部分参与光合作用，被分解为氢和氧，并以氢元素和氧元素的形式，参与植物碳骨架的构建和植物体内的各级代谢反应。而大部分水是以分子（H_2O）形式存在于植物体内，水分占植物鲜重的 $60\% \sim 90\%$，是植物吸收和运输物质的介质，细胞内的水是生命需要各种物质的良好溶剂。水是细胞原生质中细胞壁和生物膜装配的结构物质。水充满细胞中，使植物保持直立状态。水能维持植物的正常体温，在烈日暴晒下，通过蒸腾作用散失水分以降低体温，使植物不易受高温伤害。水在生命活动中起着不可替代的作用，原因在于水的特性。

水是极性分子　水由 2 个氢原子和 1 个氧原子组成，氢和氧共同争夺电子，形成共价键。水分子中氧的电负性强，氧吸收共用电子对的力量比氢大得多，共价键称为极性共价键。水分子之间易形成氢键，因为水分子是极性分子，氧带负电荷的一端与氢带正电荷一端相互吸引，形成 1 个较弱的氢键。每个水分子的负极（氧原子）可以与另外 2 个水分子的氢原子形成 2 个氢键，每个水分子的正极（氢原子）和另外 2 个水分子的氧原子形成另外 2 个氢键。其结果，每个水分子可以通过氢键与另外 4 个水分子链接。水分子的极性与氢键形成水的分子团。

水具有内聚力　水分子之间的氢键可以使水分子在瞬间结合，这种内聚力对生命极其重要，就是因为有这种内聚力使之形成连续不断的水柱被拉上去，水分子之间的内聚力也使水的表面张力极大，使水的表面上好像覆盖了一层看不见的薄膜。土壤毛管水是保持在土壤孔隙中的水分，是最有效的土壤水分。毛管悬浮水是指降水和灌溉后，依靠水分子的内聚力和表面张力保留在土壤中的水分，代表着土壤的最大田间持水量。水的内聚力可以对抗干旱。因此，适当的水分管理是提高植物抗旱能力的前提。

水的比热容高 比热容的单位〔J/（kg·℃）〕即加热1千克的水或其他物质升高1℃吸收的热量。水分子之间的氢键使水能缓和温度的变化，加热时水的温度上升得慢，这是因为水分子间有氢键，热能必须先将氢键破坏温度才会上升。温度上升几摄氏度，水就会吸收很多热能，相反，当水冷却时又会形成更多的氢键，这时就会有热量被释放出来，使冷却过程变慢。氢键也使水分不易蒸发，水的沸点高达100℃。水分的蒸发也使生命体有冷却作用。地球上保持着大量的液态水，利于生命的存在和发展。水是植物体温的调节剂。水分子具有很高的汽化热和比热容，因此，在环境温度波动的情况下，植物体内大量的水分可维持体温相对稳定。水分的蒸发也起到冷却作用，可帮助植物抵抗高温带来的伤害。

水能够电离 植物体内的大部分水溶液中水分子是不电离的，但是有一些水分子则可以电离成氢离子（H^+）和氢氧根离子（OH^-），生物体内，带正电荷的H^+和带负电荷的OH^-必须处于某种平衡。与H^+结合的化合物是酸性的，与OH^-结合的化合物是碱性的，可以充当pH值的缓冲剂，当细胞中的pH值发生动荡时，这些缓冲剂就能起到缓冲的作用，以维持细胞内pH值的动态平衡。

作物需要的水来源于大气降水和土壤水。土壤中有效水是毛管悬浮水，是农田土壤水分的储存方式。农田土壤有机质含量高、土壤团粒结构好是保持田间土壤持水量的必要条件。

第七节　作物必需的17种元素一个都不能少

众所周知，地球表面有92种元素，目前已知在植物体内有60多种元素，约占地球元素总量的70％。那么，到底有多少种元素对植物来说是不可或缺的呢？

人类用数百年时间研究植物营养元素，确定植物必需元素要同时满足3个条件：其一，完成植物整个生长周期所不可缺少的元素；其二，在植物体内功能是不可替代的，植物缺乏该元素时会表现出专一的症状，只有补充这种元素后症状才会消失；其三，对植物代谢所起的作用是直接的，而不是通过改变植物的生长条件或其他元素的有效性所产生的间接作用。

目前，已确认植物必需元素有 17 种。研究发现 17 种必需元素在植物新陈代谢中承担着不同的任务，协同完成植物初生代谢和次生代谢的生命全过程，植物必需元素一个都不能少，任何一种元素的缺乏都会使代谢受阻，使植物产生生理缺陷。17 种必需元素在植物新陈代谢中的作用简述如下。

碳、氢、氧　形成植物碳骨架的元素。

氮　植物蛋白质、核酸、磷脂和细胞生物膜的重要组成，参与酶、辅酶、辅基的构成，以叶绿素形式参与光合作用。

磷　核酸、核苷酸、辅酶、糖磷脂和磷脂的重要组成，参与能量传递和光合作用。

钾、镁、钙、氯　产生渗透势，参与平衡阴离子，活化酶类，是反应物的桥梁，控制细胞膜的渗透性和电化学势。

硫　开启植物次生代谢的关键元素，很多蛋白质的组成成分。

硼　与糖生成硼脂化合物刺激花粉萌发，和钙一起作用于细胞间的胶结，加强细胞壁的机械强度，保持细胞壁结构的完整性。

铁、铜、锰、锌、钼、镍　各类酶的金属辅基。酶是植物各种反应的催化剂，使植物的次生代谢不空转。

第八节　在投入品的认识上存在盲区

中国氮素管理如何走出困境　中国的氮素化肥普遍利用率低，约 70％ 的氮释放到土壤和空气中，使土壤酸化和板结、污染地下水、增加温室气体排放。如何走出氮素管理的困境呢？只有少用或不用氮素化肥才是出路，微生物固氮应该被视为新增氮源。

地力旺微生物菌剂含有 2 个前沿技术　地力旺微生物菌剂（以下简称地力旺）由 10 种不同功能的微生物菌组成，其中有 2 个世界前沿技术。一是微生物固氮技术，地力旺含有地衣芽孢杆菌，其固氮能力是目前全球市场常见的圆褐固氮菌的 3 倍以上；可为大田作物、果树、蔬菜和经济作物提供生长必需的氮素；这一技术解决了只有豆科才能固定氮的世界性难题。二是微生物解钾技术，地力旺中的胶质芽孢杆菌，可分解被土壤晶格固定不能被植物直接利用的结构态矿物钾，此类矿物钾占土壤全钾总量的 90%~98%，这一技术将缓解中国速效钾依赖进口的问题。

秸秆还田耕层发酵 农业投入品不仅需要氮、磷、钾，17 种植物必需元素中，需要量最多的是碳、氢、氧，植物体内的碳、氢、氧占干物质总量的 96%。因此，足量的碳和水是高产的基础。过去闷棚只是为了消灭病虫害，而现在闷棚是为了改良土壤，给土壤补碳，具体方法是在秸秆、畜禽粪便等农业废弃物中加入适量的矿物质肥和地力旺，在 25~30 厘米土壤中进行耕层发酵，形成腐殖层，以提高土壤的保肥、保水能力。耕层发酵中的矿物质用钙镁磷肥 + 硫酸钾 + 活化的微量元素 3 种产品组合，可全面地补充作物生长需要的矿物质营养。耕层发酵是生态农业优质高产"四位一体"种植技术的核心。

钙镁磷肥 1939 年由德国人发明，1946 年美国人开始投入生产，到 1957 年日本该肥的年产量就达到 35 万吨。钙镁磷肥在日本得到广泛认可与应用，并把其列为有机农业的投入品。钙镁磷肥是枸溶性的肥料，含有磷、钙、镁、有效硅，还有铁、锰等微量元素。目前，中国钙镁磷肥的产量约为 60 万吨 / 年，每年却被日本买走约 1/10。这么好的矿物肥料为什么自己不用呢？

硫酸钾 中国自产的罗布泊硫酸钾，是天然的矿物质资源，而不是化学合成的，在有机种植中允许使用，是生态农业中必须使用的肥料。

活化的微量元素 活化后的麦饭石或火山岩中含有较多的微量元素。活力素是含有 22 种矿物质螯合的中微量元素肥，是由毕业于日本早稻田大学的杨馥成博士和他的导师一起研发的，有效成分 100%，没有辅料。

钙和镁是作物和土壤都需要的元素 作物对钙的需要量是磷的 2.5 倍，对镁的需要量与磷相当；土壤形成团粒结构需要钙和镁，需要量大约是作物的 3 倍。镁与钙有伴侣协同关系，施肥时只施钙不施镁会影响作物对钙的吸收。

目前，生产上未重视对钙的补充，异常天气下作物容易缺钙，是因为作物对钙吸收比较困难，依靠根尖吸收并通过蒸腾拉动。钙和中微量元素都是形成作物抗性、品质和风味不可或缺的营养元素。生产中对作物进行多次胁迫再补充营养元素，是提高作物抵抗异常天气和病虫害的有效措施。

磷是启动元素 作物生长早期对磷有 1 个需求高峰。磷在土壤中不易移动，尤其是在冷凉土壤中的磷很难被作物根系吸收。事实上，在底肥中加入适量的钙镁磷肥（含五氧化二磷 12％、15％、18％），与有机物料同时使用，可以增加磷在土壤中的有效性。而施用速效磷肥，比如磷酸二氢钾、磷酸二铵和高浓度等比例肥很容易形成磷过量，磷过量会引起植物代谢的负反馈，使果实消耗大不耐储存。

作物的整个生长期都需要钾　特别是作物生长早期不能缺钾。生产中经常看到农民仅在膨果期补钾，这种做法是错误的。作物生长中后期钾肥过量会引发对镁的拮抗，作物表现缺镁，此时再怎么补镁也补不进去了。

作物缺硫症状类似缺氮　生产上常常出现错判，缺硫导致作物不能开启次生代谢，影响农产品的品质和风味。

人工合成激素问题多　市场上的人工合成激素类产品众多。事实上，作物能接受的浓度范围特别窄，多了就会造成不可避免的损失。正常生长的作物体内能自然产生 9 种内源激素，可以帮助作物顺利完成生长、开花、结果的全过程，根本不需要使用激素。

那氏齐齐发植物诱导剂　由 123 种中草药组合而成的制剂——那氏齐齐发植物诱导剂（以下简称那氏齐齐发）是中国人发明的促进作物生长和增加抗性的植物诱导剂。很多人相信国外的植物生物刺激素，事实上那氏齐齐发对作物胁迫＋营养的功能更强。那氏齐齐发在育种工作中也有其独特的技术，通过那氏齐齐发外源的诱导调控可导致作物性状发生很大改变，可诱导调控为新的生物种质并能稳定遗传。植物诱导剂诱导育种的方法安全、快速、有效，用该方法已培育出可自留种、高抗性、高品质、高产量的大豆、玉米、小麦和水稻品种。

作物出现病虫害打药是下下策　目前，使用的化学农药喷洒作物时，一般只有 20％~30％击中目标，其余的都释放到环境中，同时对喷洒农药的人员危害很大，甚至会造成神经系统损伤。正确的防治病虫害的方法是以预防为主，治虫不见虫，治病不见病；防御不用农药，而是喷施叶面肥，例如那氏齐齐发、腐殖酸、氨基酸、酶制剂、氨基寡糖素、螯合态的微量元素、地力旺等，以提高作物自身的防御能力。

除草剂对环境污染严重　草甘膦可以充当矿物螯合剂，与土壤中的锌、铜、锰等矿物质螯合，使这些失去其原有的功能，致使植物容易染病。草甘膦还可以通过食物链进入人体，危害人类健康。事实上，健壮的植物能产生抑制杂草的化感物质。

"四位一体"技术为解决上述问题找到出路　生态农业优质高产"四位一体"种植技术不使用转基因种子，不使用高浓度速效化肥、化学农药、除草剂、人工激素和化学地膜等对环境有害的投入品；使用有机物料、矿物质和有益微生物来替代化学投入品；在作物生长期间采用适度的胁迫＋营养（有机物的提取物和螯合态的矿物质），使作物的次生代谢不空转。应用"四位一体"技术可以达到2个方面的效果：一是解决问题的全面性，农业的影响因素太多，如果全面按照"四位一体"技术去施行，可以减少自然因素的影响和损失，多种病虫害同时得到控制和解决，解决以前难以解决或者不能解决的难题；二是解决问题的根本性，用耕层发酵等方法改善作物生长的土壤环境，作物生长期间进行胁迫＋营养的管理，从根本上提高作物的抗病性、遗传性、代谢功能，从而走向良性循环的生态农业发展道路。

第二章

生态农业优质高产"四位一体"种植技术为作物提供足量碳

第一节　生态农业优质高产"四位一体"种植技术概述

生态农业是在传承中国五千年农耕文化的基础上，与现代科学技术相结合的农业。生态农业优质高产"四位一体"种植技术涉及 4 个方面，被广大种植户简称为"四位一体"技术。"四位一体"技术源自中医理念，在种植过程中全程不使用高浓度速效化肥、化学农药、除草剂、人工激素、化学地膜；而是采用"君、臣、佐、使"的中药配伍理念，用足量碳＋适量水、作物必需的矿物质、有益微生物、生长期间适度胁迫＋营养管理，最终生产出产量高、品质优、耐储存、风味足的农产品。

生态农业优质高产"四位一体"种植技术具体如下。

其一，足够的碳（秸秆、畜禽粪便和农业废弃物）和水分调控是形成产量的基础。采用耕层发酵技术，可以快速形成腐殖质层，也是形成提高作物抵抗逆境能力的重要土壤条件。

其二，让有益微生物占领优势生态位，让有益微生物成为土壤物质流和能量流的推动者。有益微生物具有固氮、溶磷、解钾的能力，能将有机物降解为可吸收态。有益微生物和土壤动物可为作物提供健康生长的充分条件，可使土壤快速形成团粒结构。

其三，补足前茬作物携带出的各种矿物质元素。因为矿物质元素中二价阳离子是形成土壤团粒结构的搭桥物质，很多金属元素是维持作物生命的物质，也是形成作物抗性、品质和风味不可或缺的物质。

其四，在作物生长期间要模仿大自然对作物不断进行胁迫。植物的智慧在于某片叶子受伤后几分钟内信号就可以传遍植物体内使其转入防御。胁迫可让作物全身所有细胞从初生代谢转入次生代谢，从而积累抗性物质。植物的抗逆防御机制正如分子生物学所描述的内容：用共同的受体、共同的信号传递途径，传递不同的逆境信号，诱导共同的基因，调控共同的酶和功能蛋白，产生共同的代谢物质，在不同的时空抵御不同的逆境，这就是植物最经济高效的抗逆防御体系。这一理论恰恰说明了对作物进行胁迫的生理意义。并且通过实践总结出胁迫越早效果越好的经验，胁迫可以从种子开始，胁迫的同时追加营养，让作物的次生代谢不空转，这是建立作物高效抗逆防御体系的关键措施。生态农业优质高产"四位一体"种植技术的思维导图如图 2.1 所示。

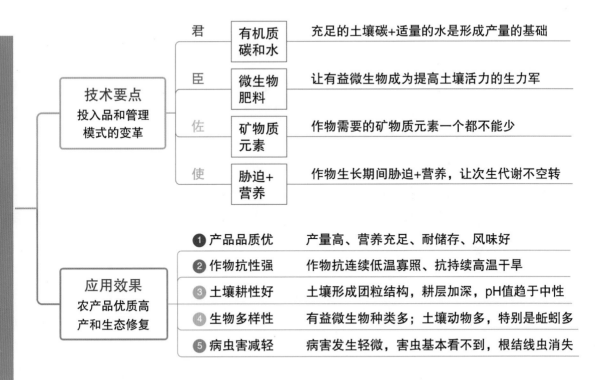

图 2.1 生态农业优质高产"四位一体"种植技术的思维导图

生态农业优质高产"四位一体"种植技术的科学原理如下。

原理一，投入品生物质、矿物质和微生物为作物持续优质高产提供了物质保障。

原理二，耕层发酵技术可以快速消除土壤障碍，恢复土壤健康。为作物持续优质高产提供了适宜的土壤环境条件。

原理三，加入外源高效固氮、抗病、促生功能菌群，为作物持续优质高产提供了功能物质保障。

原理四，全面供应植物必需元素为作物持续优质高产提供了生长发育的物质保障。

原理五，次生代谢的开启与运转为作物持续优质高产提供了抵御病虫草害和异常天气的技术保障。

生态农业优质高产"四位一体"种植技术将使农产品更加安全优质、土壤更加肥沃、农业生态环境更加健康，帮助更多的种植者从化学农业走向生态农业。

生态农业优质高产"四位一体"种植技术采用环境友好型的农业投入品，

用有机质、矿物质和有益微生物 3 类物料做底肥和种肥。在作物生长期间的补碳也很重要，作物的叶片和根系可以直接吸收小分子的水溶性碳水化合物（CH_2O），生产中不间断地进行胁迫，开启作物的次生代谢，并追加营养使次生代谢不空转，追加的营养使用有机物的提取物（中草药制剂那氏齐齐发、氨基酸液肥、腐殖酸类肥料）、螯合态的矿物质微量元素和有益微生物菌剂，在作物生长旺盛期，采用喷施或者灌根。

总之，作物生长需要的碳可采取 3 种方式补充：方式 1，耕层发酵技术，底肥用秸秆和有机物料作为主料、矿物质和有益微生物作为辅料；方式 2，有机肥的堆置发酵用于种肥和苗圃，将有机物料作为主料、矿物质和有益微生物作为辅料，采取堆置发酵方式；方式 3，生长期间不断地通过叶面补充小分子有机碳，包括氨基酸、腐殖酸、氨基寡糖素，每隔 5~10 天补充 1 次。通过这样多途径补充碳，可以给土壤和作物补充足量的碳。该技术可快速提高土壤肥力，提高土壤中的蚯蚓数量，提高作物抵抗病虫草害的能力，提高作物抵抗异常天气的能力，提高作物耐连续低温寡照和连续高温天气的能力，最终生产出优质、高产、耐储存、风味足、营养丰富的农产品。

第二节　秸秆还田耕层发酵的技术要点与优势

秸秆还田耕层发酵（以下简称耕层发酵）的技术要点：要点 1，快速降低碳氮比，土壤中最适合微生物生存的碳氮比为（25~30）：1。因此，选择有固氮能力的微生物菌剂是成功的关键。要点 2，为微生物提供其生长所需要的各种矿物质，微生物对于矿物质元素的需要是多元的，微生物代谢产物中所含的矿物质更容易被植物吸收利用。要点 3，适量水分（手抓料指缝间见水不滴）是有机物快速分解的条件。要点 4，补充作物和土壤需要的全部矿物质营养，采用钙镁磷肥 + 硫酸钾 + 活力素的组合。学者归纳并命名为"耕层发酵技术"。

给作物提供充足的碳和适量的水是形成高产的基础。耕层发酵技术很好地解决了土壤对有机质和矿物质的需要，该技术是在总结山西和山东农民实践经验的基础上完善的，具体做法如下。

耕层发酵在保护地种植中，首先，需要将上一茬作物秸秆粉碎，再加上1 000~1 500 千克 / 亩的玉米或其他大田作物的干秸秆粉碎至 5 厘米，畜禽粪便 2~3 吨/亩，中草药残渣 20 千克/亩散开后，在秸秆和粪肥上喷洒地力旺 5 千克/亩。其次，添加矿物质肥，包含罗布泊硫酸钾 25 千克/亩、根施活力素 1 千克/亩、钙镁磷肥 150~200 千克/亩。将上述矿物质肥均匀撒在有机物料上，深翻至 25~30 厘米土壤中，再旋耕 2~3 遍，静置。然后，用开沟机整成宽 60~80 厘米、高 20 厘米、南北走向的高畦，东西拉上地膜，把缝隙压平，保持土壤水分在 55%~60%，把最外层大膜上下风口关闭、有破损处粘好，开始闷棚。当棚内气温可达 70℃时，地表 15 厘米也能达到 50℃，秸秆在腐熟过程中放出大量热量和有机酸，热量可以提高土壤温度，有机酸可以杀灭各种土传病害。地力旺有很强的固氮能力，可保持耕层内合适的碳氮比，加快秸秆的分解。闷棚 20 天可达到良好效果。最后，闷棚结束后，打开上下通风口，通风降温 5~6 天，揭除地膜，晾晒土壤（图 2.2）。

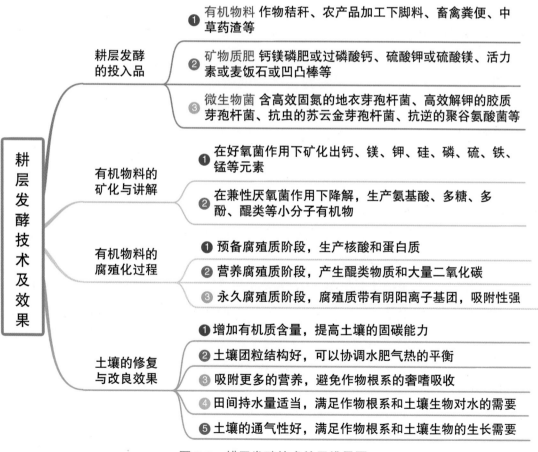

图 2.2 耕层发酵技术的思维导图

耕层发酵在大田作物种植中，收获后紧跟着进行秸秆还田是最经济有效的。

因为此时秸秆还含有一定的水分，土壤中还有一定的墒情，在收获后紧跟着秸秆机械粉碎，将矿物质肥和地力旺一起撒在秸秆上，翻入25~30厘米土壤中耙平。如果土壤过于干旱适当补水，或采取更适合当地条件的方法。

实践证明，耕层发酵可以使土壤松软，土壤有机质含量提升，土壤中固氮酶活性增加，土壤的透气和保水能力增强，最终使作物产量高、品质优。耕层发酵技术使有机物料的营养全部留在土壤中，秸秆经过粉碎后和畜禽粪便一起与土壤充分接触，并保持一定的土壤水分，加上作物必需的矿物质肥和有强固氮能力的地力旺，微生物在碳源和矿物质丰富的条件下，其降解秸秆的能力很强，效果比市场上常见的秸秆腐熟剂好。

耕层发酵技术的优势之一，有机物的分解全部在土壤中完成

耕层发酵的好处在于有机物在土壤中完成了完整的分解过程，让作物充分利用有机物分解各阶段的产物，在好氧菌的作用下，有机物矿化产生钙、镁、钾、硅、磷、硫、铁、铝、锰等灰分，释放热量、二氧化碳和水分。在兼性厌氧菌的作用下，将有机物分解为作物直接利用的营养物质，包括有机碳（CH_2O）、有机氮（CH_2O-N），如氨基酸、多肽、多糖、多酚类、醌类物质，最终让有机物在土壤中完成了一个腐殖化的过程。有机物分解产生的有机碳，不需要通过光合作用，就可以被植物根系直接吸收利用。耕层发酵还能有效避免畜禽粪便在绝对厌氧的发酵过程中被腐解化为氨气、甲烷、硫化氢等还原性物质，这些气态物质一旦产生就不能被作物利用，而是会释放到空气中成为温室气体，对环境造成危害（图2.3）。

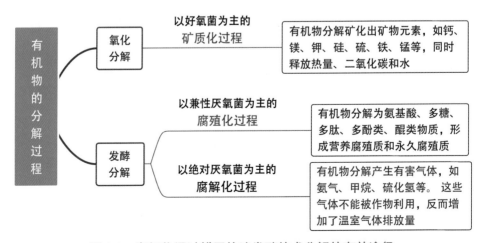

图2.3　有机物通过耕层快速发酵技术分解的有效途径

耕层发酵的优势之二，可以抵抗逆境

耕层发酵中使用的有机物包含秸秆、畜禽粪便等农业废弃物在土壤微生物的作用下最终形成腐殖质，欧洲土壤学家将有机质分解过程分为 3 个阶段，即预备腐殖质阶段、营养腐殖质阶段和永久腐殖质阶段，其中营养腐殖质阶段对农业很有意义。

不同的土壤微生物参与了不同阶段的土壤有机质分解，依次是藻类、真菌（霉菌）、放线菌、细菌。预备腐殖质阶段，藻类分解结束，真菌分解开始，生成核酸蛋白质，也属于预备腐殖质阶段。营养腐殖质阶段，真菌分解结束，放线菌和细菌分解开始，主要生成醌类物质。永久腐殖质阶段，微生物不能再分解，永久腐殖质的形成是由若干个醌类物质再缩合、聚合最终形成暗褐色的高分子胶体物质，成为真正的腐殖质。

营养腐殖质阶段还为作物生长提供大量的二氧化碳，这是因为营养腐殖质阶段土壤中的细菌分解有机物产生大量的二氧化碳，其密度大、移动缓慢，可被作物高效利用。土壤中 80 % 以上的二氧化碳由细菌分解有机物产生，可提高作物的光合效率，制造出更多的光合产物，从而使植物体内储备更多的能量和物质，以应对异常天气和各种不良环境因素的影响。耕层发酵技术可以充分利用营养腐殖质阶段的产物，使有机物的分解利用率达到最大化。

耕层发酵为什么可以帮助作物抵抗逆境呢？

通过土壤耕层发酵，营养腐殖质阶段的产物都留在土壤中，营养腐殖质中醌类物质是微生物分解多酚和木质素的产物（图 2.4）。

醌类物质的作用很大，作物根系吸收的硝酸还原成氨时需要大量的氢，阳光充足时氢的获取可以来自作物的光合作用，而在连续阴天或低温寡照下作物的光合作用下降，土壤中的醌类物质起到把氢转移给硝酸的"传送系统"作用。

耕层发酵将有机物分解为小分子有机碳，这种有机碳不需要通过光合作用就能被作物吸收利用，这也是在低温寡照下作物也能茁壮生长的重要原因。

耕层发酵技术为土壤微生物提供了其生存必需的碳和矿物质等，为有益微生物能快速占领优势生态位提供了契机。

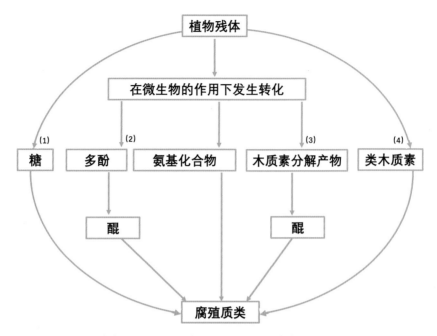

（1）矿化；（2）腐殖化过程 a；（3）腐殖化过程 b；（4）尚未充分分解的部分。

图 2.4　植物残体在微生物的作用下转化为腐殖质的过程

耕层发酵可明显改善土壤的微生态环境，可以提高作物抵抗逆境的能力。

耕层发酵的优势之三，可促进形成理想土壤结构

耕层发酵非常容易形成联合国粮食及农业组织（FAO）所描述的理想土壤结构。耕层发酵使用了大量的作物和土壤都需要的矿物质，使得收获作物时被携带出土壤的矿物质得到很好的补充，耕层发酵使用大量有机物，使土壤有机质含量明显提升，腐殖质中碳、氮、磷、硫比值大约为 100∶10∶1∶1，元素间搭配合理。腐殖质与土壤微生物和土壤酶一起构成土壤有机胶体，土壤有机胶体以及土壤中二价阳离子再与土壤无机胶体（黏土矿物）结合，形成 G_1 型的土壤团粒结构。具有团粒结构的土壤通气性、透水性、保水性均增强。腐殖质的颜色为暗褐色，可使土壤颜色加深，可提高土壤吸热性和保温性，改变土壤的微生态环境，这一特点在寒冷季节的保护地种植很有意义。土壤腐殖质是以芳香族为主体附以酚羟基、羧基、甲氧基的功能团，带有的负电荷具有很强的阳离子交换量（CEC 值高）。通常用 CEC 吸附钙、镁、钾等阳离子量来标记土壤的保肥能力。秸秆还田时，适当添加作物所需的中量元素（钙、镁、硫）、微量元素和有益元素，与有机物一起进行耕层发酵，土壤中新生成的腐殖酸成

为金属元素的螯合剂，使土壤中金属元素呈可溶态并具有活性。研究表明，螯合态或络合态的微量元素铁、铜、锌、钼、锰、镍最容易被植物的根系吸收利用，腐殖质提高了土壤的阳离子交换量，也提高了土壤对营养元素的供应能力。

总之，耕层发酵技术是生态农业优质高产"四位一体"种植技术的核心，可以解决作物连作障碍、土壤酸化板结、作物抵抗病虫害和灾害性天气的能力下降等农业上普遍面临的难题，还可以快速培肥地力，大大减少化肥的使用，为生产高产、优质的农产品打下基础。耕层发酵技术是让种植者从化学农业走向生态农业的有效方法。

第三节　有机肥的高效和高质量堆制技术

种肥的作用　种肥是保证作物苗期营养均衡的关键技术，移栽前或者播种前施用种肥，即对耕层土壤（0~15厘米）进行施肥，原则同样也是有机物—矿物质—有益微生物搭配。具体用量：用发酵好的有机肥500千克/亩，地力旺1千克/亩，根施活力素0.5千克/亩，钙镁磷肥50千克/亩，罗布泊硫酸钾15千克/亩，施肥后用旋耕机轻旋1遍，整畦备栽。如果土壤有机质过低，可每亩增施25千克腐殖酸钾，增加土壤有机质，培肥地力。

如何发酵有机肥　发酵有机肥主要用于种肥和基质用肥。需要能遮风避雨的大棚和1台翻堆机。原料为粉碎的秸秆、农业废弃物、畜禽粪便，辅料为矿物质肥、有益微生物菌剂，时长为春夏10~15天或秋冬15~20天，发酵堆温度控制在65℃，翻堆降温2~3次，湿度控制在55%~60%。用手将有机肥捏成团，指缝见水但不滴水，松手落地即散。发酵有机肥的用料搭配如下。

原料　畜禽粪便（新鲜鸡粪、猪粪、牛粪或羊粪）与植物源的有机物（秸秆、谷壳、中草药渣、农产品加工下脚料、粉碎的树枝和落叶等）各占1/2。就地取材，变废为宝。碳氮比控制在（25~30）:1。不同物料碳氮比差异大，玉米秸秆58:1、水稻秸秆54:1、稻壳72:1、小麦秸秆373:1、木屑625:1，配料时须仔细计算。

辅料　矿物质（包含钙镁磷肥、硫酸钾肥、活力素或其他矿物质肥）约占有机物料总量的5%，矿物质在微生物作用下成为有效态的营养元素。地力旺约占总投入量的1%。

发酵好的有机肥会在育苗和移栽过程的表土中使用。技术要点如下。

要点1，要充分考虑生产有机肥所需要的辅料，即优质微生物菌剂和适当的中量、微量元素矿物质。

要点2，注意适宜的水分调控。当有机物的含水量为55%~60%，手握成团在指缝之间将要有水分渗出即为适宜的含水量。如果水分过多，则通透性差，极易发生厌氧性发酵，使肥料变酸发臭；如果水分不足，堆肥中心部位易出现脱水干燥的异常高温状态，造成好氧菌大量死亡，使物料中的有效养分迅速分解，肥料质量降低。

要点3，快速发酵的重要参数是合适的碳氮比（C/N）。对一般微生物来讲，碳氮比越小，发酵越慢，当小到一定比例时，发酵活动将无法进行。适宜的碳氮比为（25~30）：1。地力旺中的地衣芽孢杆菌有很强的固氮能力，可以迅速把物料中的碳氮比调整到适宜的比例，有利于秸秆分解。

要点4，根据原材料搭配的差异，对有机肥配比建议如下。

以小麦秸秆为主的配方：小麦秸秆1000千克、干鸡粪200千克、硫酸钾15千克、钙镁磷肥20千克、活力素1千克、选择当地最好的黏土300千克、地力旺5千克。

以木屑为主的配方：木屑（比较难分解）1000千克、干鸡粪300千克、硫酸钾15千克、钙镁磷肥20千克、活力素1千克、选择当地最好的黏土300千克、地力旺5千克。

以牛粪为主的配方：牛粪1000千克、鸡粪200千克、风化煤（比较难分解）300千克、硫酸钾15千克、钙镁磷肥20千克、活力素1千克、选择当地最好的黏土300千克、地力旺5千克。

生物有机肥的生产过程并不复杂，将原料混合均匀，水分控制在40%~50%，堆成山形，插上温度计测温，覆盖草苫和麻袋，保温、保湿、通气。在夏季，堆积24~36小时，即能产生发酵热使温度上升。在冬季，需要堆积48~72小时，发酵温度可达40℃~60℃。冬季生产，既要保温又要注意通风，必要时加温以促进发酵，当料温上升至50℃时，要及时翻堆。冬季生产有时会出现料温迟迟不上升的情况，当料堆堆放48小时，即使温度升高不多，也要翻堆，翻堆时喷洒地力旺，翻后重新堆成山形，盖好草苫。每次翻堆间隔48小时，共翻3~4次。当料堆表层有1层厚15厘米左右的像面包一样的有益菌层出现时，具有生物活性的全营养有机肥就做成了。腐熟的有机肥外观颜色为深黑色或黑褐色，膨松，吸水能力强，味道为泥土味至芳香味，不能有酸坏臭味、恶臭或浓厚的氨味。

堆制的监控技术　将原料混合搅拌，添加纯净水，不能使用含氯过高的自来水，边搅拌边喷洒含有酵母菌的微生物水溶液，当混合原料用手捏成团，指缝见水但不滴水，松手落地即散就可以了。搅拌完成后，将混合原料堆制成长方体，踩实封严后进行发酵。堆肥是好氧菌在有氧状态下对有机物进行快速降解的过程。堆体内的含氧量直接影响有机质的分解速度，堆体中适宜的含氧量为 5%~15%。大约 3~4 天后测量温度，当温度升至 65℃立刻进行翻堆，保持堆肥温度 55℃以上 7~10 天，翻堆时需喷洒地力旺，翻堆 3 遍以上。堆制有机肥不再出现升温现象即发酵完成。堆肥完成后进行适当时间的陈化。

菌剂复壮　在室内进行，先将地面打扫干净，用 0.2%高锰酸钾溶液冲刷 1 遍，晾干备用。地力旺 3 千克、酵素菌少量、麸皮 200 千克、红糖 2 千克，混合分次加水搅拌最终使其达到用手捏成团指缝见水但不滴水的状态。把以上原料混合均匀，堆成山形或长方体，盖上草苫或棉被，插上温度计测温。大约 24 小时后温度上升，当温度升至 35℃时，每天翻堆 1 次，翻堆若干次，当看到料堆上出现菌丝即可，摊开晾干，当含水量低于 18%时，装入容器保存，发酵肥料备用。复壮的微生物培养菌剂放置在阴凉的地方，保质期 12 个月。复壮的菌剂可以直接用于培育壮苗，每次每亩用量 3 千克，稀释后洒在作物根部。也可以在发酵有机肥中使用，用量占物料总量的 3%~4%即可。

第三章

有益微生物对土壤的贡献

第一节 农业生产可利用的氮源

地球上的氮气占大气总量的78.08%，但氮气是惰性气体并不能直接被植物利用。生态系统中植物可利用的活性氮来源于3个途径：途径1，闪电。闪电将氮气转化成为生物有效态的铵态氮（NH_4^+）和硝态氮（NO_3^-）。据专家估计，全球每年闪电的固氮量不小于1 000万吨。途径2，生物固氮。在自然生态系统中，新增的可为有机体所用的氮主要来源于生物固氮。植物体内的氮80%~90%来源于生物固氮。地球上，陆地生态系统每年能固氮0.9~1.4亿吨，海洋生态系统每年能固氮0.3~3亿吨。途径3，人工合成的工业固氮。目前，全球生产的氮素肥料已经达到1.21亿吨，通过人工合成氨固氮，制造出尿素、碳酸氢铵、硫酸铵等一系列含氮肥料（图3.1）。

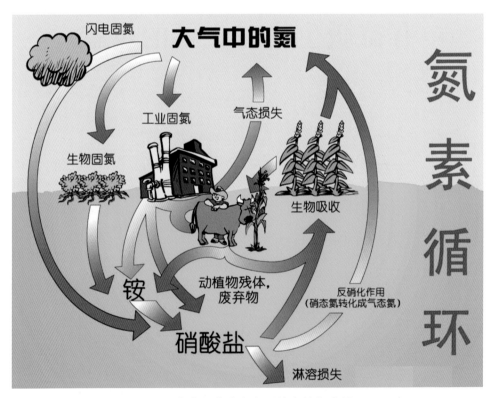

图3.1 地球上陆地生态系统中的氮素循环

资料来源：梁鸣早，李书田，孙建光，2020.我国的氮素管理如何走出困境？高活性固氮微生物肥料为我们带来希望[J].中国科技成果半月刊，9：4-9.

从植物可以利用的活性氮的 3 个来源可以看出，自然界的生物固氮是最主要的氮源。人类需要与大自然和睦相处并模仿大自然开展农业生产，称为"仿生农业"。利用生物固氮走生态农业之路应该是必然的选择。

自然生态系统中的生物固氮是植物获得活性氮的主要途径。生物固氮就是一些具有固氮酶活性的细菌把空气中植物不能直接利用的氮气还原成氨态氮。具有生物固氮能力的微生物都是原核生物，多为细菌，有 100 多个属。生物固氮分为共生固氮、联合固氮和自生固氮 3 种类型。豆科作物的根瘤菌属于共生固氮菌，这种菌只能在与豆科作物共生时才能固氮，具有专一性。联合固氮和自生固氮生存条件宽泛。研究发现，在小麦、水稻、玉米、果树、蔬菜和中药材等植物的茎、叶和根表皮上广泛生存着这两大类菌。联合固氮菌定殖于植物根系表皮细胞间隙，宿主植物并不形成特异分化的结构，可为更多种类的作物提供氮素。这一结论打破只有豆科作物的根瘤菌能固氮的认识禁区。生物固氮可为农业提供更多的氮素来源。

第二节　中国固氮微生物的资源研究与应用

《自然》（Nature）发出呼吁启动"国际微生物组计划"，全面认识地球环境中微生物群落的数量与功能，为解决 21 世纪人类面临的卫生、能源和农业等重大问题提供关键资源。土壤微生物是人类社会可持续发展不可替代的资源库，每克土壤中微生物的物种数量高达上百万种，而 90% 以上的微生物尚未被人类认识。获取土壤微生物纯菌株资源，是未来全球研究的重要趋势。获诺贝尔奖的日本科学家大村智研发出阿维菌素产品，现在阿维菌素已得到社会的广泛认可。上述事实的重要启示是人类应重新评价固氮微生物在提供氮素和土壤改良等农业生产上的意义。

中国学者研究生物固氮已有数十年，在固氮微生物资源及其相关领域取得了很多成绩。从自然界筛选到大量固氮能力较强的高效固氮菌，证实固氮芽孢杆菌具备高效固氮能力和强竞争性，广泛适用于多种作物，可为水稻、玉米、小麦、棉花、蔬菜、果树等主要作物提供氮素；研究还发现很多芽孢杆菌具有很高的固氮能力，广泛存在于非豆科作物生产中，为作物提供活性氮，同时还发现一些菌具备高效固氮能力和强竞争性；为此，学者们连续发表《高效固氮芽孢杆菌筛选及其生物学特性》等多篇论文。2011 年中国农业科学院主持的"高效固氮、土壤改良微生物菌筛选和菌剂研制应用"项目，通过农业部的科技成果鉴定，被专家组认定为国际先进水平，中国的高活性固氮研究与应用走在世界前列。近年来，中国农业科学院的研究团队，从全国各地采集、分离、鉴定具有生物固氮、抗病原真菌、降解有机污染、耐重金属、反硝化、促进作物生长和抗逆等功能的重要农业微生物功能菌种资源，并对其进行了大量的基础性研究。

在基础研究方面，中国学者发现，植物体内存在大量的内生固氮菌，玉米、水稻、小麦的内生固氮菌组成有其特色，并建立了粮食作物内生固氮菌菌种资源库，库存资源 3 500 株，分别属于 62 属 256 种；资源库在菌株数量、种群多样性等方面居国际前列；为基础研究和技术开发提供了菌种资源保障。学者们全面系统地研究了中国主要粮食作物内生固氮菌多样性组成，发现类芽孢杆菌属（*Paenibacillus*）和芽孢杆菌属（*Bacillus*）是作物根际和农田环境中自生固氮微生物的优势种群，并证明广泛分布在多种作物和不同地区；发现假单胞菌属（*Pseudomonas*）、根瘤菌属（*Rhizobium*）和芽孢杆菌属（*Bacillus*）是水稻、小麦、玉米等作物可培养内生固氮菌的优势种群。以上研究结果对于微生物肥料产品研制和应用具有重要指导意义。学者们在上述工作的基础上创建了固氮菌固氮酶 *nifH* 基因库，含 *nifH* 基因信息 1 120 条，涵盖固氮微生物 54 属 231 种。解决了长期以来由于缺少 *nifH* 基因信息无法鉴定和难培养固氮菌的科学难题，打破了固氮菌多样性研究领域的发展瓶颈，研究内容和研究结果居国际前列。并且在国际权威期刊 *IJSEM*、*Antonie van Leeuwenhoek* 上发表了 15 个微生物新种，丰富了世界固氮微生物资源库，促进了微生物资源学科的进步，分别命名为：*Rhizobium wenxiniae*、*Microbacterium zeae*、*Pedobacter zeae*、*Lentibacillus populi*、*Sphingomonas zeicaulis*、*Dyadobacter endophyticus*、*Filimonas zeae*、*Paenibacillus radicis*、*Flavobacterium endophyticum*、*Paenibacillus wenxiniae*、*Variovorax guangxiensis*、*Hansschlegelia beijingensis*、*Paenibacillus brassicae*、*Microbacterium neimengense*、*Paenibacillus beijingensis*。

在应用研究方面，中国学者筛选到一批具有高效固氮、抗病促生、改土培肥、降解污染的优良微生物种质资源。将筛选到的优良微生物种质资源成功地应用在新型生物有机肥料、菜地有机污染修复菌剂、生荒地培肥菌剂和盐碱地改良菌剂等产品研制，形成了多个微生物肥料产品和配套生产技术。田间试验表明，研制出的微生物肥料产品在降低化学氮肥用量、消除农田土壤有机污染、降低盐碱地改良成本、改善耕地土壤质量、提高农产品品质等方面效果显著。

动物粪便和植物秸秆等有机物进入土壤后，在土壤有益微生物的作用下，需要经过一系列分解转化过程。如果土壤中的碳氮比小于25，会快速释放出铵态氮，铵态氮在硝化细菌的作用下，经过2个过程变为硝态氮。土壤温度、湿度、通气状况、pH值、微生物种群数量等条件决定氮转化速率和数量。当碳氮比大于30，有机物在土壤中需要吸收土壤中原有的矿质氮用于微生物分解活动，待碳氮比小于25后再释放氮。有机物中含氮量差异很大，鸡粪含氮量最高，猪粪其次，食草动物粪便中含氮量低一些。

第三节　高固氮菌株的获取和培养技术

近年来，中国的很多学者在生物固氮领域取得了重大进展，研究发现，自然界确实存在着高活性的固氮菌，并通过获取、提纯、复配和工厂化生产，可以生产出高活性固氮微生物肥料。例如，山西临汾王天喜有着21年研发微生物菌剂的经验，2012年7月他在经常做试验的玉米地里发现几株玉米长势特别好，随后取出玉米根部的土壤样品，带回菌种实验室进行分离，结果在无氮培养基的平板上长出了菌落，提纯后将菌落样品分别邮寄给中国农业科学院农业资源与农业区划研究所微生物研究室和中国科学院微生物研究所。经2个单位检测，鉴定为地衣芽孢杆菌，研究人员发现其菌落形态与常规认知的地衣芽孢杆菌不同，固氮酶活性极高，接种到土壤中一段时间再测定，固氮酶活性依然高。经测定的菌落中地衣芽孢杆菌的固氮酶活性极显著高于常用固氮菌圆褐固氮菌的固氮酶活性，该菌株易于培养，同时具有抗病促生等多种功效，对作物的增产和提质效果明显。科研人员对该产品行了多年的跟踪研究，发现用过高活性固氮的复合菌剂的农田土壤比使用其他固氮菌的土壤固氮酶活性要高，可见，地衣芽孢杆菌有很强的固氮能力，可以帮助解决农业需要量很大的氮素问题。目前国内外的固氮研究均取得重大进展，地衣芽孢杆菌固氮菌株的发现只是其中之一。

王天喜在菌种培养配方上有独特思路，他生产的地力旺微生物复合菌肥（以下简称地力旺）菌种组成有10种，分别为：枯草芽孢杆菌、地衣芽孢杆菌（高固氮菌）、巨大芽孢杆菌、胶质芽孢杆菌（高解钾菌）、嗜酸乳杆菌、苏云金芽孢杆菌、侧孢芽孢杆菌、光合细菌、凝结芽孢杆菌，地力旺第三代产品中还含聚谷氨酸菌。每种菌都有其特有的作用。产品整体表现出活菌数高、生态竞争力强的特点。菌种扩繁培养的菌株活性高，复合菌产品活菌数达到20亿个/克，高于国家标准2亿个/克。第三代地力旺的活性菌100亿个/克，正在注册。

建立复合微生物菌群可以运用好氧菌和厌氧菌共存的原理，例如，光合细菌和地衣芽孢杆菌都有固氮能力，但两者生存条件相反，光合细菌是厌氧菌，而固氮菌是好氧菌，当固氮菌利用氧气繁殖过度会缺氧，缺氧环境又是厌氧光合细菌的生存条件；而固氮菌的排泄物是光合细菌的食物，光合细菌的排泄物有机酸又是固氮菌的食物；这种生存竞争和互为基质的特性，为建立优质菌群提供新的依据。

第四节　地力旺的独特作用

可为作物提供2种类型的氮　相关研究十分看重微生物菌株的固氮能力，往往把固氮能力强弱作为评价菌株优良与否的先决条件。地力旺的优势在于可为作物提供2种类型的活性氮。

一类是氨态氮。芽孢杆菌类和光合细菌都有固氮作用，可为作物提供氨态氮，特别是近年来从大自然获取的地衣芽孢杆菌固氮能力强，为替代化学氮提供了条件。可以说，高活性固氮菌或将成为全球农业新增氮素的重要来源。

另一类是有机氮。地力旺能快速降解有机物，生成小分子高活性的有机氮，可直接被植物根系吸收利用。

地力旺的2种固氮能力适用于各种大田作物，可大幅度减少化学氮肥施用量，在茶树、果树、蔬菜和中草药等经济作物的种植中施用地力旺，可显示出其为作物提供2类活性氮的技术优势。

在秸秆还田中发挥重要作用　目前，作物秸秆不能焚烧，必须还田。但在保护地种植的作物秸秆，人们害怕病虫害仍然不敢还田。中国每年产生作物秸秆9亿吨，涉及20种主要作物，其中稻谷、小麦、玉米的秸秆占总量的70%以上。作物秸秆与叶片是支撑作物生长、制造养分和运输养分的介质，成熟秸秆中保留的养分约占 1/2，包括有机化合物、维生素、矿物质和次生代谢产物，秸秆中病虫害在分解后成为作物可利用的形态。作物秸秆是很珍贵的可再利用的农业资源。目前仍有部分秸秆直接在地里燃烧。秸秆焚烧直接受损的是农民，因为燃烧过程烤焦了 3~5 厘米的土壤，使土壤有机质大量损失，土壤中的有益生物也不复存在，更损害了土壤墒情，燃烧后的灰分中只有极少量的磷、钾元素还可被再利用。土壤中最适合微生物生存的碳氮比是（25~30）：1。以玉米为例，其秸秆中含碳 46.1%~46.7%，含氮 0.69%~0.89%，碳氮比 58：1。以每亩大约产生 1 500 千克玉米秸秆（干物质）计算，秸秆中含碳约 696 千克、含氮约 11.85 千克，还需要另外加入约 35 千克的尿素才能完成 1 500 千克秸秆的分解任务。如果在秸秆还田时使用地力旺，可为降解有机物提供活性氮，可以使土壤中的碳氮比趋于合理。秸秆还田的具体方法：粉碎后的秸秆，同时补充矿物质和地力旺，经充分混合搅拌后翻到 25~30 厘米土层，让粉碎的秸秆与土壤充分接触，可以使秸秆在微生物作用下迅速降解。过去秸秆直接还田量仅每亩 200 千克（干物质）左右，而应用现在的技术，秸秆当季分解量提高到每亩 1 000~1 500 千克。地力旺的固氮作用可以使秸秆还田真正落实到全国各地的农业生产中。

促进土壤肥力的提升　地力旺在土壤中的生存能力很强，其代谢产物有芳香族化合物（多酚类）、含氮化合物（氨基酸或肽）和糖类物质等，分泌的酶是多酚氧化酶，经氧化成为醌；有机物中木质素结构稳定，微生物往往只能部分降解，保留原结构中的某些片段，这些片段在微生物和各种酶的作用下，进一步合成酚羟基、羧基、甲氧基等功能团，形成一种高分子胶体物质——腐殖质；腐殖质带负电荷具有较大的交换容量，其交换量是一般矿物质的几倍到十几倍。腐殖质和二价阳离子一起形成团粒结构的搭桥物质。有益微生物促进土壤团粒结构的形成，增加了土壤的保肥保水能力。地力旺的繁殖能力强，以"军团"形式作战的高活性菌群增强了土壤酶的活性。土壤酶是由土壤中动物、作物根系和微生物的分泌物以及残体的分解产生的，是一类具有高度催化作用的蛋白质。土壤酶参与了土壤的发生和发育，以及土壤肥力的形成和演化的全过程。土壤学研究表明，土壤酶的类型多达 50 种。土壤酶的活性标志着农田生态系统的生态状况。土壤生物活性的主要表现形式就是土壤酶的活性，也是土壤作为类生命体的重要特征之一。

提高作物的抗病虫害能力 地力旺能激活植物的内源激素，使植物产生抗病虫害的物质，减轻蚜虫、红蜘蛛、白粉虱、菜青虫、玉米螟虫、根结线虫以及各种细菌和真菌的危害，使土壤和植物始终处于良好的状态。有益微生物菌代谢产生的生物酶可使土壤中所有生命体都紧密联系，形成菌膜屏障，组成一道防线，阻止多种病害，让有益菌占领优势生态位。

加快对污染土壤的净化 地力旺可以净化土壤，降解土壤中的农药。中国耕地几乎百分之百被农药和化肥污染，通过灌溉和降水稀释一部分，进入江河湖海，从而污染水系，自然降解需要几十至上百年，而地力旺可加快降解被农药残留污染的土壤。

胁迫作用伴随作物整个生长期 地力旺生活在各种作物体内和根际，与作物进行物质和能量的交换，在作物体内不断地穿透细胞壁给作物以胁迫，这种胁迫伴随作物整个生长期。因此，地力旺可以不断地促使作物打开次生代谢产生化感物质，抵抗病虫草害和灾害性天气，同时还促使作物产生品质物质和风味物质。

地力旺中胶体芽孢杆菌的解钾功能 地力旺中的解钾菌——胶质芽孢杆菌具有活化土壤中结构性矿物钾的作用。在中国，土壤中的钾有3种形态，一是速效钾，二是缓效钾，三是矿物钾。速效钾含量占土壤全钾含量的0.1%~2%、缓效钾含量占土壤全钾含量的2%~8%，这2种钾都可以被植物直接利用，但一般土壤中的这2种钾的含量不能满足植物对钾的需要，需要每年从外部补充。而土壤中结构性矿物钾存在于土壤晶格中，不能被作物直接利用，矿物钾含量占土壤全钾含量的90%~98%。如何利用被土壤晶格束缚的钾呢？大自然中的矿物钾要经过长期的自然风化过程才能成为速效钾。因此，研究人员把目光转向微生物。

山西临汾地力旺的发明人王天喜从试验地的土壤中分离出有解钾能力的胶质芽孢杆菌，并且做了如下的试验：用塑料大桶加入100千克纯净水，加2千克钾长石粉（含矿物钾），再加入少量胶质芽孢杆菌，连续搅拌10天。2018年8月28日将水样送到中国农业科学院土壤肥料检测中心检测，水样检测结果中速效钾含量3 784.5毫克/升。这个结果很出人意料，说明王天喜获取的胶质芽孢杆菌的解钾能力很强。2018年他还在4个地方设置了初步的田间试验，分别是福建泉州、云南陆良、青海都兰、山西洪洞；对试验土壤进行检测，检测结

果中速效钾含量全部达到或超过 200 毫克 / 升（土壤速效钾国家标准 ＞ 150 毫 /
升），表明试验地均属于高钾土壤。

作物对钾的需要从生长早期就开始了，地力旺中胶质芽孢杆菌解钾能力强，
可在底肥、种肥和生长期间多次施用。而农民习惯在膨果期施用钾肥的方法是
错误的，地力旺在生产上起到纠偏的作用，避免错过作物需钾的最佳时期。因
此，在底肥和种肥中使用地力旺，可以满足作物生长前期对钾的需要，避免作
物早期出现缺钾症。中国罗布泊等地的钾肥（硫酸钾和氯化钾）只能满足国内
50% 的需要量，每年需要从加拿大和俄罗斯进口 800 万吨以上的速效钾肥，是
刚性需求。胶质芽孢杆菌的普遍使用，可以减少中国进口速效钾的数量。

地力旺的使用方法　地力旺的使用不受地域的限制，广泛适用，在粮食作
物上可以用作种子的拌种剂；也可以作为叶面肥喷施 3 次，每次 100 毫升 / 亩；
还可以通过灌溉系统灌根 1 千克 / 亩；可以使作物增产 8%～30%，替代部分
氮肥。

在果树、蔬菜、茶树等经济作物上使用地力旺 3～5 千克 / 亩，与秸秆、有
机废弃物、矿物质等物料充分混合搅拌作底肥深施到 25 厘米以下土层，在耕层
发酵过程中，加快有机物的分解过程。在作物生长每个关键期和每次田间活动
后要紧跟 1 次叶面喷施地力旺 100 毫升 / 亩和氨基酸液肥。上述措施若能全部
实施可以 100% 替代尿素和部分钾肥。

生产实践效果明显　近年来，全国已有二十多个省在使用生态农业优质高
产"四位一体"种植技术，该技术要点之一就是使用地力旺。截至 2020 年年底，
涉及作物包括粮食作物（小麦、玉米、水稻、大豆、谷子、马铃薯），果树（苹
果、葡萄、猕猴桃、桃、樱桃、核桃、柿、梨、枣、李、草莓），瓜果蔬菜（西
瓜、番茄、甜椒、茄子、豆角、叶类菜等），中药材（三七、人参、远志、半夏、
黄芪、白术、柴胡），经济作物（花椒、茶、烟草、枸杞、魔芋、山药、红薯等）。
可以说，在多种作物种植中，地力旺可以代替化学氮肥为作物提供氮素，并且
深受广大农民的喜爱。

第四章

植物必需的碳、氢、氧、氮和矿物质元素概述

第一节 碳、氢、氧

一、植物需要的营养元素分类

植物必需的 17 种元素在植物代谢中承担不同的角色，协同完成植物初生代谢和次生代谢的生命全过程，但植物对各种元素需求还存在着巨大差异，需要量（宏量元素、大量元素和中量元素）按照百分数（％）计算，而微量元素按照每千克含多少毫克计算，都遵循少量有效、适量最佳、过量有害的原则（表 4.1）。栽培中补给作物的元素不应偏离其适宜的区域，任何一种元素的过量或不足都会使作物的代谢受阻，产生生理性疾病，抗性低、品质差、不耐储存、风味不足。最佳营养状态的植物抗病性和抗逆性最强，越偏离最佳营养状态的植物越容易遭遇病虫害。

表 4.1 植物必需营养元素的可利用形态和需要量

元素	符号	利用形态	需要量
碳	C	CH_2O、HCO_3^-、CO_2	45％
氧	O	O_2、H_2O	45％
氢	H	H_2O、H^+、OH^-	6％
氮	N	$CH_2O\text{-}N$、NO_3^-、NH_4^+	1.5％
钾	K	K^+	1％
钙	Ca	Ca^{2+}	0.5％
镁	Mg	Mg^{2+}	0.2％
磷	P	$H_2PO_4^-$、HPO_4^{2-}	0.2％
硫	S	SO_4^{2-}	0.1％
氯	Cl	Cl^-	100 毫克／千克
铁	Fe	Fe^{2+}、Fe^{3+}	100 毫克／千克
锰	Mn	Mn^{2+}	50 毫克／千克
硼	B	$H_2BO_3^-$、$B_4O_7^{2-}$	20 毫克／千克
锌	Zn	Zn^{2+}	20 毫克／千克

表 4.1（续）

元素	符号	利用形态	需要量
铜	Cu	Cu^{2+}、Cu^+	6 毫克 / 千克
钼	Mo	MoO_4^{2-}	0.1 毫克 / 千克
镍	Ni	Ni^{2+}	0.005 毫克 / 千克

资料来源：布坎南，2004.植物生物化学与分子生物学［M］.翟礼嘉，等，译.北京：科学出版社。

注：表中元素需要量指占干物质的量。

　　植物将无机物通过光合作用制造成有机物。植物需要的无机物除碳、氢、氧、氮之外都来自矿物质。归纳起来分为，宏量元素：碳、氢、氧；大量元素：氮、磷、钾；中量元素：钙、镁、硫；微量元素：铜、铁、锰、锌、硼、钼、氯、镍；有益元素：硅、钛、钴、钒、硒、钠，以及稀土元素（图 4.1）。

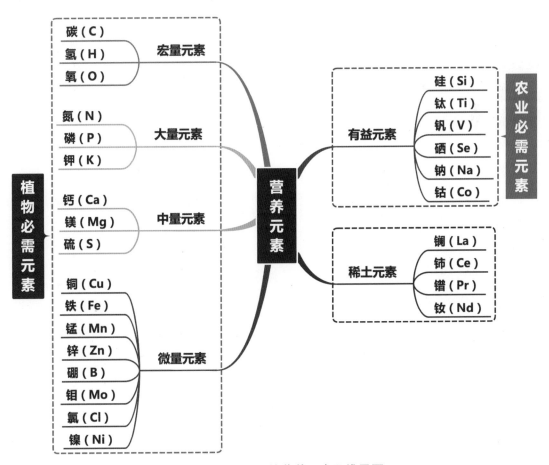

图 4.1　植物需要的营养元素思维导图

二、碳元素（C）

碳被称为地球上最重要的元素，碳是组成细胞中各种大分子的基础，细胞所合成的所有分子几乎都含有碳，碳能够与碳或其他原子相连。碳原子有着不同寻常的特性，能形成非常大的各种各样的分子。在活的生物体内含碳化合物的总量仅次于水。除一氧化碳、二氧化碳和碳酸盐等少数简单化合物外，含碳化合物统称为有机化合物。已知的有机化合物有 200 万种，而且自然界还在不断合成或发现新的有机化合物，其数量与日俱增。元素的化学性质取决于其原子最外层电子的数目。碳原子最外层有 4 个电子，还有 4 个电子的空位，所以，碳原子极易和其他原子共用 4 对电子而形成 4 个共价键。碳原子可以与氢键（单键）结合，也可以与双键或三键结合，形成不同长度的链状、分支链状或环状结构。有机化合物的基本性质取决于与碳骨架相连接的某些含氧、氢、硫、磷等的原子团，最终形成糖类、脂质、蛋白质、核酸，这些物质是组成生物体最重要的有机化合物。

绿色植物可以从环境中吸收无机物形成高能有机化合物。空气中的二氧化碳和水如何进入植物体内变成有机物的呢？这就需要从植物的光合作用谈起。光合作用有 2 个重要步骤，一是光反应阶段，通过植物体内的叶绿素吸收太阳光将水（H_2O）光解成氢和氧，同时产生高能磷酸键（ATP）；二是暗反应（碳反应）阶段，在多种酶的催化下，固定空气中的二氧化碳（CO_2）。二氧化碳和水通过光合作用生成糖类和淀粉等碳水化合物（CH_2O），这些物质是形成细胞壁、植物茎和叶的来源，同时也是植物能量的来源（图 4.2）。植物干物质量中，碳约占 45%、氧约占 45%、氢约占 6%，合起来约占干物质总量的 96%，它们搭起有机物的碳骨架。

在农业生态系统中，秸秆、畜禽粪便和各种农业废弃物很容易被微生物分解，形成小分子有机碳，直接被作物吸收利用，被称为活性有机碳。而自然界中还有一类含碳较高的化合物，例如褐煤含碳高，但很难被微生物分解，不属于活性有机碳，不能直接应用于农业生产，必须采用工业手段从褐煤中提取出腐殖酸，才能成为作物可以利用的活性有机碳。

在栽培过程中，作物形成产量过程需要大量的碳和水，一般情况下，大气提供的二氧化碳往往不能满足作物高产对碳的需要量。因此，在提高作物光合利用率的同时，多渠道补碳来解决作物对碳的需要，有 3 种方法，一是秸秆在耕层发酵中产生的二氧化碳可增加作物冠层的二氧化碳浓度，为作物的光合作用提供更多的碳源；二是有机物通过微生物降解生成小分子有机碳，成为根系可直接吸收的碳源；三是在作物生长过程中通过叶面补充有机碳，例如氨基酸液肥、腐殖酸和氨基寡糖素等都是重要的碳源。因此，在栽培过程中，为作物提供足量的碳和水是高产的基础。

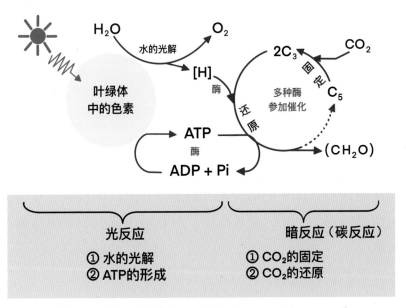

图 4.2　植物光合作用的光反应与暗反应（碳反应）

资料来源：吴相钰，陈守良，葛明德，2014. 陈阅增普通生物学. 4版［M］. 北京：高等教育出版社。

三、氢元素（H）

氢是有机物碳骨架的组成成分，占植物干物质总量的 6%。氢是植物体内除碳和氧外含量最高的元素。这是因为氢原子的结构在自然界中是最简单的，只由 1 个质子和 1 个电子组成，质子就是氢原子核，核外由 1 个电子沿着一定轨道运动，运动的速度约等于光速。

氢是细胞中进行能量交换的关键元素。植物靠氢离子泵（H^+ 泵）来推动细胞内外的物质交换。细胞靠消耗光合作用中产生的高能磷酸键（ATP）把氢离子泵出细胞膜外，形成植物细胞的胞内为负而胞外为正的跨膜电位，由此实现了细胞内化学能向电势能的转变。有了细胞内外的电势能，就有了细胞膜内外物质交换的推动力。氢还参与光合作用能量转换的各级反应。

四、氧元素（O）

氧是有机物碳骨架的重要组成成分，占植物干物质总量的 45%，与碳元素相等。氧是地球上丰度最高的元素。

氧还给植物的呼吸作用提供原料，从而产生能量，使生命过程正常运行。植物体内必需的氧元素来源于植物光合作用中水的光解和从空气中吸收。

第二节　氮元素（N）

一、氮的生理功能

氮是植物体内含量居第四位的营养元素，存在于叶绿素、核酸和氨基酸中，是蛋白质、核酸、磷脂和细胞生物膜的重要组成成分；氮还参与酶、辅酶、辅基的构成；氮与光合作用有密切关系。氮是生长素、细胞分裂素和多种维生素的成分，它促进旺盛的生长，延迟成熟，并影响细胞大小和细胞壁厚度。没有氮就没有生命。

（一）氮在植物体内的功能

氮参与合成遗传物质　含氮的 2 种氨基酸（甘氨酸和谷氨酸）参与生成脱氧核糖核酸（DNA）和核糖核酸（RNA），是重要的生命遗传物质。脱氧核糖核酸将植物的遗传信息转录到核糖核酸，核糖核酸将信息翻译为多肽的氨基酸顺序，形成蛋白质。

氮参与合成叶绿素　植物的绿色就是叶绿素的颜色，叶绿素中含有氮。叶绿素是植物进行光合作用的主要色素，光合作用第 1 步就是光能被叶绿素吸收，因此，叶片的光合效率与叶片的含氮量高度相关。

氮参与合成酶、辅酶、辅基　氮参与合成的酶是一类具有特殊功能的蛋白质，可以催化生物反应过程。简单蛋白质酶类只含有蛋白质，结合蛋白质全酶类则是由蛋白质 + 金属辅基 + 非蛋白质的小分子物质组成。

氮参与合成 B 族维生素　维生素 B_1（硫胺）、维生素 B_2（核黄素）、维生素 B_3（烟酸或维生素 PP）和维生素 B_6 等，都是植物、人体和动物不可缺少的营养物质。

氮参与合成各种生物碱　生物碱是一大类含氮化合物，例如烟碱、茶碱、可可碱、咖啡碱、胆碱、奎宁、麻黄碱等都含有氮素，是重要的次生代谢产物。

含氮的胆碱是卵磷脂的重要成分 含氮的卵磷脂参与细胞生物膜的合成。

氮参与合成植物的内源激素 生长素和细胞分裂素都含有氮。

氮是蛋白质的组成成分 含氮氨基酸构成蛋白质。蛋白质是构成细胞原生质的重要成分。在植物体内可以生成100多种氨基酸，18种是常见氨基酸（CH_2O-N）（表4.2）。

表 4.2 常见的 18 种氨基酸在植物体内的功能

类型	名称	在植物体内的功能
脂肪族类	丙氨酸	增加叶绿素合成，调节气孔开合，对病菌有抵御作用
	亮氨酸	提高抵抗盐胁迫能力，提高花粉活力，芳香味的前体物质
	异亮氨酸	提高抵抗盐胁迫能力，提高花粉活力，芳香味的前体物质
	缬氨酸	提高种子萌发率，改善风味
	甘氨酸	对光合作用有独特的效果，利于植物生长，增加植物的糖含量
碱性氨基酸类	赖氨酸	增加叶绿素合成，提高耐旱性
	精氨酸	增强根系发育，内源激素多胺合成的前体物质，提高抗盐胁迫能力
	天冬氨酸	提高种子萌发率，促进蛋白质的合成
	谷氨酸	降低植物体内硝酸盐含量，提高种子萌发率，促进光合作用，增加叶绿素合成
	组氨酸	调节气孔开合，细胞分裂素合成的催化酶
羟基类	丝氨酸	参与细胞组织分化，促进发芽
	苏氨酸	提高耐受性，提高抵抗病虫害能力
含硫类	半胱氨酸	维持细胞功能
	蛋氨酸	内源激素乙烯和多胺合成的前体物质
芳香族类	酪氨酸	提高耐旱性，提高花粉萌发
	色氨酸	内源激素生长素（吲哚乙酸）合成的前体物质
	苯丙氨酸	促进木质素的合成，花青素合成的前体物质
亚氨基酸	脯氨酸	增加对渗透胁迫的耐性，提高抗逆性

（二）植物对氮的吸收

植物对氮的吸收和转运 植物根系可以吸收铵态氮、硝态氮和有机小分子态氮。植物种类不同，吸收铵态氮和硝态氮的比例不同。大多数植物根系吸收的是硝态氮，在根系中，硝酸还原酶将硝态氮还原为铵态氮，进而同化为氨基酸再向上运输。水稻以吸收铵态氮为主。在温暖湿润、通气良好的土壤上，旱地作物主要吸收硝态氮。旱地作物在幼苗期大多吸收铵态氮，主要生育期以吸收硝态氮为主。但土壤中的铵态氮转化为硝态氮过程受到异常环境（例如温度过高或过低、土壤湿度过大或过小）影响会被抑制，旱地作物也会被迫吸收铵态氮。植物吸收硝酸盐为主动吸收。植物将吸收的氮在根系中同化为氨基酸，并以氨基酸形式通过韧皮部向上运输。植物吸收的硝酸盐在根或叶细胞中利用光合作用提供的能量或利用糖酵解和三羧酸循环过程提供的能量还原为亚硝态氮，继而还原为氨，这一过程称为硝酸盐还原作用。氨在植物体内参与各种代谢物质的生成。

生物固氮　研究发现有一类内生固氮菌定殖于植物根系表面的细胞间隙，宿主植物并不形成特异分化的结构，可为大田作物、果树和蔬菜提供氮素。2012 年山西临汾的王天喜从农田中获取强固氮菌株——地衣芽孢杆菌，属于内生菌，经测定其固氮酶活性是圆褐固氮菌的 3 倍多，并且易于培养。作物施用氮素化肥的时效短，耕层发酵的有机氮在土壤中的时效要长一些，固氮微生物的固氮利用率高，为作物提供氨态氮，同时微生物能够降解有机物生成小分子高活性的有机氮。生物固氮将成为农业生产上的新增氮源。

（三）植物氮失衡的症状

植物缺氮就会失去绿色，植株生长矮小细弱，分枝分蘖少，叶色变淡，呈色泽均一的浅绿或黄绿色，尤其是基部叶片。蛋白质在植株体内不断合成和分解，原因是氮容易从较老组织运输到幼嫩组织中被再利用，下部老叶首先均匀黄化，逐渐扩展到上部叶片，黄叶提早脱落。株型也发生改变，瘦小，直立，茎秆细瘦。根量少、细长而白。侧芽呈休眠状态或枯萎。花和果实少。果实提早成熟，产量、品质下降。禾本科作物无分蘖或少分蘖，穗小粒少。化学农业中因为大量使用氮肥，缺氮引起的减产现象已不多见，而氮过量却随处可见。

玉米缺氮，主要表现在下部叶片，并且有很典型的症状（图 4.3）。

双子叶植物缺氮，分枝或侧枝均少。草本植物缺氮，茎基部常呈红黄色。豆科作物缺氮，根瘤少，无效根瘤多。

图 4.3　玉米缺氮典型症状

注：玉米缺氮，下位叶片黄化，叶尖枯萎，常呈"V"字形向下延展。

叶菜类蔬菜缺氮，叶片小而薄，淡绿色或黄绿色，含水量减少，纤维素增加，丧失柔嫩多汁的特色。结球类蔬菜缺氮，叶球不充实，商品价值下降。

块茎、块根类作物缺氮，茎、蔓细瘦，薯块小，纤维素含量高，淀粉含量低。

果树缺氮，幼叶小而薄，叶色淡，果小皮硬，含糖量虽相对提高，但产量低，商品品质下降（图4.4）。

除豆科作物外，一般作物对缺氮都有明显反应，谷类作物中的玉米、蔬菜作物中的叶菜类、果树中的桃、苹果和柑橘等尤为敏感。

图4.4 夏季苹果树的缺氮症状

注：苹果缺氮，夏季叶片薄、叶色发黄。

植株氮过量时营养生长旺盛，浓绿，节间长，腋芽生长旺盛，开花坐果率低，易倒伏，贪青晚熟，对寒冷、干旱和病虫的抗逆性差。

氮过量时往往伴随缺钾和缺磷现象发生，造成营养生长旺盛，植株高大细长，果实膨大慢，易落花落果。

禾本科作物氮过量，秕粒多，易倒伏，贪青晚熟。块根和块茎作物氮过量，地上部分旺长，地下部分小而少。过量的氮与碳水化合物形成蛋白质，剩下少量碳水化合物用作构成细胞壁的原料，细胞壁变薄，导致作物对寒冷、干旱和病虫的抗逆性差，果实保鲜期短，果肉组织疏松，易遭受碰压损伤。可用补施钾肥以及磷肥来纠正氮过量症状。有时氮过量也会出现其他营养元素的缺乏症。

番茄氮过量表现为绿蒂病，花萼周围出现绿斑，近年来，这种氮过量的商品很常见，还被商家冠以"巧克力番茄"的称呼，以高于普通番茄的价格销售（图4.5）。

黄瓜轻度氮过量，叶片镶金边（图4.6）；重度氮过量，叶片焦黄萎蔫。

图4.5 番茄氮过量

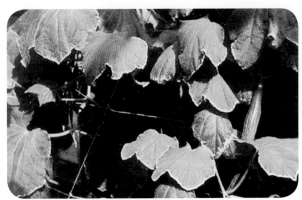

图4.6 黄瓜氮过量

二、关于含氮的肥料

化学氮肥中有铵态氮肥：尿素、碳酸氢铵、硫酸铵、氯化铵等，施用后会使土壤酸化，在碱性土壤施用时，高温和高湿产生氨气引起氨中毒。铵与钾相近，容易被土壤吸附。化学氮肥中还有硝态氮肥：硝酸铵、硝酸磷、硝酸钠、硝酸钾、硝酸钙等，易淋失或释放到空气中，硝酸根则比较容易随水流失，进入地下水或河流湖海中造成环境污染。在通气不良、湿度过大的土壤中，硝酸根会产生反硝化作用生成氮氧化物释放到空气中损失。三元复合肥中也含氮。过量施用化学氮肥，使氮的利用率低，易造成土壤酸化和板结，还容易发生病虫害的危害。

通常农业生产中使用的化学氮肥，其分解的各个环节的中间产物都能释放进入环境，例如尿素—硝酸盐—亚硝酸—氧化亚氮，其中间产物对人类和环境都存在不同程度的危害；以硝酸盐形态进入水体，污染地下水，人类饮用后在胃中形成亚硝胺，是强致癌因子，还造成水体富营养化、近海赤潮等环境问题；以氮氧化物形态进入大气，在大气中二次反应形成 PM2.5 颗粒物，形成雾霾天气，通过呼吸道吸入人体，增加人体患病的概率；氮肥分解成为氧化亚氮是温室气体的组成成分，中国 117 万吨氧化亚氮排放到大气中，它的增温潜势相当于二氧化碳的 310 倍（2014 年 IPCC 报告），其对臭氧层的破坏作用更大。建议生产中尽量少用或不用化学氮肥，而使用生物固氮和有机物降解的有机氮。

农业有机废弃物中含有大量氮素，经微生物作用，被分解为小分子有机氮。中国每年产生的有机肥资源 50 亿吨（其中秸秆 9 亿吨）的利用率约 41%，其中畜禽粪便利用率为 50% 左右，作物秸秆还田率为 35%。可见中国农业还存在过度依赖化学投入品和对已有资源巨大浪费的双重问题。

生物固氮将成为农业新增氮源，特别是地力旺中含有的芽孢杆菌类高活性固氮菌，可以广泛应用在作物上。

第三节　磷元素（P）

一、磷的生理作用

磷参与遗传信息的储存和传递　磷酸与核苷生成核苷酸，核苷酸生成核酸。

脱氧核糖核酸（DNA）和核糖核酸（RNA）中含氮也含磷。

磷参与能量代谢与转移　磷是生命体能量代谢的重要元素，磷生成磷酸腺苷参与三磷酸腺苷（ATP）、二磷酸腺苷（ADP）、一磷酸腺苷（AMP）的能量代谢和转移。ATP为植物生长提供能源，为所有代谢反应提供能量。磷在植物中的重要功能是能量存储和传递，通过二磷酸腺苷（ADP）和三磷酸腺苷（ATP）完成能量的传递。

磷参与光合作用　在光合作用的光反应中，ADP与无机磷酸结合，生成具有高能量的ATP，这一过程叫作光合磷酸化作用。在光合作用的暗反应（碳反应）中，通过光合碳循环接受二氧化碳，在一系列酶的作用下，转化为四碳糖、五碳糖、六碳糖、七碳糖，再进一步合成蔗糖、淀粉、有机酸、氨基酸、脂肪及蛋白质等植物体内物质。这一过程中ATP提供能量转变为ADP。光合作用碳固定期间许多步骤涉及磷，特别是糖磷脂。金属辅基是磷的酶还参与光合产物的分配。

磷参与呼吸作用　植物的呼吸作用是分解体内有机物质、释放能量的过程，植物细胞无时无刻不在呼吸。在有氧呼吸期间，1个葡萄糖分子可以通过细胞色素体获得36个ATP，又通过糖酵解过程形成2个ATP，总共得到38个ATP。而无氧呼吸期间，只能得到糖酵解过程形成的2个ATP。与呼吸有关的反应是分成由酶催化的许多小阶段进行的，因此，能量是逐渐释放出来，而且是在有控制的情况下释放的。在呼吸的氧化反应产能位置有足量的磷时，APT或ADP化合物会生成和更新。

磷是细胞膜构成组分　磷脂分子中既有亲水基团，也有亲脂基团，因此，在脂—水界面有一定取向并保持稳定。磷脂分子与蛋白质分子相结合，形成各种生物膜的基本结构。磷脂（卵磷脂和脑磷脂）与原生质的结构框架有关，磷脂是叶绿体结构的一部分。

磷在种子中储存　成熟种子中含有肌醇六磷酸（植酸）。播种期间，种子吸水萌发合成肌醇六磷酸酶，肌醇六磷酸迅速水解，释放供种子萌发和幼苗生长所需的磷。在种子和果实中含有大量肌醇六磷酸钙镁，是磷储备的主要形式。磷在果实成熟过程和种子形成中很重要。在植物生长早期充分供磷对形成繁殖器官至关重要。

二、为什么作物在春季易表现出缺磷症状

磷是植物生长和繁殖的重要营养元素。没有足够的磷供应，植物将无法达到最大的产量潜力。磷在许多系列酶促反应中也起着至关重要的作用。当磷的供应不足时，细胞分裂减慢，整个植物变得矮小，生长延迟。作物在春季易表现缺磷症状，是因为作物生长早期需磷量大，磷被称为启动肥，而磷在土壤中不易移动，春季气温乍暖还寒，常出现地温低、气温也低的情况，不利于作物根系对磷的吸收，早期缺磷将影响作物整个生长期，而且很难在后期补充。如何施用磷肥是非常值得思考的问题。磷吸收困难与春季低温引发作物缺磷、土壤中的磷不容易移动等因素有关。土壤中的无机磷容易与土壤的组分生成难溶的、对植物有效性低的化合物，在绝大多数情况下，磷会与金属元素（如铁、铝、钙、氟、镁、锰、锌、铜等）形成微溶性或不溶性的化合物，酸性土壤中的磷容易被铝固定，碱性土壤中的磷容易被钙固定，磷的有效性在 pH 值 6.5 左右的微酸土壤中表现好。植物对磷的吸收依赖于分生更多的根毛在土壤中搜索磷，可见植物对磷吸收很不容易。

磷一般以一价（$H_2PO_4^-$）和二价（HPO_4^{-2}）正磷酸盐的形式被植物吸收。土壤中的磷通过根尖主动吸收进入植物体内，需要供应代谢能量。土壤溶液中的磷可以扩散进入根的质外体，氢离子泵 ATP 酶将磷泵入共质体和液泡。根系吸收的磷需要经木质部薄壁细胞运入木质部导管后，可随蒸腾液流很快运输到地上部，再通过韧皮部运输到植物体内。植物吸收磷不利的条件：排水不良、冷性土、低土温、低气温（表 4.3），春季一般处于低温期，是植物的生长初期，最容易出现缺磷症。

表 4.3　外界哪些不利条件影响植物吸收磷的过程

原因	氮	磷	钾	锌	锰	硼	铁	铜	镁	钙
排水不良		Y			Y					
冷性土		Y			Y		Y		Y	
土壤黏湿							Y		Y	
轻砂土	Y		Y	Y	Y	Y		Y	Y	Y

表 4.3（续）

原因	氮	磷	钾	锌	锰	硼	铁	铜	镁	钙
低土温		Y					Y		Y	
低气温	Y	Y	Y			Y				
高气温		Y								

资料来源：简令成，王红，2009.逆境植物细胞生理学［M］.北京：科学出版社。

注：Y 表示对应元素对表格中所述的天气现象敏感。

作物早期缺磷将影响其整个生长期　磷是启动肥，也就是说，作物生长的早期对磷的需求量通常特别大。以番茄为例，在移栽后的第 1 周到第 4 周，是番茄需磷的高峰时段；而移栽之初根系尚不发达，土壤中的磷又不移动，番茄从土壤中获得足够的磷难度相当大；但在生长早期不能获得需要的磷将影响番茄的整个生长期，发育缓慢整个植株发僵。因此，如何让作物生长前期获得生长所需的磷？是每个生产者需要考虑的问题。图 4.7 中红色曲线表示番茄对磷的需求特征。

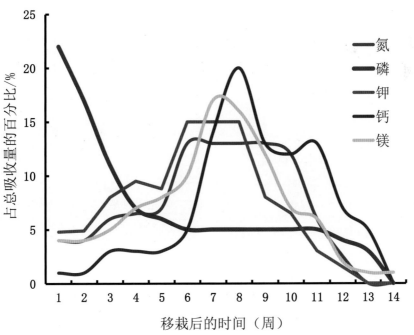

图 4.7　番茄对不同元素的需求特点

注：番茄对磷的需求特点是在移栽后第 1 周达到高峰。

植物体内磷的失衡症状　植物缺磷光合速率下降，植株生长缓慢，矮小，苍老，茎细直立，分枝或分蘖较少，叶小，呈暗绿色或灰绿色而无光泽，茎、叶片常因积累花青苷而带紫红色，根系发育差，易老化。由于磷易从较老组织运输到幼嫩组织中再利用，缺磷症状从较老叶开始向上扩展。缺磷植物的果实和种子少而小，成熟延迟，产量和品质降低。轻度缺磷外表形态不易表现。不同植物症状表现有差异。植物体内磷过量引起代谢的负反馈反应。

十字花科、豆科、茄科及甜菜等对磷极为敏感，其中番茄、油菜常作为缺磷指示作物。磷缺乏也会抑制水稻的分蘖，显著降低玉米、大豆和小麦的根系发育。玉米、芝麻属于中等需磷作物，在严重缺磷时，也表现出明显症状。小麦、棉花、果树对缺磷的反应不敏感。

由于磷在植物中是可移动的，因此，磷缺乏症状首先出现在老叶。植物缺磷表现出生长迟缓，产量下降，较老的叶片紫色或红色。磷不是叶绿素的成分，因此，在磷缺乏时，叶片中叶绿素的浓度变得相对较高，新叶变为深绿色。

番茄幼苗缺磷，生长停滞，叶片紫红色，成株叶片灰绿色，花蕾、花朵易脱落，后期出现卷叶（图 4.8）。2020 年甘肃的番茄种植户郭强发现从市场上买来的番茄苗缺磷症状明显，茎秆发紫（图 4.9）。

图 4.8　番茄缺磷　　　　　　图 4.9　番茄缺磷苗期（郭强，供图）

禾本科作物缺磷，植株明显瘦小，叶片紫红色，不分蘖或少分蘖，叶片直挺，不仅每穗粒数减少且籽粒不饱满，穗上部常形成空瘪粒。

小麦苗期缺磷，叶鞘紫色，新叶暗绿色，分蘖不良；成熟期缺磷，叶尖发焦，穗上部小花不孕或空粒。

　　水稻缺磷，植株紧束呈"一炷香"株型，生长迟缓不封行，茎、叶片暗绿色或灰蓝色，叶尖和叶缘常带紫红色，无光泽，出现"未老先衰"的症状。

　　玉米在苗期容易出现缺磷症状，叶片呈紫红色条带，幼嫩的植株尤其严重。（图4.10）。

图4.10　玉米缺磷叶片

资料来源：植物营养缺乏症状，1998.钾磷研究所（PPI）、加拿大钾磷研究所（PPIC）和农业研究基金会（FAR）。

　　玉米在开花结穗期缺磷，表现为植株瘦小，茎、叶片紫红色，严重时老叶尖枯萎，穗畸形，这种现象常见于南方酸性土壤（图4.11）。

图4.11　玉米缺磷植株和果穗

注：玉米缺磷整个植株矮小，叶片紫红色（左），果穗畸形（右）。

十字花科芸薹属的油菜在子叶期出现缺磷症状，叶小色深，背面紫红色，真叶迟出，直挺竖立，随后上部叶片暗绿色，基部叶片暗紫色，尤以叶柄及叶脉明显，有时叶缘或叶脉间出现斑点或斑块，分枝节位高，分枝少而细瘦，荚少粒小，生育期延迟。白菜、甘蓝缺磷，也出现老叶发红发紫。

图4.12　马铃薯中度缺磷症状

马铃薯缺磷，植株矮小，僵直，暗绿色，叶片上卷（图4.12）。

棉花缺磷，叶片暗绿色，花蕾、棉铃易脱落，严重时下部叶片出现紫红色斑块，棉铃开裂，吐絮不良，籽脂低。

苹果树缺磷，整个植株发育不良，叶片瘦小，叶尖黄化（图4.13），老叶叶尖黄化焦枯内卷，落果严重，含酸量高，品质降低（图4.14）。

图4.13　苹果缺磷症状

图4.14　苹果缺磷叶片

资料来源：威廉 F. 贝涅特，1994.作物营养缺乏与过量症状.美国植物病理学会。

柑橘缺磷，新梢生长停止，小叶密生，叶片有坏死斑点，老叶青铜色，枝和叶柄带紫色，果实质粗、皮厚、疏松、未成熟即变软（图4.15）。

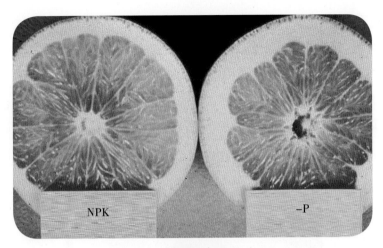

图 4.15　柑橘缺磷果实（右）

资料来源：威廉 F. 贝涅特，1994. 作物营养缺乏与过量症状. 美国植物病理学会。

植物磷过量症状　不适当地使用高浓度等比例速效复合肥，常易引起磷过量。植物磷过量，叶片肥厚密集，叶色浓绿，植株矮小，节间过短，营养生长受抑制，繁殖器官加速成熟，导致营养体小，地上部生长受抑制而根系非常发达，根量多而短粗。谷类作物磷过量，无效分蘖和瘪粒增加；叶菜类磷过量，纤维素含量增加；烟草磷过量，燃烧性等品质下降。磷过量常导致作物表现出缺锌、缺锰等症状。

磷过量使植物的代谢过程发生"代谢控制与控制代谢"的负反馈反应，最终导致储藏器官滞留过量磷酸葡萄糖和磷酸，造成果实不耐储存且易感病（图 4.16）。

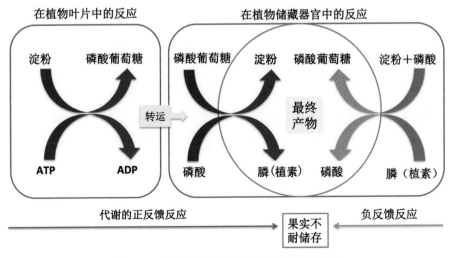

图 4.16　植物体内磷过量引起的代谢紊乱

资料来源：刘立新，2008. 科学施肥新技术与实践 [M]. 北京：中国农业科学技术出版社。

黄瓜磷过量，叶片肥厚浓绿，植株矮小，营养生长受抑制，繁殖器官加速成熟，导致营养体小，叶片肥厚，下部叶失绿。磷过量使磷酸盐在氧化性土壤（如红壤）中形成氧化铁包裹的膜，生成闭蓄态磷酸盐，有效性降低。

洋葱磷过量，耐储性差，体内磷过多增加了能量消耗、加快了储存养分消耗，致使洋葱感染镰刀菌，造成根和鳞茎内部腐烂（图 4.17）。

图 4.17　洋葱磷过量

三、植物对磷的吸收

土壤中的磷低溶解性且不易移动，植物根系不容易获得磷，根系主动吸收磷进入植物体内需要供应代谢能。土壤溶液中的磷可以扩散进入根的木质部，植物根上的氢离子泵 ATP 酶将磷泵入共质体和液泡。根系吸收的磷经木质部薄壁细胞运入木质部导管后可随蒸腾液流运到地上部。被再利用的磷通过韧皮部运输至各器官。植物一般在生命早期出现需磷高峰，以番茄栽培为例，在移栽后的第 1 周就到达吸收磷的高峰期，随后逐渐递减，很快进入需磷的平稳阶段。土壤中的磷很难被植物利用，因为酸性土壤中磷易被铝固定，碱性土壤中磷易被钙固定。地温低和湿度大影响植物吸收磷。土壤有效磷在 pH 值 6.5 左右的微酸性土壤中含量较高。土壤有机质中的磷较易被微生物分解释放成为土壤有效磷。磷在土壤中不易移动，植物仅靠增加根毛主动获取磷的量很少。磷在植物体内可以被再利用，所以磷肥越早施用越好，最好在耕层发酵过程中与其他矿物质一起施用。丰富的有机质可以提高磷在土壤中的有效性。

四、关于含磷肥料

全球使用磷肥的历史比使用氮肥早半个世纪。1843 年英国已经开始生产和销售过磷酸钙，1852 年美国也开始销售。过磷酸钙中既含磷，也含硫酸。重过磷酸钙中含磷量高，不含硫，含钙量低。

1952 年中国开始研究钙镁磷肥的生产工艺，中国学者许秀成先生发现美国生产钙镁磷肥时有数学建模上的错误，他动手建立新的数学模型及数学表达式，经过反复钻研，他成功地将钙镁磷肥玻璃体结构模型合理优化，提出用"玻璃结构因子"配料法指导钙镁磷肥配料生产，这一研究成果为利用低品位磷矿生产磷肥这一世界性难题提供了理论依据，1983 年该成果获得国家技术发明奖四等奖，使中国钙镁磷肥生产配料方法处于世界领先水平。1966 年中国钙镁磷肥年产量已达 38.6 万吨（按实物量计），居世界首位。目前，中国钙镁磷肥的产量为 63 万吨 / 年。钙镁磷肥属于枸溶性的含磷肥，溶于弱酸，呈碱性，用手触摸无腐蚀性、不吸潮、不结块。枸溶性肥料在土壤中不被淋溶，可缓慢释放，作物通过根系分泌的有机酸与钙镁磷肥进行交换吸收，所以营养能全部被吸收，没有浪费。钙镁磷肥不仅能提供有效态磷，还提供适量钙、镁，可以中和土壤酸性，还能提供硅、铁、锰、钾等元素，生态农业优质高产"四位一体"种植技术中推荐使用钙镁磷肥。

速效磷肥包括磷酸二氢钾、磷酸一铵、磷酸二铵和三元复合肥，都是水溶性速效肥。使用速效肥需要精确计算，不适当地过量使用容易引起磷对土壤中微量元素的沉淀，也容易造成植物体内代谢的负反馈反应，使果实不耐储存。肥料含磷量习惯用五氧化二磷当量表示，纯磷 = 五氧化二磷 × 0.43；五氧化二磷 = 纯磷 × 2.29。

五、如何施用磷肥

给土壤补充磷应从底肥开始，底肥中有机肥的量要充足，这与磷的有效性关系密切，土壤有机质中的磷较易被微生物分解释放成为土壤有效磷。提倡用生态农业优质高产"四位一体"种植技术，在底肥中使用足量的秸秆、有机肥、钙镁磷肥等矿物质肥和地力旺，快速形成土壤腐殖质，提高土壤磷的有效性。有机肥中鸡粪的有机磷含量高，是很好的有机磷资源，但要注意鸡粪来源，防止抗生素进入农田。切记不要在底肥和种肥中使用等比例化肥，可以使用矿物质肥，例如过磷酸钙、重过磷酸钙。钙镁磷肥是酸溶性肥料，酸性土壤使用较为理想，鉴于中国土壤普遍存在酸化问题，北方土壤也可以推荐使用钙镁磷肥。上述肥料都可以做底肥施用。作物早期叶面可以补充少量磷酸二铵或磷酸二氢钾。

第四节　钾元素（K）

一、钾的生理功能

植物整个生长期都需要钾肥　农民仅在膨果期施钾是错误的做法。这是因为钾在植物中扮演重要角色。钾虽然不是植物任何组分的组成元素，但是它却参与植物体内许多物质代谢、生长和对环境胁迫的适应过程。钾是植物细胞中最丰富、最活跃的阳离子，能平衡阴离子电荷，增强光合作用，促进能量代谢、蛋白合成和光合产物的运输，是植物 60 多种酶的激活剂。当激活作用发生在 1 个或几个钾离子连接的酶分子表面时，钾可以改变酶分子的形状并暴露出酶的活性位点。活化的酶可以提高植物抗性、改变品质。钾对植物调节细胞渗透势、调节气孔开合、抗倒伏、抵抗病虫害等有影响。

钾能促进光合作用各个环节　钾在希尔反应、光合电子传递、光合磷酸化作用、二氧化碳的固定和同化以及光合产物的运输等方面均能发挥作用。

钾能调节植物水分平衡　钾是一价阳离子，在植株中比其他阳离子对渗透压的调节有优势，钾提供很强的渗透势将水分子拉入植物根系。钾同有机酸阴离子（如苹果酸）一起作为主要溶质，使细胞膨压增高，促进细胞伸长。

钾能调节植物内源激素　通过调节生长素（吲哚乙酸）和赤霉素来影响细胞伸长。

钾能调节气孔保卫细胞膨压　植物通过气孔开合来控制蒸腾失水。钾通过结合在保卫细胞质膜内的氢离子泵 ATP 酶使 ATP 水解，从保卫细胞内泵出氢离子，同时让保卫细胞外的钾离子进入。

钾能调节阴、阳离子平衡和 pH 值　钾平衡细胞结构内大分子的阴离子电荷，在细胞的液泡中，在木质部及韧皮部内转移阴离子电荷，用以保持这些部位的pH 值。

钾能促进蛋白质代谢　促进表现在多个方面，其一，钾促进根对硝酸盐的吸收和转运；其二，钾促进氨基酸向蛋白质合成的部位运输；其三，钾促进蛋白质合成；其四，钾可以平衡酸性氨基酸中的负电荷，使蛋白质结构稳定。

二、植物体内钾的失衡

植物缺钾会导致产量和品质降低，纤维素等细胞壁组成物质减少，厚壁细胞木质化程度也较低，从而影响茎的强度，易倒伏。缺钾使蛋白质合成受阻，氮代谢的正常进程被破坏，常引起腐胺积累，使叶片出现坏死斑点。钾在植物体内容易被再利用，缺钾症状首先从老叶出现，表现为最初老叶叶尖及叶缘发黄，以后黄化部位逐步向内伸展，同时叶缘变褐、焦枯、似灼烧，叶片出现褐斑，病变部位与正常部位界限较清楚。尤其在供氮丰富时，健康部位绿色深浓，病变部位赤褐焦枯，反差明显。缺钾严重时叶肉坏死、脱落，根系少而短，活力低，早衰。双子叶植物缺钾，叶片叶脉间缺绿，并且沿叶缘逐渐出现坏死组织，逐渐呈烧焦状。单子叶植物缺钾，叶片叶尖先萎蔫，逐渐呈坏死烧焦状，叶片因各部位生长不均匀而出现皱缩，生长受到抑制。马铃薯、甜菜、玉米、大豆、烟草、桃、甘蓝和花椰菜对缺钾反应敏感。

图 4.18 小麦缺钾症状

资料来源：植物营养缺乏症状，1998. 钾磷研究所（PPI）、加拿大钾磷研究所（PPIC）和农业研究基金会（FAR）。

注：小麦在开花孕穗期缺钾，表现为剑叶叶尖发黄。

小麦缺钾，植株蓝绿色，叶片软弱，茎秆细弱，叶片与茎节长度不成比例，较易遭受霜冻、干旱和病害，易倒伏。缺钾也使氮的效用得不到发挥。小麦开花孕穗期缺钾，剑叶叶尖发黄，穗粒不饱满，穗尖籽粒发育差（图 4.18）。

玉米缺钾，出苗几个星期后出现症状，下部叶尖和叶缘黄化，不久变褐色，老叶逐渐枯萎（图 4.19），累及中上部叶片，节间缩短，常出现因叶片长宽度变化不大而节间缩短导致比例失调的异常植株。生育延迟，果穗变小，穗顶变细不着粒或籽粒不饱满，淀粉含量降低，穗端易感染病菌。

水稻缺钾，从下部叶片出现赤褐色焦尖和斑点，并逐渐向上部叶片扩展，严重时田间景观稻面发红如火燎状；株高降低，叶色灰暗，抽穗不齐，成穗率低，穗形小，结实率差，籽粒不饱满。缺钾症状有返青分蘖期青铜病、褐斑病、胡麻叶斑病。

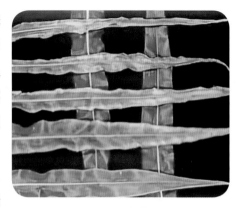

图 4.19　玉米缺钾叶片

大豆容易缺钾，5~6 片真叶时出现症状，中下部叶缘失绿变黄，呈"镶金边"状；老叶叶脉间组织突出、皱缩不平，叶缘反卷，有时叶柄变棕褐色；荚稀不饱满，瘪荚瘪粒多（图 4.20）。

蚕豆缺钾，叶片蓝绿色，叶尖及叶缘棕色，叶片卷曲下垂，与茎呈钝角，最后焦枯、坏死，根系早衰。

油菜缺钾，苗期叶缘出现灰白色或白色小斑。春季生长加速，叶缘及叶脉间失绿并有褐色斑块或白色干枯组织，严重时叶缘焦枯、凋萎，叶肉呈烧灼状，有的茎秆出现褐色条纹，秆壁变薄且脆，遇风雨常折断，荚果稀少，角果发育不良（图 4.21）。

图 4.20　大豆缺钾叶片

图 4.21　油菜缺钾植株

烟草缺钾，下部叶尖先变黄，后扩展到叶缘及叶脉间，从叶缘开始枯死脱落，但内部还在生长，导致叶片向下卷曲（图 4.22）。叶片粗糙发皱、颜色发旧，干叶组织脆，缺少弹性，燃烧性差。烟草缺钾症状在生长中后期发生，老叶叶尖变黄并向叶缘发展，叶片向下弯曲，严重时变成褐色，干枯坏死脱落。植株抗病力降低，成熟时落黄不一致。钾是烟草灰分的主要成分，施用适量可使叶面光滑，吸时有香味，燃烧性好。

图 4.22　烟草缺钾叶片

注：烟草缺钾（上排叶片），叶脉间失绿变黄，叶缘失水导致组织收缩，叶片向下卷曲。

马铃薯缺钾，生长受抑制，叶片皱缩发亮、不平下弯，最初叶色深绿，继而从叶尖和叶缘开始变黄，逐渐发展到全叶（图 4.23）。马铃薯缺钾生长缓慢，节间短，叶面粗糙、皱缩，向下卷曲，小叶排列紧密，与叶柄形成小夹角，叶尖及叶缘开始暗绿色，随后变为黄棕色，并逐渐向全叶扩展，老叶青铜色，干枯脱落，切开块茎时内部常有灰蓝色晕圈。

图 4.23　马铃薯缺钾叶片

蔬菜作物（如芹菜）缺钾，在生育后期表现为老叶边缘失绿，出现黄色、白色斑，变褐、焦枯，并逐渐向上部叶片扩展，老叶依次脱落。

甘蓝、大白菜、花椰菜容易出现缺钾症状，老叶边缘焦枯卷曲，严重时叶片出现白斑，萎蔫枯死，缺钾症状尤以结球期明显。花椰菜缺钾，老叶边缘焦枯卷曲，皱缩，叶片展开部分减少，叶缘焦枯，缺钾严重时叶片出现白斑，萎蔫枯死，花球发育不良，品质差。甘蓝缺钾，老叶边缘焦枯卷曲，严重时叶片出现白斑萎蔫枯死，尤以结球期明显，球小而松。

黄瓜缺钾，下部叶尖及叶缘发黄，逐渐向叶脉间叶肉扩展，易萎蔫，提早脱落，果实发育不良，常呈头大蒂细的棒槌形。

番茄缺钾，果实成熟不良，落果，果皮破裂，着色不匀，杂色斑驳，肩部常绿色不褪，果肉萎缩，少汁，称为绿背病（图4.24）。

柑橘轻度缺钾，仅表现出果形稍小；严重缺钾时叶片皱缩，蓝绿色，边缘发黄，新生枝伸长不良，全株生长衰弱，果皮厚、表面凹凸不平（图4.25）。

 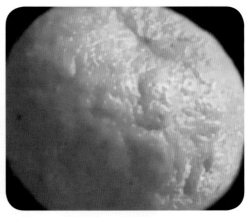

图4.24　番茄缺钾果实　　　　　图4.25　柑橘缺钾果实

香蕉缺钾，叶片变小，从老叶叶尖和边缘开始迅速变黄并向内卷曲，最后死叶在叶片基部附近折断，植株早衰，蕉把数减少，蕉指扭曲畸形，商品性差。

葡萄缺钾，沿叶脉变紫色，果实易感染灰霉病（图4.26）。

苹果缺钾，新生枝的中下部叶尖失绿，叶缘发黄或暗紫色，叶片皱缩、卷曲，随后坏死或呈烧焦状，逐渐向顶部扩展；缺钾严重时整株叶片红褐色枯焦状，枯叶长时间不落（图4.27）。

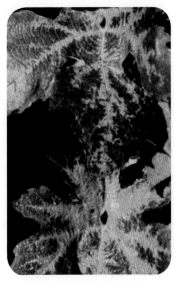

图 4.26　葡萄缺钾叶片　　　　图 4.27　苹果缺钾叶片

三、如何给作物补钾

一般来说，大多数土壤中钾含量相当高，土壤中的钾有 3 种形态。

速效钾　含量不超过土壤全钾含量的 2%。钾矿以地下的固体盐矿床和死湖、死海中的卤水形式存在，有氯化钾、硫酸钾和硝酸钾等形态。中国罗布泊生产的氯化钾肥和硫酸钾肥，是直接从盐矿和卤水中提炼出来的速效钾肥，产量居世界第四位。

缓效钾　吸附在土壤黏粒表面的钾离子可以被土壤溶液中的氢、钠、钙、镁等阳离子交换，也可以直接被根系交换吸收，也称为交换性钾。植物根系也可以吸收土壤溶液中的钾，但这部分钾的数量很少，占土壤全钾含量的 2%~8%。

矿物钾　主要来源是含钾矿物，包括正钾长石、微斜钾长石、白云母、黑云母、金云母等。这些矿物经风雨侵蚀，衍生出水云母（伊利石）、蛭石、绿泥石等次生含钾矿物。这些矿物钾不能被作物直接吸收，土壤中矿物钾占土壤全钾含量的 90% 以上。目前，人类发现了能降解土壤矿物钾的微生物，这对农业生产意义重大。

沙性土壤或淹水土壤中钾的淋失大。土壤中腐殖质的阳离子交换量虽然大，但对钾等阳离子的吸附力不强，降水量大时速效钾非常容易淋失，随水渗滤的钾在底土中可再被黏粒吸附。

作物整个生长期都需要钾（表4.4），特别是生长早期不能缺钾，生长中期还有1个需钾高峰，缺钾会对作物整个生长期都有影响。钾在作物体内可以被再利用，因此，对钾的补充应该从底肥开始。秸秆还田时，在粉碎的秸秆上撒施硫酸钾25~40千克/亩，基本可以满足作物对钾的需要，让作物在生长早期就能获得钾。钾具有移动性，进入植物体内的储备钾一般储存在液泡中，在需要时被调到重要的组织中。进入作物籽实的钾在成熟时大部分返回秸秆中，又随作物残体返回土壤。施用氯化钾肥会在土壤中残留氯离子，忌氯作物不宜使用，长期使用氯化钾肥容易造成土壤盐指数升高，引起土壤缺镁、缺钙、变酸、板结，应配合施用石灰和钙肥。硫酸钾肥不宜在水田施用，因为淹水状态下水田的氧化还原电位低，硫酸根离子易还原为硫化物，致使植物根系中毒发黑。硝酸钾肥盐指数低，不产酸，无残留离子，在作物特别需要钾时可使用硝酸钾肥进行叶面喷施。有机肥料中钾含量相对较高的是草木灰、作物秸秆堆肥和食草动物粪便。近年来，在中国土壤中发现的胶质芽孢杆菌具有很强的解钾能力。高解钾的胶质芽孢杆菌的发现，可以缓解中国对进口速效钾需求量。用含有胶质芽孢杆菌的地力旺，可以在底肥、种肥、苗期灌根中使用，可以满足作物整个生长期对钾的需要。

表4.4　在营养充足情况下作物果实中主要营养元素含量　　　　单位：mg/L

作物	N	P	K	Ca	Mg
番茄	190	40	310	150	45
黄瓜	200	40	280	140	40
草莓	50	25	150	65	20
甜瓜	200	45	285	115	30

第五节　钙元素（Ca）

一、钙的重要生理功能

钙是植物细胞代谢的总调节者　钙在植物体内功能很强，调节细胞壁的稳定性，保持膜结构完整性和通透性，促进酶的活性。钙的生理功能与细胞壁组分有关。钙在控制植物细胞膜的功能和酶的活性方面起重要作用。钙是一些重要酶类的活化剂。钙能中和代谢过程中产生的有机酸，调节 pH 值，稳定细胞内环境。钙对植株挺立和茎秆硬度起作用。固氮细菌需要大量钙。钙能加强碳水化合物运输。钙最终影响籽粒的形成，种子中的钙以肌醇六磷酸钙镁储存。

钙是植物结构组分元素　钙主要构成果胶酸钙、钙调素蛋白、肌醇六磷酸钙镁等，在液泡中有大量的有机酸钙，如草酸钙、柠檬酸钙、苹果酸钙等。大部分钙与果胶酸结合生成果胶酸钙固定在新生组织的细胞壁中，加固植物结构。细胞壁中有 2 个区域含钙较多，一个是相邻细胞细胞壁之间的胞间区，另一个是细胞壁靠近质膜的交界处。2 个区域中的钙与果胶质形成果胶酸钙，稳定细胞壁的结构。钙对细胞和细胞壁的这些作用使其能够调节碳水化合物的转运。细胞壁中果胶酸钙的多少与真菌侵染组织的敏感性和果实成熟早晚有关，对降低果品在储藏期间的病害感染率也有明显作用。

钙是细胞伸长的必需元素　钙离子能降低原生胶体的分散度，调节原生质的胶体状态，使细胞充水度、黏滞性、弹性以及渗透性等适合作物正常生长。

钙是第二信使　在植物细胞代谢中钙是第二信使，当植物遇到生物的和非生物的胁迫时，都可以使细胞质内游离钙（Ca^{2+}）的浓度快速增加，钙与钙调蛋白一起共同将逆境信号传递给镁离子，镁离子激活细胞的转录因子，生成抗逆蛋白，从而使所有细胞从初生代谢转入次生代谢。

土壤中钙的搭桥作用　钙是二价阳离子，与二价的镁、铁、锰和腐殖质一起成为土壤有机与无机胶体复合体的搭桥物质，最终形成土壤的团粒结构。土壤对钙的需要量是植物生长需要量的 3 倍。因此，栽培过程对钙、镁等二价金属元素的补充量，要全面考虑作物和土壤的需要。

植物对钙吸收的特点　植物对钙的需要量是磷的 2.5 倍。钙还与植物体内的镁、钾保持着微妙的平衡。植物以二价钙离子的形式吸收钙。虽然钙在土壤中含量可能很大，有时比钾含量高 10 倍，但钙的吸收量却远远小于钾，因为只有幼嫩根尖能吸收钙。大多数植物所需的大量钙通过质流运输到根表面。在富含钙的土壤中，根系附近可能积累大量钙，出现比植物生长所需更高浓度的钙时一般不影响植物吸收钙。钙在植物体内随着蒸腾水流从根部上升到叶片。二价钙离子被根尖吸收，是依靠细胞内外的浓度梯度和电势梯度的物理化学动力，以扩散方式进入细胞。钙被根吸收后，基本通过木质部向上运输。钙向上移动的速度在很大程度上受蒸腾强度的影响。蒸腾速率大的老叶运输的钙就多。钙离子可被靠近集流的细胞吸收，也能被细胞壁中非扩散阴离子吸附。植物新生的嫩枝顶端虽然蒸腾速率低，但由于能合成生长素（吲哚乙酸），可刺激质子泵形成新的阳离子交换点，促使钙向这里移动，使生长点成为钙的积累中心。钙很难在韧皮部运输，因此，所有由韧皮部汁液供应的器官（例如种子和果实），钙含量都较低。

二、植物缺钙症状

钙是植物必需的中量营养元素。目前，国内作物缺钙十分普遍，表现在：其一，土壤缺钙，在砂质土壤和南方酸性土壤中普遍缺钙；其二，生理缺钙，由于钙在植物体内是随着蒸腾水流运输的，果树和蔬菜中的果菜类的果实及包心叶菜类的蒸腾强度远小于叶片，对钙的竞争也远小于叶片。钙在植物体内易形成不溶性钙盐沉淀而固定，不能移动和再次利用。缺钙造成顶芽和根系顶端不发育，呈"断脖"症状，幼叶失绿、变形、出现弯钩状；严重时生长点坏死，叶尖和生长点呈果胶状。缺钙时根常常变黑腐烂。一般果实和储藏器官供钙极差。水果和蔬菜是否缺钙常通过储藏组织变形判断。禾谷类作物缺钙，幼叶卷曲、干枯，功能叶的叶间及叶缘黄萎，植株未老先衰，结实少，秕粒多。钙缺乏症通常表现为末梢芽和根尖发育不良。玉米缺钙，由于叶片边缘有黏性的胶状物质，新叶无法正常伸出，叶尖褪绿（淡黄色）。植物的幼叶最先受到缺钙影响，扭曲且小，叶片边缘不规则，叶片可能显示斑点或坏死区域。辣椒和番茄的开花期腐烂、芹菜的黑心病、白菜的内部叶尖烧伤以及胡萝卜的空洞斑点，都是由钙缺乏引起的。这些疾病通常与植物无法将足够的钙转运到受影响的部位有关，而不是与土壤钙含量不足有关。钙缺乏症会发生在酸性很强的土壤（pH值＜5）或使用了过量钾的土壤。苜蓿对钙最敏感，常作为缺钙指示作物，需钙量多的作物有紫花苜蓿、芦笋、菜豆、豌豆、大豆、向日葵、草木樨、花生、番茄、芹菜、大白菜、花椰菜、甘蓝等；其次为烟草、玉米、大麦、小麦、甜菜、马铃薯、苹果；而谷类作物、桃树、菠萝等需钙较少。

小麦缺钙，顶端生长受阻，新叶卷曲干枯，功能叶叶尖及叶缘黄萎，植株未老先衰，结实少，秕粒多，根尖分泌球状的透明黏液。

水稻缺钙，新叶干枯，叶片前端及叶缘枯黄。

玉米缺钙，叶缘出现白色斑纹，常出现锯齿状不规则横向开裂，顶部叶片卷筒下弯呈弓状，相邻叶片常粘连不能正常伸展（图 4.28）。

图 4.28　玉米缺钙植株

豆科作物缺钙，新叶不伸展，老叶出现灰白色斑点，叶脉棕色，叶柄柔软下垂。大豆缺钙，根暗褐色、脆弱、呈黏稠状，叶柄与叶片交接处呈暗褐色，严重时茎顶卷曲呈钩状枯死（图 4.29）。

图 4.29　大豆幼苗期缺钙

资料来源：梁鸣早，张淑香，2020.为什么在异常天气下作物容易表现缺钙［J］.国际农业经济学，1：5-11。

花生缺钙，在老叶背面出现斑痕，严重时叶片两面均出现棕色枯死斑块，空荚多（图 4.30）。

图 4.30　花生缺钙植株

蚕豆缺钙，荚畸形、萎缩并变黑。

豌豆缺钙，新叶及花梗枯萎，卷须萎缩。

油菜缺钙，结荚期花序顶端弯曲，生长点受损直至坏死，呈"断脖"症状，根尖和顶芽生长停滞（图 4.31）。

图 4.31　油菜缺钙植株

资料来源：梁鸣早，张淑香，2020.为什么在异常天气下作物容易表现缺钙[J].
国际农业经济学，1：5-11。

黄瓜缺钙是由异常天气引起，2020 年春季低温山东德州大面积黄瓜出现缺钙症状，新叶向内弯曲呈杯状（图 4.32）。

烟草缺钙，植株矮化，深绿色，严重时顶芽死亡，下部叶片增厚，出现红棕色枯死斑点，甚至顶部枯死，雌蕊显著突出。

棉花缺钙，顶芽生长受阻，开花前生长点坏死，节间缩短，叶片卷曲呈弯钩状。严重时上部叶片及部分老叶叶柄下垂并溃烂（图 4.33）。

图 4.32　黄瓜缺钙植株（王立明，供图）

图 4.33　棉花缺钙植株

马铃薯缺钙，成熟叶片呈杯状上卷、失绿、出现褐斑，根部易坏死，块茎表面及内部维管束细胞常坏死（图 4.34）。

图 4.34　马铃薯缺钙叶片和块茎

西瓜缺钙，顶端生长点坏死腐烂，茎基部变褐色，幼果期果实顶端枯萎（图4.35）。

番茄缺钙，上部叶片失绿坏死，叶缘卷曲，最初果顶脐部附近果肉出现水渍状坏死，但果皮完好，之后病部组织溃烂，继而黑化、干缩、下陷，一般不落果，无病部分仍继续发育，并可着色，称为果实脐腐病，常在幼果膨大期发生，度过此期一般不再发生（图 4.36）。

图 4.35　西瓜缺钙叶柄和果实　　　　　　图 4.36　番茄缺钙

大白菜和甘蓝缺钙，出现缘腐病，叶球内叶片边缘由水渍状变为果浆色，继而褐化坏死、腐烂，干燥时似豆腐皮状，极脆，又名"干烧心""干边""内部顶烧症"等，病株外观无特殊症状，纵剖叶球时在剖面的中上部出现棕褐色层状带，叶球最外第 1 叶至第 3 叶和心叶一般不发病（图 4.37）。

花椰菜施用高量氮钾肥后引起缺钙，新叶呈爪状畸形，靠近花球畸形叶片钙含量为 1.24%，健康叶片钙含量为 2.79%（图 4.38）。

图 4.37　大白菜缺钙　　　　　　　　　　图 4.38　花椰菜缺钙

苹果缺钙，果实表现出多种症状，一是苦陷病，又名"苦痘病"，病果发育不良，表面出现下陷斑点，先见于果顶，果肉组织变软、干枯，有苦味，此病在采收前即可出现，但以储藏期发生为多；二是水心病，果肉组织呈半透明水渍状，先出现在果肉维管束周围，向外呈放射状扩展，病变组织质地松软，有异味，病果采收后在储藏期病变继续发展，最终果肉细胞间隙充满汁液而导致内部腐烂；三是日灼病，当阳光直射缺钙的果实表面，导致果皮发红随后遇连阴天后易发生，果实部分组织松软而依然挂在树上（图 4.39）。

杧果缺钙，果实中央部位软化腐烂，深约 1.5 厘米，品质差（图 4.40）。

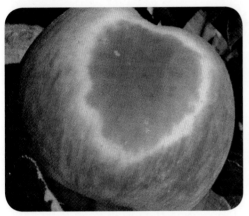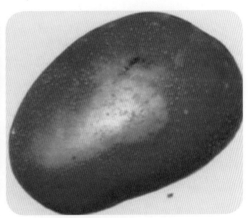

图 4.39　苹果果实日灼病　　　　　图 4.40　杧果缺钙果实

葡萄缺钙，在浆果储藏期易出现落果和果实开裂等症状（图 4.41）。

图 4.41　葡萄缺钙

桃缺钙，果实缝合线部位软化，果皮和果肉组织含钙量低（图 4.42）。

柑橘缺钙，新叶叶尖焦枯，叶片上卷（图 4.43）。

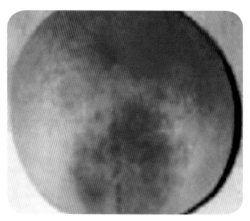

图 4.42　桃缺钙果实　　　　　　　　　图 4.43　柑橘缺钙叶片

三、为什么在异常天气下作物易表现出缺钙

钙是植物细胞代谢的总调节者。钙是细胞壁的结构物质。钙是信息传递的第二信使。作物对钙的需要量是磷的 2.5 倍。土壤对钙的需要量是作物的 3 倍。作物对钙的吸收不容易，需要依靠新生的根尖吸收并且通过蒸腾拉动。目前，生产中基本上用的是土壤储备钙，作物缺钙处于隐性状态。异常天气下作物蒸腾受到影响，作物对钙的吸收出现障碍，同时作物为了应对逆境会调动体内的游离钙，如果钙的储备不够，缺钙就会表现出来。另外，作物缺钙还有其他原因，使用高浓度速效钾肥，钾过量引起对钙、镁的拮抗，而拮抗引起的缺钙更难解决。农资市场上的水溶性钙肥价格比较高，农民只能买来救急，不能从量上解决根本问题。

2020 年，河南小麦前期长势很好，但春季小麦拔节孕穗期出现低温冷害，小麦表现出缺钙症状（图 4.44）。

图 4.44　小麦缺钙（范李平，供图）

四、如何纠正作物和土壤的缺钙问题

地壳中含钙量约为 3.64％，较其他植物养分更多。土壤含钙量差异极大，湿润地区土壤含钙量低，砂质土壤含钙量低，石灰性土壤含钙量高。含钙量大

于 3% 时一般表示土壤中存在碳酸钙。土壤钙的来源是钙长石；辉石、闪石等在土壤中很常见，也是钙的来源；另外还有方解石、白云石、石膏、黑云母、绿帘石、磷灰石、钠长石等。土壤黏粒上可能有很多交换性钙，与土壤溶液中的钙离子处于动态平衡之中。湿热地区的酸性土壤中，碳酸钙矿物容易生成易溶于水的碳酸氢钙，土壤溶液中的碳酸氢钙容易随水流移动而淋失，溶洞中的钟乳石就是水分蒸发后留下的碳酸钙，所以湿热地区的土壤容易缺钙。干旱地区的碱性土壤不易缺钙。

目前，作物利用的大多数是土壤中的储备钙，长期消耗使土壤缺钙现象很普遍，表现在土壤普遍酸化和板结。在栽培中要施钙，要考虑作物和土壤的各自需要。建议在底肥中大量施钙肥，施钙的同时要考虑土壤中主要金属元素钙、镁、钾的比例应为 5 : 2 : 1，例如，施硫酸钾 40 千克 / 亩，那么钙镁磷肥就至少应施用 200 千克 / 亩。南方土壤普遍为酸性，建议用钙镁磷肥，北方碱性土壤建议用过磷酸钙和罗布泊的硫酸钾镁肥搭配使用，如果北方土壤存在酸化问题也建议用钙镁磷肥。过磷酸钙（含钙 20%）、重过磷酸钙（含钙 45%）、石膏含硫也含钙是碱性土壤改良剂，石膏中的钙能置换出土壤黏粒中的钠，硫酸钠随水排出。另外，在作物生长的幼果期及时在果面喷液体钙是不错的补救措施。

第六节　镁元素（Mg）

一、镁的重要生理功能

镁是植物体叶绿素组成　镁位于叶绿素分子结构的卟啉环中心。镁对光合作用来说是必不可少的元素之一。镁离子和钾离子在光合电子传递过程中共同作为氢离子的对应离子，维持类囊体的跨膜质子梯度。

镁是核糖体的结构组分　镁在核苷酸和核酸的稳定中发挥作用。

镁是酶的辅助因子　镁作为酶的辅助因子的作用，在各种金属元素中排名第 1 位，激活氨基酸生成多肽链，进而合成蛋白质，镁在促进基因转录使细胞进入防御状态中发挥作用。

镁在能量转移过程中发挥作用　涉及三磷酸腺苷（ATP）的各级能量反应都

需要镁。镁在 ATP 或 ADP 的焦磷酸盐和酶分子之间呈桥式结合，ATP 酶的活化就是通过这种复合物引起的。ATP 酶可利用这种复合物转移高能磷酰基。一般认为，镁与磷酸功能团生成螯合结构，构成一种在转移反应中达到最大活性的构型。因能量转移的基本过程发生于光合作用、糖酵解、三羧酸循环和呼吸过程中，所以镁在光合作用、糖酵解和三羧酸循环等几乎所有磷酸化过程的酶促反应中起辅助作用。

镁与植物中合成油脂有关　镁与硫一起作用，植物细胞内质网上油体含油量会大大提高。许多种子中含有肌醇六磷酸钙镁。当种子萌发和幼苗生长时，镁又被运输到需要的部位。

二、植物缺镁症状

镁是土壤、植物、动物和微生物都需要的基本矿物质元素。土壤中的二价镁离子随质流向植物根系移动，被根尖吸收，细胞膜对镁离子的透过性较小。植物根系吸收镁的速率很低。镁主要是被动吸收，顺电化学势梯度而移动。镁越过原生质膜主动吸收的机制差，因此，植物吸收镁与呼吸作用关系不大，而与蒸腾作用关系较大。植物吸收镁时与铵、钾等阳离子发生竞争。进入植物体内的镁离子在木质部中随蒸腾流很快向上移动，因其在韧皮部汁液中浓度较高，在植物体内移动性很好，植物组织中全镁含量的 70% 是可移动的，并与无机阴离子和苹果酸盐、柠檬酸盐等有机阴离子相结合。植物缺镁症状首先出现在低位衰老叶。缺镁影响叶绿体中淀粉的降解、糖的运输和韧皮部蔗糖的卸载，蛋白质合成受阻，同时还加剧诱导膜脂过氧化作用，加速叶片衰老，降低光合产物从"源"到"库"的运输。植物缺镁的共同症状为下部叶叶肉为黄色、青铜色或红色，但叶脉仍呈绿色。进一步发展，整个叶片全部淡黄色，然后变褐色直至最终坏死。植物缺镁大多数发生在生育中后期，尤其以种子形成后多见。

马铃薯、番茄和糖用甜菜是对缺镁较为敏感的作物。菠萝、香蕉、柑橘、葡萄、柿子、苹果、牧草、玉米、油棕榈、棉花、烟草、可可、油橄榄、橡胶等也容易缺镁。禾谷类作物缺镁早期，叶脉间褪绿出现黄绿相间的条纹花叶，严重时呈淡黄色或黄白色。麦类作物缺镁，中下部叶脉间失绿，残留绿斑相连成串呈念珠状（对光观察时明显），尤以小麦典型，为缺镁的特异症状。玉米缺镁，症状首先出现在较老的叶片中，引起叶脉间萎黄，通常在季节初、寒冷潮湿的土壤中出现，并随着土壤变暖和干燥而消失；严重缺乏时会导致发育迟缓。

马铃薯缺镁，绿色的丧失始于较老叶叶尖和叶缘，并从叶脉间向叶片中心发展；在缺乏的晚期阶段，叶片变成棕色或带红色，非常脆。芹菜缺镁，表现为萎黄病，始于老叶叶尖，并从叶缘和叶脉之间向内发展，叶脉保持绿色，叶片的脉间组织变成黄色然后变成棕色，非常脆弱。其他缺镁敏感作物有花椰菜、香瓜、豌豆和黑麦，当这些作物出现镁不足时，最老的叶片比正常的或新的叶片呈杂色或浅绿色。

图 4.45　水稻缺镁下部叶片脉间褪色

资料来源：请认识一下我们世界的氮磷钾，2000. 钾磷研究所（PPI）、加拿大钾磷研究所（PPIC）和农业研究基金会（FAR）。

水稻缺镁，为黄绿相间条纹叶，叶狭而薄，黄化从叶尖逐步向后半部分扩展，边缘呈黄红色，稍内卷，叶身从叶枕处下垂沾水，严重时褪绿部分坏死干枯，拔节期后症状减轻（图 4.45）。

玉米缺镁，先是条纹花叶，随后叶缘出现显著紫红色（图 4.46）。

大豆缺镁，第 1 对真叶出现症状，成株后，中下部整个叶片先褪淡，随后呈橘黄色或橙红色，但叶脉保持绿色，花纹清晰，叶脉间叶肉常微凸而使叶片起皱（图 4.47）。

图 4.46　玉米缺镁叶片

图 4.47　大豆缺镁叶片

花生缺镁，老叶边缘失绿，向中脉逐渐扩展，随后叶缘部分呈橘红色（图 4.48）。

图 4.48　花生缺镁叶片

苜蓿缺镁，叶缘出现失绿斑点，随后叶缘及叶尖失绿，最后变为褐红色。

三叶草缺镁，老叶脉间失绿，叶缘为绿色，随后叶缘变为褐色或红褐色。

棉花缺镁，老叶脉间失绿，网状脉纹清晰，随后出现紫色斑块甚至全叶变红，叶脉保持绿色，呈红叶绿脉状，下部叶片提早脱落。

油菜缺镁，从子叶起出现紫红色斑块，中后期老叶脉间失绿，呈现出橙色、红色、紫色等各种色彩的大理石花纹，提早落叶。

马铃薯缺镁，老叶的叶尖、叶缘及脉间失绿，并向中心扩展。马铃薯轻微缺镁，叶片鱼骨状脉间失绿（图 4.49），后期下部叶片变脆、增厚；缺镁严重时植株矮小，失绿叶片变棕色而坏死、脱落，块根生长受抑制。

烟草缺镁，下部叶片的叶尖、叶缘及脉间失绿，茎细弱，叶柄下垂；缺镁严重时下部叶片趋于白色，少数叶片干枯或产生坏死斑块。

甘蔗缺镁，老叶首先出现脉间失绿斑点，再变为棕褐色，随后这些斑点再结合为大块锈斑，茎秆细长，叶片坏死组织可以下延至叶鞘（图 4.50）。

图 4.49　马铃薯缺镁叶片　　图 4.50　甘蔗缺镁叶片

蔬菜缺镁，一般下部叶片出现黄化。莴苣、甜菜、芹菜、萝卜等通常都在叶脉间出现显著黄斑，并呈不均匀分布，但叶脉组织仍保持绿色。

番茄缺镁，下部叶脉间出现失绿黄斑，叶缘变为橙色、红色、紫色等各种色彩，色素和缺绿在叶片中呈不均匀分布，果实也由红色褪成淡橙色，果肉黏性减少。

苹果缺镁，叶脉间呈现淡绿色斑或灰绿色斑，常扩散至叶缘，并迅速变为黄褐色转暗褐色，随后叶脉间和叶缘坏死，叶片脱落，顶部呈莲座状叶丛，叶片薄而色淡；严重缺镁时果实不能正常成熟，果实小，着色不良，风味差（图4.51）。

图 4.51　苹果缺镁叶片和枝条

柑橘缺镁，中下部叶片脉间失绿，呈斑块状黄化，随后转黄红色，提早脱落，结实多的树常重发，即使在同一棵树上，也因枝梢而异，结实多的症状重，结实少的轻症或无症，通常无核少核品种比多核品种症状轻（图4.52）。

梨树缺镁，老叶脉间显出紫褐色至黑褐色的长方形斑块，新梢叶片出现坏死斑点，叶缘仍为绿色；严重缺镁时从新梢基部开始，叶片逐渐脱落。

葡萄缺镁，较老叶脉间先呈黄色，随后变红褐色，叶脉绿色，色界极为清晰，最后斑块坏死，叶片脱落，葡萄梗有疤痕，易形成果梗分离（图4.53）。

葡萄和番茄在果实膨大期缺镁还有别的原因，由于人为过量施钾引起对镁的拮抗而表现出的缺镁症状（图4.54和图4.55），拮抗产生后，再怎么补镁也没有效果了。

图 4.52　柑橘轻微缺镁叶片

图 4.53　葡萄梗缺镁

图 4.54　葡萄缺镁叶片

图 4.55　番茄缺镁叶片

三、怎样给土壤和作物补镁

土壤镁的来源是黑云母、白云石、角闪石、橄榄石、蛇纹石等。次生黏土矿物中绿泥石、伊利石、蒙脱石、蛭石中也含镁。与钙一样，土壤黏粒中的镁与土壤溶液中的镁离子处于动态平衡之中，也容易随水淋失。

大多数种植者并不知道，2004 年中国农业科学院学者发表论文，谈到中国有 54％的土壤中所含的有效态镁处于中低水平，需要每年补充含镁肥料近千万吨。但农业上依然只重视氮、磷、钾高浓度化肥，没有把补镁当回事。十多年过去了，中国土壤缺镁的状况比十几年前更严重。作物对镁的需要量很大，与大量元素磷的需要量相当，作物对镁的吸收与钙一样困难，只能依靠根尖吸收并通过蒸腾拉动。钙和镁还有协同吸收的关系，土壤缺镁影响作物对钙的吸收，如果只给作物补钙不同时补镁，作物对钙的吸收率会下降，施肥时把钙与镁的比例调整为 3 ：1 最有利于作物吸收，因此，在底肥中施用钙镁磷肥，可以同时解决补钙、补镁的问题，市场上的含镁肥料，其水溶性差异大（表4.5）。

表 4.5 市场上含镁的矿物质肥及其性状

材料	镁的含量/%	水溶性
白云石	6~12	不溶
氯化镁	7.5	溶
氢氧化镁	40	不溶
硝酸镁	16	溶
氧化镁	56~60	不溶
硫酸镁	10~16	溶

硫酸镁是有机种植中允许使用的矿物质肥，可以用于底肥，也可以叶面喷施。过量施钾会造成对镁的拮抗，也使得氮的作用得不到发挥。拮抗引起的缺镁是不能通过大量施镁肥解决的，考虑到镁在植物体内的重要作用，作物的果实膨大期施用钾肥要适量。土壤中的钾含量高和氮肥的大量使用可能会导致某些植物中的镁失衡，从而可能导致食草牲畜出现低镁症（饲草性痉挛病）。根据学者建议，给土壤补充镁和钾的比例 2 ：1 更合理。

第七节 硫元素（S）

一、硫在植物体内的生理功能

硫参与植物多个方面的代谢 硫是植物体内蛋白质的结构物质和酶的组成成分，硫虽然不是叶绿素的成分，但影响叶绿素的合成，这是由于叶绿体内的蛋白质含硫，植物体内大部分蛋白质中都有含硫氨基酸（例如胱氨酸、半胱氨酸、谷胱甘肽和蛋氨酸）。硫是植物细胞液泡中的主要阴离子，它可以穿越液泡膜，参与多种代谢过程，例如，参与三羧酸循环促进有氧呼吸、碳水化合物合成，参与亚硝酸还原、硫酸盐还原、分子态氮的固定、氨的同化以及光合作用等。在无机养分转化为有机物的过程中都有铁氧化还原蛋白参与，铁氧化还原蛋白是一种含硫基化合物。硫参与脂肪代谢，含硫的辅酶A，维生素 B_1 和维生素 H 参与脂肪代谢过程，形成脂肪酸。

硫参与植物次生代谢的开启　硫在植物体内形成含硫的蛋氨酸（甲硫氨酸），蛋氨酸是乙烯的前体物质。有了含硫的蛋氨酸才能产生乙烯，当植物遇到环境胁迫或人造胁迫时，其体内存有的蛋氨酸就能迅速形成逆境乙烯或伤害乙烯，逆境下植物体内的乙烯就会成几倍或几十倍地增加，而当胁迫解除时恢复正常。科学家对这一过程这样描述：1964 年利伯曼（Lieberman）提出乙烯来自蛋氨酸；1979年亚当斯（Adams）确定了乙烯合成途径，即蛋氨酸→腺苷蛋氨酸（SAM）→1- 氨基环丙烷基羧酸（ACC）→乙烯（ETH）。蛋氨酸的积累为乙烯在短时间内的大量增加提供了可能。如果没有乙烯将逆境信号传递给第二信使钙离子，植物就无法开启次生代谢，只有开启了次生代谢植物才能产生抗性物质。

含硫的次生代谢产物多是人类的营养素　植物体内的谷胱甘肽、硫胺素（维生素 B_1）、生物素（维生素 H）、铁氧化还原蛋白、辅酶 A、卡玛素（含硫的植物抗毒素）、维生素 U 等，对人类来说都很重要。硫是谷胱甘肽及植物螯合肽的重要组成。二硫键可以共价交叉联结 2 个多肽链或 1 个多肽链的两端，使多肽结构稳定。谷胱甘肽是含有谷氨酰基、半胱氨酰基和甘氨酸的三肽链。2 个谷胱甘肽分子的硫氢基相结合形成二硫键。谷胱甘肽水溶性高，在植物次生代谢过程中起重要作用。洋葱、大蒜、芥菜的特殊气味主要与以硫为结构成分的硫代异氰酸盐和亚砜等挥发性化合物有关。

二、植物缺硫症状

植物缺硫的一般症状为整个植株褪淡、黄化、色泽均匀，极易与缺氮症状混淆。植物体内硫的向上运输能力较差，老叶中的硫不向新叶转移。缺硫植物营养生长受阻，植株矮小，分枝分蘖少，全株褪淡，呈浅绿色或黄绿色。叶片失绿或黄化褪绿均匀，新叶较老叶明显，叶小而薄，向上卷曲，变硬，易碎，脱落提早。禾谷类作物缺硫，植株直立，分蘖少，茎瘦，新叶淡绿色或黄绿色。

小麦缺硫，全株褪淡黄化，发育延迟。大多数作物缺硫，新叶比老叶重，不易干枯，发育延迟。缺硫植物在营养生长期症状类似缺氮，生产上常因误判贻误时机。

对硫敏感的植物为十字花科芸薹属的甘蓝、油菜、芥菜，十字花科萝卜属的萝卜。百合科葱属的葱、蒜、洋葱、韭菜等需硫量最大；其次为豆科、烟草和棉花；禾本科需硫量较少。

水稻缺硫，在插秧后返青延迟，全株显著黄化，新叶、老叶无显著区别（与缺氮相似），不分蘖，叶尖有水渍状圆形褐斑，随后焦枯，根系暗褐色，白根少。

玉米缺硫，植株直立，茎瘦，幼叶淡绿色或黄绿色（图4.56）。

棉花对缺硫反应较敏感，生长受阻，营养生长期缺硫症状类似缺氮，缺硫症状常表现在幼嫩部位，新叶比老叶严重，不易干枯，发育延迟。

番茄缺硫，叶脉间黄化，叶柄和茎变红，节间缩短，叶片变小，全株颜色褪淡，呈浅绿色或黄绿色。

十字花科作物甘蓝、油菜等缺硫，最初会在叶片背面出现淡红色。甘蓝随着缺硫加剧，叶片两面都发红发紫，杯状反折，叶片正面凹凸不平。

油菜缺硫，植株明显矮小，叶片和花序颜色淡，节间较短，生育期延迟，花小而少，下部叶片仍保持绿色（图4.57）。

图4.56 玉米缺硫植株　　图4.57 油菜缺硫植株（左）

大豆生育前期缺硫，新叶失绿，后期老叶黄化，出现棕色斑点，根细长，植株瘦弱，根瘤发育不良。

烟草缺硫，新叶均匀淡黄绿色，随时间推移遍及全株，叶片较小，节间变短，老叶焦枯，叶尖向下卷曲，叶面出现突起泡点。

马铃薯缺硫，植株黄化，茎变红，新叶向内翻卷，生长缓慢，但叶片并不提早干枯脱落，严重缺硫时叶片出现褐色斑块（图 4.58）。

图 4.58　马铃薯缺硫叶片

茶树缺硫，幼苗发黄，称为"茶黄"，叶片质地变硬。

桃树缺硫，新叶失绿黄化，严重缺硫时叶缘枯黄，枯梢，果实小而畸形，色淡、皮厚、汁少。

三、给作物补硫已提上日程

长期以来很少有人提到硫肥，究其原因：一是工业活动的能源煤炭和原油，燃烧后将硫释放到空气中，含硫的气体随降水落回地面，这样就给土壤施入硫肥；二是早期的氮肥（硫酸铵）、磷肥（过磷酸钙）、钾肥（硫酸钾）都含有硫，碱性土壤的改良剂硫酸钙（石膏）也含硫。因此，在使用单质肥料时，土壤中的硫也得到了补充。

目前，农业生产需要补硫，其理由：一是近年来中国大气污染的治理工作进展迅速，大气沉降中硫在减少；二是近几十年来农业大力推行氮磷钾高浓度复合肥后，土壤实际施入硫的数量在减少；三是近几十年的化学农业使土壤中储备的硫在耗竭，特别是在保护地栽培中，作物需硫量不足的问题更加凸显，土壤缺硫导致农产品缺硫已经成为全球农业的普遍问题，举例说明，美国允许的食品加工过程添加的甜味剂有 2 000 多种，其中 1/2 是含硫化合物，可见，现代农业种植方式已经使农产品失去原有的风味物质；四是作物缺硫症状类似缺氮，生产上常因误判贻误时机。

四、怎样施硫肥

硫在自然界中以单质硫、硫化物、硫酸盐以及与碳和氢结合的有机态存在，其丰度列为第 13 位。少量硫以气态氧化物或硫化氢气体形式在火山、热液和有机质分解的生物活动以及沼泽化过程中或从其他来源释放出来，硫化氢也是天然气田的污染物质。自人类工业活动以来，燃烧煤炭、原油和其他含硫物质使二氧化硫排入大气，其中许多又被降水带回大地，浓度高时形成酸雨。

土壤中硫以有机和无机多种形态存在，呈多种氧化态，从硫酸的 +6 价到硫化物的 −2 价，并有固、液、气 3 种形态。硫在大气圈、生物圈和土壤圈的循环比较复杂，与氮循环有共同点。大多数土壤中的硫存在于有机物、土壤溶液中或吸附于土壤复合体上。硫是蛋白质的组成成分，蛋白质返回土壤转化为腐殖质后，大部分硫仍为有机结合态。土壤无机硫包括易溶硫酸盐、吸附态硫酸盐、与碳酸钙共沉淀的难溶硫酸盐和还原态无机硫化合物。

目前，生产上应注意对硫的添加，可考虑在底肥中加入泻盐（硫酸镁），硫酸镁也可以用于叶面喷施，市场上的含硫肥料见表 4.6。土壤黏粒和有机质不吸附易溶的硫酸盐，一般存在于土壤溶液中，随水运动易淋失，这就是土壤表层通常含硫低的原因。大多数农业土壤表层中，大部分硫以有机态存在，占土壤全硫含量的 90 % 以上，补充硫最好将含硫肥料和秸秆、有机肥同时使用。

表 4.6 市场上的含硫肥料

肥料种类	化学分子式	含硫量 /%
硫酸铵	$(NH_4)_2SO_4$	24
硫代硫酸铵	$(NH_4)_2S_2O_3 \cdot 5H_2O$	26
多硫化铵	$(NH_4)_2S_2$	40~50
硫酸钾	K_2SO_4	18
硫酸钾镁	$K_2SO_4 \cdot 2MgSO_4$	22
元素硫	S	> 85
石膏粉	$CaSO_4 \cdot 2H_2O$	12~18
硫酸镁	$MgSO_4 \cdot 7H_2O$	14
硫代硫酸钾	$K_2S_2O_3$	17

在耕层发酵有机肥时，底肥中适量添加硫酸钾、硫酸镁等含硫肥料都是非常必要的。元素硫肥是一种产酸的肥料，施入土壤后易被土壤微生物氧化为硫酸，因此，常用作碱性土壤改良剂。水溶性硫酸镁（有机标准中允许使用的产品）同时含有 2 种中量元素硫和镁，可以用于叶面喷施。

第八节　作物必需微量元素

近几十年，农业生产中对微量元素普遍重视不足，引起全球性的由于微量元素缺乏导致的人类健康问题，2015 年世界卫生组织报告，全球有近 50 亿人存在不同形式的微量营养元素缺乏。因此，农业生产要做到土壤健康和植物健康，才能实现人类健康。

作物必需微量元素有铜、铁、锰、锌、硼、钼、氯、镍，但需要量很少。为了便于了解微量元素，将作物吸收微量元素的条件、需要量和可以使用的微量元素肥料列成表格（表 4.7）。

表 4.7　作物吸收微量元素的条件、需要量和微量元素肥料　　　单位：mg/kg

元素	元素的有效形态、土壤状况对元素有效性的影响	不同浓度对作物的影响			微量元素肥料
		缺乏	正常	过量	
铁	以有机和无机 2 种形式存在于土壤中，根据土壤环境的氧化状态，作为 1 种阳离子（Fe^{2+} 或 Fe^{3+}）参与阳离子交换。铁离子在土壤中主要以扩散方式运移。可溶性盐含量较高的碱性土壤易缺铁。玉米、大豆对缺铁敏感	< 20	20~2 000	> 2 000	硫酸亚铁*、硫酸铁、硫酸铵铁、磷酸铵铁、螯合铁*、活力素*
铜	以有机和无机 2 种形式存在于土壤中，并作为 1 种阳离子（Cu^{2+}）参与阳离子交换。铜离子在土壤中主要以扩散方式运移。pH 值 5.3 以下的胶泥地易缺铜。小麦、大豆对缺铜敏感	< 10	10~25	> 25	硫酸铜*、硝酸铜、碳酸铜、氧化铜、氧化亚铜、磷酸铵铜、螯合铜*、活力素*
锌	土壤中既有有机形式，也有无机形式，作为 1 种阳离子（Zn^{2+}）参与阳离子交换。锌离子在土壤中主要以扩散方式运移。pH 值 6.5 以下的高度矿化土或胶泥地易缺锌。玉米、大豆对缺锌敏感	< 10	10~120	> 120	硫酸锌*、硝酸锌、碳酸锌、氧化锌、氯化锌、螯合锌*、活力素*

表 4.7（续）

元素	元素的有效形态、土壤状况对元素有效性的影响	不同浓度对作物的影响			微量元素肥料
		缺乏	正常	过量	
锰	以有机和无机 2 种形式存在于土壤中，并作为 1 种阳离子（Mn^{2+}）参与阳离子交换。锰离子在土壤中主要以扩散方式运移。pH 值 5.8 以下的胶泥地和 pH 值 6.2 以下的低洼地、河滩地易缺锰。大豆、小麦、甜菜、玉米等对缺锰敏感	< 90	90~200	> 200	硫酸锰*、硝酸锰、碳酸锰、氯化锰、氧化锰、螯合锰*（Mn-EDTA）、活力素*
钼	以阴离子（MoO^{4-}）的形式存在于土壤中，主要以扩散方式在土壤溶液中运移	< 0.1	01~90	> 90	钼酸铵、钼酸钠、钼酸钙、三氧化钼、含钼玻璃肥料、活力素*
硼	B（OH）₃主要存在于土壤有机质中，由于硼以可溶性形式存在，容易随土壤水分移动，被大雨和过度灌溉从生根剖面中淋溶，随着土壤表面水分蒸发而移动到土壤表面。沙土和有机质含量低的风化土易缺硼。苜蓿等豆科牧草对缺硼敏感	< 10	10~80	> 80	硼酸*、硼砂*、硼镁肥、含硼过磷酸钙、含硼玻璃肥料、活力素*
氯	以氯离子（Cl^-）的形式存在于土壤中，容易随土壤水分移动。作为 1 种一直存在于环境中的元素，在大多数肥料中都是污染物，并与作为钾的主要肥料来源的氯化钾一起添加。降水量少的沙性土壤易缺氯。小麦、玉米对缺氯敏感	< 100	100~800	> 800	氯化钠
镍	镍（Ni^{2+}）对植物生长起到促进作用，对禾本科的大麦、小麦、燕麦的生长和代谢有显著影响，缺乏镍导致早衰及生长受阻，提供镍可以使产量提高	< 0.05	0.05~10	> 10	含镍有机肥、活力素*、麦饭石

注：* 为常见微量元素肥料。

作物对微量元素多寡的响应能力不同（表 4.8）。

表 4.8　作物对微量元素肥料的响应

	Mn	B	Cu	Zn	Mo	Fe
紫花苜蓿	低	高	高	低	中	—
芦笋	低	低	低	低	低	中
大麦	中	低	中	低	低	中

表 4.8（续）

	Mn	B	Cu	Zn	Mo	Fe
蓝莓	低	低	中	—	—	—
西兰花	中	高	中	—	高	高
甘蓝	中	中	中	低	中	中
胡萝卜	中	中	中	低	低	—
花椰菜	中	高	中	—	高	高
芹菜	中	高	中	—	低	—
三叶草	中	中	中	低	高	—
玉米	中	低	中	高	低	中
黄瓜	高	低	中	—	—	—
大豆	高	低	低	高	中	高
生菜	高	中	高	中	高	—
燕麦	高	低	高	低	低	中
洋葱	高	低	高	高	高	—
防风草	中	中	中	—	低	—
豌豆	高	低	低	低	中	—
胡椒	中	低	低	—	中	—
马铃薯	高	低	低	中	低	—
白萝卜	高	中	中	中	中	—
黑麦	低	低	低	低	低	—
高粱	高	低	中	高	低	高
黄豆	高	低	低	中	中	高
薄荷	中	低	低	低	低	低
菠菜	高	中	高	高	高	高
甜玉米	高	中	中	高	低	中
甜菜	高	高	高	中	高	高
番茄	中	中	高	中	中	高
芜菁	中	高	中	—	中	—
小麦	高	低	高	低	低	低

主要作物和蔬菜在营养充足时，关键部位检测的各种营养元素的含量如表4.9所示，由此可以看出不同作物对不同微量元素的实际需求量。

表 4.9　主要作物和蔬菜在营养充足时各种营养元素的含量

元素	玉米	大豆	小麦	蔬菜	马铃薯
取样部位	出穗期的穗位叶	开花前上部完全发育叶片	开花前的上部叶片	顶部充分发育的叶片	季节中期最接近成熟的叶柄
氮	2.76%~3.50%	4.26%~5.50%	2.59%~3.00%	2.50%~4.00%	2.50%~4.00%
磷	0.25%~0.50%	0.26%~0.50%	0.21%~0.50%	0.25%~0.80%	0.18%~0.22%
钾	1.71%~2.50%	1.71%~2.50%	1.51%~3.00%	2.00%~9.00%	6.00%~9.00%
钙	0.21%~1.00%	0.36%~2.00%	0.21%~1.00%	0.35%~2.00%	0.36%~0.50%
镁	0.16%~0.60%	0.26%~1.00%	0.16%~1.00%	0.25%~1.00%	0.17%~0.22%
硫	0.16%~0.50%	0.21%~0.40%	0.20%~0.40%	0.16%~0.50%	0.21%~0.50%
锰	20~150 毫克/千克	21~100 毫克/千克	16~200 毫克/千克	30~200 毫克/千克	30~200 毫克/千克
铁	21~250 毫克/千克	51~350 毫克/千克	11~300 毫克/千克	50~250 毫克/千克	30~300 毫克/千克
硼	4~25 毫克/千克	21~55 毫克/千克	6~40 毫克/千克	30~60 毫克/千克	15~40 毫克/千克
铜	6~20 毫克/千克	10~30 毫克/千克	6~50 毫克/千克	8~20 毫克/千克	7~30 毫克/千克
铁	20~70 毫克/千克	21~50 毫克/千克	21~70 毫克/千克	30~100 毫克/千克	30~100 毫克/千克
钼	0.1~2.0 毫克/千克	1.0~5.0 毫克/千克	0.03~5.00 毫克/千克	0.5~5.0 毫克/千克	0.5~4.0 毫克/千克

第九节　铜元素（Cu）

一、铜的重要生理功能

铜参与很多代谢过程　铜是光合作用、呼吸作用、碳代谢、氮代谢、细胞壁合成的必需元素。铜对叶绿素有稳定作用，能防止叶绿素过早被破坏；参与固氮根瘤的形成；促进木质化过程；还促进花粉形成；在抑制真菌、抗旱、抵抗灾害性天气等时发挥作用。铜主要以 Cu^{2+}、Cu^+ 的形式被吸收，土壤有机质可以使铜的活性增加。

铜是多种氧化酶的金属辅基　铜参与形成的氧化酶能抵抗氧化胁迫，例如，超氧化物歧化酶（CuZn-SOD）参与对抗活性氧自由基 O_2^-，抗坏血酸氧化酶（APX）能氧化抗坏血酸生成水和脱氢抗坏血酸，多酚氧化酶（CAT）能将一酚氧化成二酚，再氧化成醌，醌化合物能起聚合作用形成棕黑色化合物，最终形成腐殖质。

二、植物缺铜症状

植物缺铜一般表现为顶端枯萎，节间缩短，叶尖发白，叶片变窄、变薄、扭曲，繁殖器官发育受阻，果实开裂。新开垦的土地易缺铜，不同植物往往出现不同症状。不同植物对缺铜的敏感性差异很大，敏感植物主要为燕麦、小麦、大麦、玉米、菠菜、洋葱、莴苣、番茄、苜蓿、烟草，其次为白菜、甜菜、柑橘、苹果、桃等；其中小麦、燕麦是良好的缺铜指示作物。其他对铜反应强烈的植物有大麻、亚麻、水稻、胡萝卜、莴苣、菠菜、苏丹草、李、杏、梨、洋葱。

耐受缺铜的植物有菜豆、豌豆、马铃薯、芦笋、黑麦、禾本科牧草、百脉根、大豆、羽扇豆、油菜和松树。黑麦对缺铜土壤有独特的耐受性，在不施铜的情况下，小麦完全绝产，而黑麦却生长健壮。

小粒谷物对缺铜的敏感性顺序通常为：小麦＞大麦＞燕麦＞黑麦。

在新开垦的酸性有机土壤种植植物最先出现的营养性疾病通常是缺铜症，这种状况常被称为"垦荒症"。许多地区有机土壤的底土层存在对铜的有效性产生不利影响的泥灰岩、磷酸石灰石或其他石灰性物质等沉积物，致使缺铜现象十分复杂。其余情况下土壤缺铜不普遍。

根据作物外部症状进行判断，对新开垦泥炭土地区的禾谷类作物的"垦荒症"、麦类作物的"顶端黄化病"以及果树的"枝枯病"均容易识别。

近年来，柑橘、苹果和桃等果树缺铜的"枝枯病"或"夏季顶枯病"很常见，叶片失绿畸形，嫩枝弯曲，树皮上出现胶状水疱状褐色或赤褐色皮疹，逐渐向上蔓延，并在树皮上形成一道道相互交错重叠的纵沟，雨季时流出黄色或红色的胶状物质。柑橘缺铜，枝条徒长，枝上叶柄基部脓包，切开脓包后可见胶体

（图 4.59），新叶变成褐色或白色；严重缺铜时叶片脱落，枝条枯死；有时果实的皮部也流出胶样物质，形成不规则的褐色斑疹，果实小，易开裂，易脱落（图 4.60）。

图 4.59　柑橘缺铜枝条

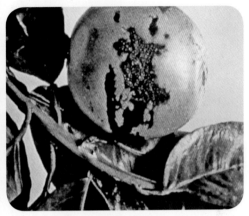

图 4.60　柑橘缺铜果实

麦类作物缺铜，上部叶黄化，剑叶尤为明显，前端黄白化，质薄，扭曲披垂，坏死，不能展开，称为"顶端黄化病"；老叶在叶舌处弯折，叶尖枯萎，呈螺旋或纸捻状卷曲枯死；叶鞘下部出现灰白色斑点，易感染霉菌性病害，称为"白瘟病"；轻度缺铜时抽穗前症状不明显，抽穗后因花器官发育不全，花粉败育，导致穗而不实，又称为"直穗病"。

小麦对缺铜敏感，上部叶剑叶黄化、变薄、扭曲、披垂、顶端黄化；老叶弯折，叶尖枯萎呈螺旋状，或呈纸捻状卷曲枯死；叶鞘下部现灰白色斑，易感染白瘟病；黄熟期病株保绿不褪，田间景观黄绿斑驳，穗发育畸形，芒退化，并出现发育程度不同、大小不一的麦穗，有的甚至不能伸出叶鞘而枯萎死亡（图 4.61）。

图 4.61　小麦缺铜的穗部与植株

资料来源：请认识一下我们世界的氮磷钾，2000. 钾磷研究所（PPI）、加拿大钾磷研究所（PPIC）和农业研究基金会（FAR）。

缺铜在草本植物中发生称为"开垦病"，又叫"垦荒症"，在新开垦地种植的大麦上发现，病株先端发黄或变褐，逐渐凋萎，穗部变形，结实率低。大麦缺铜，易发生顶端黄化病，叶尖枯萎，呈螺旋或纸捻状卷曲枯死（图 4.62）。

图 4.62　大麦缺铜植株

玉米缺铜，叶片失绿变灰，同时变薄、卷曲、反转，近些年在大田玉米中常见此类症状。

马铃薯缺铜，症状严重，幼嫩叶片向上卷呈杯状，严重影响光合作用，削弱抗性（图 4.63）。

番茄对缺铜敏感，其缺铜的典型症状为上部叶片向内卷（图 4.64）。

图 4.63　马铃薯缺铜植株

图 4.64　番茄缺铜植株

三、植物铜中毒症状

在反复使用含铜杀虫剂（如波尔多液）后可能出现铜过量。铜中毒症状是新叶失绿，老叶坏死，叶柄和叶片的背面出现紫红色。新根生长受抑制，伸长受阻而畸形，支根量减少，严重时根尖枯死。铜中毒很像缺铁，由于铜能氧化二价铁离子变成三价铁离子，会阻碍植物对二价铁离子的吸收和铁在植物体内的转运，导致缺铁而出现叶片黄化。不同植物铜中毒表现不同。

水稻铜中毒，插秧后不易成活，即使成活根也不易下扎，白根露出地表，叶片变黄，生长停滞。

麦类作物铜中毒，根系变褐，盘曲不展，生长停滞，常发生萎缩症状，叶片前端扭曲、黄化。

萝卜铜中毒，主根生长不良，侧根增多，肉质根呈粗短的"榔头"形。

柑橘铜中毒，叶片失绿，生长受阻，根系短粗、色深。

豌豆铜中毒，幼苗长至10~20厘米即停止生长，根粗短，无根瘤，根尖呈褐色枯死。

马铃薯铜中毒，叶片不对称、失绿。

四、植物对铜的吸收和转运

植物根系主要吸收二价铜离子，土壤溶液中二价铜离子浓度很低，二价铜离子与各种配位体（氨基酸、酚类以及其他有机阴离子）有很强的亲和力，形成的螯合态铜也能被植物吸收，在木质部和韧皮部也以螯合态转运。植物吸收的铜量很少，这容易导致草食动物的铜营养不良。植物吸收铜受代谢控制。铜能强烈抑制植物对锌的吸收，反之亦然。铜能从根交换位置交换大多数其他离子，牢牢地结合在根的自由空间内。这就是为什么根系含铜量往往高于其他植物组织。一般认为植物吸收铜的方式主要是根系截获。

铜在植物体内的移动性也很小，而且主要取决于植物中铜的营养状况。当土壤有效铜丰富时，植物体内铜容易从叶片输送到籽粒，缺铜植物体内铜相对不容易移动。由于氨基酸、蛋白质中的氮原子对铜的亲和力影响铜在植物体内的移动，所以氮肥用量增加时，植物需铜量也要增加。

五、土壤中的铜和铜肥

土壤中的含铜矿物有黄铜矿、辉铜矿、斑铜矿等。土壤溶液中铜的浓度很低，大多数铜都被土壤黏粒吸附或被有机质束缚，因此，新开垦的土壤中经常首先出现缺铜症，又叫"垦荒症"。最常用的铜肥是胆矾（$CuSO_4 \cdot 5H_2O$），即五水硫酸铜，其水溶性很好，一般用来叶面喷施。螯合铜肥可以基施和叶面喷施。

第十节　铁元素（Fe）

一、铁的重要生理功能

铁在代谢中的作用　铁参与光合作用、呼吸作用和氮同化。铁参与植物内源激素乙烯（ETH）、赤霉素（GA）、茉莉酸（JA）的合成。铁参与植物对逆境的渗透防御和对病原体入侵的防御。铁主要以 Fe^{2+}、Fe^{3+} 吸收。

铁是很多酶的金属辅基　铁可以是过氧化氢酶（CAT）、过氧化物酶（POD）、固氮酶、超氧化物歧化酶（Fe-SOD）等的金属辅基。

二、植物缺铁症状和铁中毒症状

铁在植物体内是最固定的元素之一，通常呈高分子化合物存在，流动性很小，老叶中的铁不能向新生组织转移，因此，缺铁首先出现在植物新叶。缺铁植物叶片失绿黄白化，心叶常白化，称"失绿症"；初期叶脉间褪色而叶脉仍绿，叶脉颜色深于叶肉，色界清晰；严重缺铁时叶片变黄，甚至变白。双子叶植物形成网纹花叶，单子叶植物形成黄绿相间条纹花叶。不同植物缺铁症状不同。

果树等木本树种容易缺铁，新梢叶片失绿黄白化，称"黄叶病"，失绿程度依次由下向上加重，夏梢、秋梢发病多于春梢，病叶多呈清晰的网纹状花叶，又称"黄化花叶病"，通常不发生褐斑、穿孔、皱缩等；严重黄白化的，叶缘烧灼、干枯、提早脱落，形成枯梢或秃枝；如果这种情况几经反复，可以导致整株衰亡。

苹果容易缺铁，新梢叶片失绿黄白化，叶缘烧灼、干枯、提早脱落，形成枯梢或秃枝（图 4.65）。

桃容易缺铁，新梢叶片黄白化，夏梢、秋梢发病多于春梢，病叶多呈网纹状花叶；严重缺铁时叶缘干枯、早脱落形成枯梢（图 4.66）。

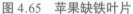

图 4.65　苹果缺铁叶片　　　　　　图 4.66　桃缺铁新梢叶片

柑橘缺铁，叶片失绿黄白化，心叶常白化，称"失绿症"，初期叶脉间褪色而叶脉仍绿，叶脉颜色深于叶肉，色界清晰；严重缺铁时叶片变黄，甚至变白（图 4.67）。

观赏花卉也容易缺铁，网状花纹清晰，色泽清丽，可增添几分观赏价值。一品红缺铁，植株矮小，枝条丛生，顶部叶片黄化或变白。月季缺铁，顶部新叶黄白化，严重缺铁时生长点及新叶枯焦。菊花严重缺铁失绿时，上部叶片多呈棕色，植株可能部分死亡。

豆科作物（例如大豆）最容易缺铁，因为铁是豆血红素和固氮酶的成分。大豆缺铁，根瘤菌的固氮作用减弱，植株生长矮小。缺铁时上部叶片脉间黄化，叶脉仍保持绿色，并有轻度卷曲；严重缺铁时全部新叶失绿呈黄白色；极端缺铁时，叶缘附近出现许多褐色斑点，进而坏死（图 4.68）。

图 4.67　柑橘缺铁叶片　　　　　　图 4.68　大豆缺铁植株

禾谷类作物水稻、麦类及玉米等缺铁，叶片脉间失绿，呈条纹花叶，症状越近心叶越重；严重缺铁时心叶不出，植株生长不良，矮缩，生育延迟，有的甚至不能抽穗。

水稻缺铁，叶片脉间失绿，呈条纹花白叶，症状越近心叶越重，影响正常开花结穗（图4.69）。

玉米缺铁，叶片脉间失绿，呈条纹花叶，称"心叶症"（图4.70）。严重时心叶不出，植株生长不良，矮缩，生育延迟，甚至不能抽穗。

马铃薯缺铁，首先出现在新叶；缺铁叶片失绿黄白化，心叶常白化，称"失绿症"；初期脉间褪色而叶脉仍绿，叶脉颜色深于叶肉，色界清晰；严重缺铁时叶片变黄，甚至变白。

图4.69　水稻缺铁叶片

花生缺铁，叶片脉间组织变黄，叶脉保持绿色，多发生在碱性土壤（图4.71）。

图4.70　玉米缺铁叶片

图4.71　花生缺铁叶片

果菜类及叶菜类蔬菜缺铁，顶芽及新叶黄白化，仅沿叶脉残留绿色，叶片变薄，一般无褐变、坏死现象。番茄缺铁叶片基部还出现灰黄色斑点。

木本植物比草本植物对缺铁敏感。果树中的柑橘、苹果、桃、李、桑；行道树种中的樟、枫杨、悬铃木、湿地松；大田作物中的玉米、花生、甜菜；蔬菜中的花椰菜、甘蓝、空心菜；观赏植物中的绣球、栀子、蔷薇等都对缺铁敏感或比较敏感。其他敏感型植物有浆果类、柑橘、蚕豆、亚麻、饲用高粱、梨、杏、樱桃、山核桃、粒用高粱、葡萄、薄荷、大豆、苏丹草、马铃薯、菠菜、番茄、黄瓜、胡桃等。耐受型植物有水稻、小麦、大麦、谷子、苜蓿、棉花、饲用豆科牧草、燕麦、鸭茅、糖用甜菜等。

在实际诊断中，由于缺铁、缺锰、缺锌的症状容易混淆，根据外部症状判断作物缺铁时，需注意鉴别。缺铁和缺锰：缺铁褪绿程度通常较深，黄绿色界常明显，一般不出现褐斑，而缺锰褪绿程度较浅，并且常发生褐斑或褐色条纹。缺铁和缺锌：缺锌一般出现黄斑叶，而缺铁通常全叶黄白化并呈清晰网状花纹。

实际生产中，铁中毒不多见。在 pH 值低的酸性土壤和强还原性的嫌气条件土壤即水稻土中，三价铁离子被还原为二价铁离子，土壤中亚铁过多会使作物发生铁中毒。中国南方酸性渍水稻田常出现亚铁中毒，如果此时土壤供钾不足，植物含钾量低，根系氧化能力下降，则对二价铁离子的氧化能力削弱，二价铁离子容易进入根系积累而致害。因此，铁中毒常与缺钾及其他还原性物质的危害有关，单纯的铁中毒很少。水稻铁中毒，地上部生长受阻，下部老叶叶尖、叶缘和叶脉间出现褐斑，叶色深暗，根灰黑色、易腐烂等。宜对铁中毒的农田施石灰、磷肥或钾肥。旱作土壤一般不发生铁中毒。

三、植物对铁的吸收和转运

植物根系主要吸收二价铁离子（亚铁离子），也吸收螯合态铁。植物为了提高对铁的吸收和利用，当螯合态铁补充到根系时，在根表面螯合物中的三价铁离子先被还原使之与有机配位体分离，分离出来的二价铁离子被植物吸收。根系分泌的质子和有机螯合物是植物吸收土壤中无机铁的重要机理。缺铁导致根表皮中转移细胞的形成，是植物增强对铁吸收能力的调节机制之一。恢复供铁后 1~2 天，转移细胞退化。

铁的吸收和运输受植物激素（如生长素）的控制。铁的吸收主要在能产生生长素的根尖。植物吸收铁靠不断长出的根尖来完成。

土壤和市场上主要的含铁化肥 地壳中大约含铁 5%，是岩石圈中第 4 个含量丰富的元素。土壤中含铁的主要矿物有橄榄石、黄铁矿、菱铁矿、赤铁矿、针铁矿、磁铁矿、褐铁矿等。旱地土壤的氧化还原电位高，土壤中的铁通常以三价铁的形式存在，可溶性很低，此类土壤生长的植物容易缺铁。

最常用的铁肥是硫酸亚铁，俗称绿矾。尽管它的溶解性很好，但施入土壤后立即被固定，所以一般不直接往土壤中施用，而采用叶面喷施，从叶片气孔进入植株以避免被土壤固定，对果树也采用根部注射法。螯合铁肥（例如活力素）中含有螯合铁，既可以土壤施用，又可以叶面喷施。

第十一节　锰元素（Mn）

一、锰的重要生理功能

锰参与许多酶的合成　锰以不同的氧化态参与植物体内酶的组成，大约有35种酶含有锰。含锰的超氧化物歧化酶（Mn-SOD）存在于厌氧组织中，可以抵御自由基的破坏。

锰在各种代谢中的作用　锰在光合作用中参与水的光解、种子发芽、幼苗生长、花粉管发育伸长和植物茎的机械强度。锰参与碳水化合物的分解和多种次生代谢产物的合成，例如胡萝卜素、核黄素、维生素C。锰影响植物中生长素（吲哚乙酸）水平。

二、植物缺锰症状

作物中的缺锰是最常见的微量营养元素缺乏问题。锰的有效性与土壤酸度密切相关。根据作物外部缺锰症状进行诊断时，需注意区别与其他元素缺乏容易混淆的症状。缺锰与缺镁：缺锰失绿首先出现在新叶，而缺镁首先出现在老叶。缺锰与缺锌：缺锰叶脉黄化部分与绿色部分的色差没有缺锌明显。缺锰与缺铁：缺铁褪绿程度通常较深，黄绿色界常明显，一般不出现褐斑，而缺锰褪绿程度较浅，并且常发生褐斑或褐色条纹。锰为较不活动元素。缺锰植物首先在新叶叶脉间绿色褪淡发黄，叶脉仍保持绿色，脉纹较清晰；严重缺锰时有灰白色或褐色斑点出现，但程度通常较浅，黄色、绿色边界不够清晰，对光观察才比较明显；更严重时病斑枯死，称为"黄斑病"或"灰斑病"，并可能穿孔，有时叶片发皱、卷曲甚至凋萎。

不同作物表现症状有差异。黄瓜、生菜、燕麦、洋葱、豌豆、马铃薯、萝卜、高粱、大豆、菠菜、苏丹草、甜玉米、甜菜、小麦对缺锰反应敏感，被认为是锰丰缺状况的指示作物。

植物体内硝酸盐氮含量高于正常水平时也会表现出缺锰症状，这是因为硝酸盐在转化为蛋白质时需要含有锰的酶。

燕麦缺锰，新叶叶脉间呈条纹状黄化，并出现淡灰绿色或灰黄色斑点，称为"灰斑病"；严重缺锰时叶全部黄化，病斑呈灰白色坏死，叶片螺旋状扭曲、破裂或折断下垂。

小麦缺锰，早期叶片出现灰白色斑，新叶叶脉间褪绿黄化，叶脉绿色，随后变褐坏死，形成与叶脉平行的长短不一的短线状褐色斑点，叶片变薄、变阔、柔软萎垂，称为"褐线萎黄症"，致使叶片折断下垂，但叶尖尚好（图4.72）。

大麦缺锰，早期叶片出现灰白色斑点，新叶叶脉间褪绿黄化，叶脉绿色，随后黄化部分逐渐变褐坏死，形成与叶脉平行的长短不一的短线状褐色斑点，叶片变薄、变阔、柔软萎垂，称为"褐线萎黄症"。大麦症状更为典型，有的品种有节部变粗现象。

水稻缺锰，新生叶片、叶脉间绿色褪淡发黄，叶脉仍保持绿色，脉纹较清晰；严重缺锰时有灰白色或褐色斑点出现。

玉米缺锰，失绿首先出现在新叶，缺锰叶脉黄化部分与绿色部分的色差没有缺锌明显，缺锰褪绿程度较浅，并且常发生褐斑或褐色条纹（图4.73）。

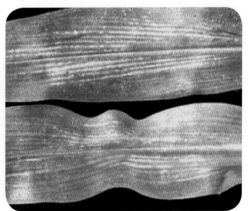

图4.72 小麦缺锰叶片   图4.73 玉米缺锰叶片

棉花缺锰，新叶首先失绿，叶脉间呈灰黄色或灰红色，出现网状脉纹，有时叶片还出现淡紫色及淡棕色斑点。

豆科作物缺锰，例如菜豆、蚕豆及豌豆缺锰，称为"湿斑病"，其特点是未发芽种子上出现褐色病斑（图4.74），出苗后子叶中心组织变褐，有的在幼茎和幼根上也有出现。大豆是缺锰指示作物，大豆缺锰，子叶组织变褐，新叶叶脉间绿色褪淡发黄，叶脉仍保持绿色，脉纹较清晰，严重缺锰时有灰白色或褐色斑点出现（图4.75）。

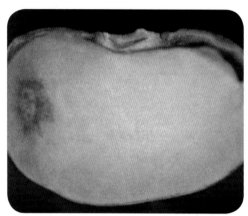

图4.74　菜豆缺锰籽粒　　　　　　　　图4.75　大豆缺锰植株

　　甜菜缺锰，生育初期叶片直立，呈三角形，叶脉间呈斑块黄化，称为"黄斑病"，继而黄褐色斑点坏死，逐渐合并遍及全叶，叶缘上卷，严重坏死部分脱落穿孔。

　　番茄缺锰，新叶叶脉间绿色褪淡发黄失绿，距主脉较远部分先发黄（图4.76），随后叶片出现花斑，进一步全叶黄化，有时在黄斑出现前，先出现褐色小斑点；严重缺锰时生长受阻，不开花结实。

　　马铃薯缺锰，叶脉间失绿后呈浅绿色或黄色；严重缺锰时叶脉间几乎全为白色，并沿叶脉出现许多棕色小斑，最后小斑枯死、脱落，使叶面残缺不全（图4.77）。

图4.76　番茄缺锰叶片　　　　　　　　图4.77　马铃薯缺锰叶片

柑橘缺锰，新叶淡绿色并呈现细小网纹，随叶片老化网纹变为深绿色，叶脉间浅绿色，在主脉和侧脉附近出现不规则的深色条带；严重缺锰时叶脉间呈现许多不透明的白色斑点，使叶片呈灰白色或灰色，继而部分病斑枯死，细小枝条可能死亡（图4.78）。

苹果缺锰，叶脉间失绿呈浅绿色，杂有斑点，从叶缘向中脉发展；严重缺锰时脉间变褐坏死，叶片全部为黄色。其他果树也出现类似症状，但由于果树种类或品种不同，有些果树的症状并不限于新梢、新叶，也可能出现在中上部老叶（图4.79）。

葡萄缺锰，叶片沿叶缘黄化，最终只保留叶脉绿色，果实夹生绿果（图4.80）。

图 4.78　柑橘缺锰叶片

图 4.79　苹果缺锰叶片

图 4.80　葡萄缺锰果实

三、植物锰过量症状

在酸化（pH值＜5）土壤上的氮过量会引发植物锰中毒，锰过量会阻碍植物对钼和铁的吸收，往往使植物出现缺钼症状。锰中毒会诱发双子叶植物如棉花、菜豆等缺钙（皱叶病）；根表现出颜色变褐，根尖损伤，新根少；叶片出现褐色斑点，叶缘白化或变成紫色，新叶卷曲。不同植物表现不同，对锰过量敏感的植物：苜蓿、甘蓝、花椰菜、三叶草、马铃薯、小谷物、甜菜、番茄。

柑橘锰中毒，出现异常落叶症，大量落叶，落下的叶片上通常有小型褐色斑点和浓赤褐色较大斑点，称为"巧克力斑"。刚出现呈油渍状，随后鼓出叶面，以叶尖、叶缘分布多，落叶在果实收获前就开始，发叶数减少，叶形变小。此外，树势变弱，树龄短的幼树生长停滞（图4.81）。

苹果锰中毒，树干表皮粗糙，极严重时内皮坏死，在pH值低的土壤中施氮量过高，容易引起苹果锰中毒（图4.82）。

菜豆锰中毒，老叶叶柄和叶脉有黑褐色斑点，诱发菜豆缺钙（皱叶病），叶片出现褐色斑点，叶缘白化或变成紫色，新叶卷曲。

马铃薯锰中毒，叶柄表皮脱落，表皮中有二氧化锰沉淀，叶片背面有坏死损伤。

图4.81 柑橘锰过量叶片

图4.82 苹果锰中毒

四、植物对锰的吸收和转运

植物根系主要吸收二价锰离子，锰的吸收受代谢作用控制。与其他二价阳离子一样，锰也参与阳离子竞争。土壤pH值和氧化还原电位影响锰的吸收。植物体内锰的移动性很低，因为韧皮部汁液中锰的浓度很低。锰的转运主要以二价锰离子形态而不是有机络合态。锰优先转运到分生组织，因此，植物幼嫩器官通常富含锰。植物吸收的锰大部分积累在叶片中。

锰在地壳中分布很广，至少能在大多数岩石中，特别是铁镁物质中找到微量锰的存在。土壤中的含锰矿物有软锰矿、墨锰矿、水锰矿、菱锰矿、蔷薇辉石等。交换性锰和土壤有机质中的锰是有效锰的供应源。目前，常用的锰肥主要是硫酸锰（$MnSO_4 \cdot 3H_2O$），易溶于水，速效，使用最广泛，适于喷施、浸种和拌种；其次为氯化锰（$MnCl_2$）、氧化锰（MnO）和碳酸锰（$MnCO_3$）等；它们溶解性较差，可以作底肥施用；活力素中也含有锰。

第十二节　锌元素（Zn）

一、锌的重要生理功能

锌参与很多代谢过程　锌是参与蛋白质合成和能量转化的酶的重要组成。锌参与光合作用、呼吸作用、氮代谢。锌促进生长素（吲哚乙酸）的合成，促进新叶、茎、根系的生长。锌也对保持植物根系细胞膜、细胞结构的稳定性及功能完整性必不可少。锌通过保护根系细胞膜，可以提高植物的抗旱能力。

锌促进光合作用的碳反应　锌是碳酸酐酶的组分，碳酸酐酶促进二氧化碳释放和加速二氧化碳透过脂质膜进入叶绿体，为二磷酸核酮糖羧化酶提供底物。

锌构成多种类型的酶　含锌复合酶种类很多，有六大类：氧化还原酶类、转移酶类、水解酶类、裂解酶类、异构酶类和合成酶类。含锌辅基的酶达 59 种。属于氧化还原酶分支下的超氧化物歧化酶（CuZn-SOD）含锌。

二、植物缺锌症状

土壤中的高磷水平导致植物缺锌，因为磷与锌易形成不溶性磷酸锌。土壤越碱性也越容易引起锌的缺乏。锌以 Zn^{2+} 形式被植物吸收。早春较容易发生缺锌。

锌在植物中不能迁移，因此，缺锌症状首先出现在幼嫩叶片和其他幼嫩植物器官。许多植物共有的缺锌症状主要是叶片褪绿黄白化，叶片失绿，脉间变黄，出现黄斑花叶，叶形显著变小，常发生小叶丛生，称为"小叶病""簇叶病"等，生长缓慢，茎节间缩短，甚至节间生长完全停止。缺锌症状因物种和缺锌程度不同而有所差异。苹果、柑橘、桃、柠檬、玉米、水稻、菜豆、亚麻对缺锌敏感；其次是马铃薯、番茄、洋葱、甜菜、苜蓿、三叶草；不敏感植物是燕麦、大麦、小麦、禾本科牧草等。

玉米缺锌，苗期出现"白芽症"，又称为"白苗""花白苗"；长成后称为"花叶条纹病""白条干叶病"；3～5叶期出现症状，新叶呈淡黄至白色（图4.83）。轻度缺锌，气温升高时症状逐渐消失；植株拔节后如继续缺锌，在叶片中肋和叶缘之间出现黄白失绿条斑，形成宽而白化的斑块或条带，叶肉消失，呈半透明状，似白绸或塑膜状，风吹易撕裂（图4.84）。老叶后期病部及叶鞘常出现紫红色或紫褐色，病株节间缩短，株型稍矮化，根系变黑，抽雄吐丝延迟，甚至不能吐丝抽穗，或者抽穗后，果穗发育不良，形成"稀癞"玉米棒。

水稻缺锌，缩苗病多发生在土壤含有碳酸钙或偏碱性农田，以冬水田、烂泥田、潮田、倒旱田为重。一般中稻栽后10～30天发病，偏施氮肥尤甚，缺锌稻株生长停滞，不分蘖，老叶背面中部出现褐色斑块（图4.85）。

 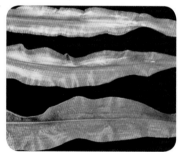 

图4.83　玉米缺锌新叶　　　　图4.84　玉米缺锌叶片　　　　图4.85　水稻缺锌植株

小麦缺锌，节间短，抽穗扬花迟而不齐，茎秆及叶片沿主脉两侧出现白绿条斑或条带（图4.86）。

果树缺锌，特异症状是"小叶病"，以苹果为典型，其特点是新梢生长失常，极度短缩，形态畸变，腋芽萌生，形成多量细瘦小枝，枝顶端附近轮生小而硬的花斑叶，密生成簇，又称为"簇叶病"，簇生程度与树体缺锌程度呈正相关。轻度缺锌，新梢仍能伸长，入夏后可能部分恢复正常；严重缺锌时生长后期落叶，新梢由上而下枯死，如果锌含量未能改善，则翌年再度发生（图4.87）。

柑橘缺锌，症状出现在新梢的上部、中部叶片，叶缘和叶脉保持绿色，叶脉间出现黄斑，黄色深，健康部位绿色浓，反差强，形成鲜明的"黄斑叶"，又称为"绿肋黄化病"；严重缺锌时新叶小，前端尖，有时也出现丛生状的小叶（图4.88），果实小，果皮厚，果肉木质化、汁少、淡而无味。

图4.86　小麦缺锌茎秆

图4.87　苹果缺锌植株下部另发新枝

桃缺锌，新叶变窄褪绿，逐渐形成斑叶，并发生不同程度皱叶，枝梢短，近顶部节间呈莲座状簇生叶，提前脱落，果实多畸形，没有食用价值。

葡萄缺锌，叶片小而边齿尖锐，叶柄凹曲开阔，叶脉微显突出，中脉两侧叶面积不对称，果实大小不一，同一串果有正常果粒和无籽小果粒夹杂而生（图4.89）。

图4.88　柑橘缺锌叶片

图4.89　葡萄缺锌果实

棉花缺锌，第1片真叶就出现症状，叶脉间失绿，叶缘向上卷曲，茎伸长受抑制，节间缩短，植株呈丛生状，生育期推迟（图4.90）。

马铃薯缺锌，生长受抑制，节间短，株型矮缩，顶端叶片直立，叶片小，叶面上出现灰色至古铜色的不规则斑点，叶缘上卷；严重缺锌时叶柄及茎上均出现褐点或斑块。马铃薯因缺锌导致的"蕨叶病"，在生长的不同阶段症状不同（图4.91）。

图 4.90　棉花缺锌植株

图 4.91　马铃薯缺锌叶片

豆科作物缺锌，生长缓慢，下部叶脉间变黄，出现褐色斑点，逐渐扩大并连成坏死斑块，继而成为坏死组织脱落。大豆缺锌，叶片呈柠檬黄色（图4.92）。

番茄缺锌，出现丛生状小叶，新叶发生黄斑，黄斑逐渐向全叶扩展，还容易感染病毒病（图4.93）。

图 4.92　大豆缺锌叶片

图 4.93　番茄缺锌植株

三、植物锌中毒症状

植物锌中毒症状一般是幼嫩部分或顶端失绿，呈淡绿色或灰白色，进而在茎、叶柄、叶片背面出现红紫色或红褐色斑点，根伸长受阻。

水稻锌中毒，幼苗长势不良，叶片黄绿色并逐渐萎黄，分蘖少，植株低矮，根系短而稀疏。

小麦锌中毒，叶尖出现褐色条斑，生长迟缓。

豆类中的大豆、蚕豆、菜豆对过量锌敏感。大豆锌中毒，首先在叶片中肋出现赤褐色色素，随后叶片向外侧卷缩；严重时枯死。

四、植物对锌的吸收和转运

植物主动吸收锌离子与温度有关，因此，早春低温对锌的吸收有一定的影响。锌主要以锌离子形态从根部向地上部运输。锌容易积累在根系中，虽然锌从老叶向新叶转移的速度比铁、锰、铜等元素稍快一些，但依旧很慢。

岩石圈中锌的含量约为 80×10^{-6}。土壤中闪锌矿、菱锌矿和异极矿是常见的含锌矿物。由于锌同晶置换了铁或镁，在辉石、角闪石和黑云母中也含有一些锌。吸附在土壤黏粒上的锌与土壤溶液中的锌处于平衡状态，土壤溶液中的锌大部分被有机质络合。交换性锌和土壤有机质中的锌是有效锌较快速的供应源。最常用的锌肥是七水硫酸锌（$ZnSO_4 \cdot 7H_2O$），易溶于水，但吸湿性很强；氯化锌（$ZnCl_2$）也溶于水，有吸湿性；氧化锌（ZnO）不溶于水；它们可作底肥、种肥，可溶性锌肥也可作叶面喷肥。锌的有机化合物（例如螯合锌）（EDTA锌和NTA锌）的功效比含锌量相等的无机锌高约5倍。因此，底肥中的无机锌，经过微生物的作用，形成螯合态的有机化合物锌，有助于植物根系的吸收。活力素中也含有锌。

第十三节　硼元素（B）

一、硼的重要生理功能

硼参与许多重要的生理过程　参与植物体内蛋白质合成、糖运输、氮固定和对硝酸盐的同化，参与碳代谢、呼吸作用，影响核糖核酸（RNA）中尿嘧啶的合成，促进植物内源激素生长素（吲哚乙酸）的运转。硼与糖生成硼脂化合物，影响花粉形成和花粉管生长。花是植物含硼量最高的部位，尤其是柱头和子房，产生花蜜吸引昆虫授粉。硼促进生殖器官的发育。

硼能增强细胞壁的稳定性　植物体内的硼90%存在于细胞壁内，与钙共同作用形成细胞间的胶结，保护细胞膜，维持细胞壁结构完整和促进木质化，增强植物抗寒、抗病和抵抗灾害性天气的能力。

植物以硼酸盐 $H_2BO_3^-$、$B_4O_7^{2-}$ 的形式吸收硼，依靠根尖吸收，通过蒸腾拉动。土壤有机质中的硼被微生物分解释放出来，是供应植物需要的主要形式。

二、植物缺硼症状

硼缺乏发生在多种土壤条件下。碱性土壤pH值高会妨碍植物对硼的吸收，沙质土壤最缺硼，干旱时期土壤水分不足也容易发生缺硼症。硼不容易从衰老组织向活跃生长组织移动，缺硼使植物顶芽停止生长。缺硼植物受影响最大的是代谢旺盛的细胞和组织。作物中的硼缺乏会导致生长中的顶端组织崩溃或末梢生长缩短。从作物对硼的需要量来看，豆科作物多于禾本科作物，多年生作物多于一年生作物。

植物硼不足时根尖、茎顶端停止生长；严重缺硼时生长点坏死，侧芽、侧根萌发生长，枝叶丛生，叶片粗糙、皱缩、卷曲、增厚、变脆、歪扭、褪绿、萎蔫，叶柄及枝条增粗变短、开裂、木栓化，或出现水渍状斑点或环节状突起，茎基膨大，肉质根内部出现褐色坏死、开裂，繁殖器官分化发育受阻，花粉畸形，花朵、花蕾易脱落，受精不正常，果实、种子不充实。

不同植物的缺硼症状有差异。需硼量高的有苹果、葡萄、柑橘、芦笋、硬花球花椰菜、抱子甘蓝、芹菜、花椰菜、三叶草、芜菁、甘蓝、大白菜、羽衣甘蓝、苜蓿、萝卜、马铃薯、油菜、芝麻、红甜菜、菠菜、向日葵、豆科及豆科绿肥作物等。

玉米缺硼，果穗轴短小，不能正常授粉，果穗畸形，籽粒行列不齐，着粒稀疏，籽粒基部有带状褐色疤，心叶枯焦，灌浆期穗轴畸形、籽粒减少（图4.94）。

小麦缺硼，有不稔症，雄蕊发育不良，花丝不伸长，花药瘦小呈弯月形不能开裂授粉，成空秕穗，生长后期茎秆和叶片产生褐色霉斑（图4.95）。

图 4.94　玉米缺硼果穗和心叶　　　　　图 4.95　小麦缺硼麦穗和茎秆

油菜缺硼，花而不实，植株颜色淡绿，叶柄下垂不挺，下部叶叶缘首先出现紫红色斑块，叶面粗糙、皱缩、倒卷，枝条生长缓慢，节间缩短，甚至主茎萎缩，花发育受阻，全株蹲坐，茎部增厚木栓化（图 4.96）。

大豆缺硼，幼苗期症状表现为顶芽下卷，甚至枯萎死亡，腋芽抽发；成株矮缩，叶片脉间失绿，叶尖下弯，老叶粗糙增厚，主根尖端死亡，侧根多而短、僵直，根瘤发育不良，开花不正常，脱落多，荚少，多畸形。

棉花缺硼，叶柄呈浸润状暗绿色环状或带状条纹，顶芽生长缓慢或枯死，腋芽大量发生，在植株顶端形成莲座效应（大田少见），植株矮化，蕾而不花，蕾铃裂碎，花蕾易脱落，老叶叶片厚，叶脉突起，新叶叶片小，叶色淡绿，皱缩，向下卷曲，直至霜冻都呈绿色，难落叶。

花生缺硼，症状基本与大豆类似，花药和果针萎缩，少数入土的荚果多为秕果，称为"果而不仁"；严重缺硼时茎基部开裂，根尖出现黄白色不规则肿瘤，甚至坏死。

番茄缺硼，顶芽停止生长，花而不实，果实表面出现锈斑，果肉坏死木栓化，果实花萼周围结疤（图 4.97）。

图 4.96　油菜缺硼植株

图 4.97　番茄缺硼果实

　　花椰菜缺硼，花球褐色松散；严重缺硼时花球坏死，茎中空，根粗糙短小（图 4.98）。

　　黄瓜严重缺硼，新叶外翻，生长点坏死，果实开裂（图 4.99）。

　　三叶草缺硼，植株矮小，茎生长点受抑制，叶片簇状丛生，多数叶片小而厚、畸形、皱缩，表面有突起，叶色浓绿，叶尖下卷，叶柄短粗，有的叶片发黄，叶柄和叶脉变红，继而全叶呈紫色，叶缘为黄色，形成明显的"金边叶"；病株现蕾开花少，严重的种子无收。

图 4.98　花椰菜缺硼果实

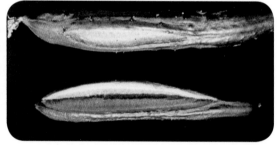
图 4.99　黄瓜缺硼果实

　　块根、块茎作物缺硼，甜菜缺硼，新叶叶柄短粗弯曲，内部暗黑色，中下部叶片出现白色网状褶皱，褶皱逐渐加深而破裂，老叶叶脉变黄、变脆，最后全叶黄化死亡，叶片出现黏状物，根颈部干燥萎蔫，继而变褐腐烂，向内扩展成中空，称为"腐心病"，叶柄出现横向裂纹，叶柄表皮组织损伤出现木栓化（图 4.100）。

　　薯类缺硼，藤蔓顶端生长受阻，节间短，常扭曲，新叶中脉两侧不对称，叶柄短粗、扭曲，老叶黄化，提早脱落，薯块畸形、不整齐、表面粗糙、质地坚硬；严重缺硼时表面出现瘤状物及黑色凝固的渗出液，薯块内部形成层坏死。

马铃薯缺硼，生长点及分枝变短死亡，节间短，侧芽丛生，老叶粗糙增厚，叶缘卷曲，叶片提早脱落，块茎小而畸形，有的表皮溃烂，内部出现褐色组织（图 4.101）。

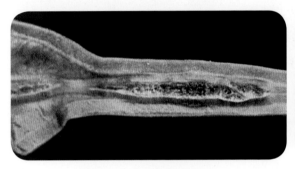

图 4.100　甜菜缺硼叶柄

图 4.101　马铃薯缺硼植株

大多数果树对缺硼敏感。

柑橘缺硼，叶片黄化，枯梢，称为"黄叶枯梢病"，开始时顶端叶片黄化，从叶尖向叶基延展，随后变褐枯萎，逐渐脱落，形成秃枝并枯梢，老叶变厚、变脆，叶脉变粗，木栓化，表皮爆裂，树势衰弱，坐果稀少，果实内汁囊萎缩发育不良，渣多汁少，果实中心常出现棕褐色胶斑；严重缺硼时果肉几乎消失，果皮增厚、显著皱缩，形小坚硬如石，称为"石果病"（图 4.102）。

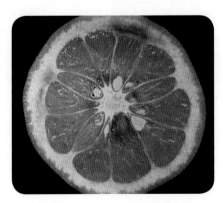

图 4.102　柑橘缺硼果实

资料来源：威廉 F. 贝涅特，1994. 作物营养缺乏与过量症状. 美国病理医学会。

苹果缺硼，新梢顶端受损，甚至枯死，导致细弱侧枝增多，叶片变厚，叶柄短粗变脆，叶脉扭曲，类似"小叶症"，落叶严重，并出现枯梢，果实受害尤为明显，幼果表面出现水渍状褐斑，随后木栓化，干缩硬化，表皮凹陷不平、皴裂,称为"缩果病",病果通常于成熟前脱落,或以干缩果挂于树上,症状较轻者外形与正常果差别不大,但果实内部出现褐色木栓化,或呈海绵状空洞化,病变部分果肉带苦味(图4.103)。

葡萄缺硼,初期表现为花序附近叶片出现不规则淡黄色斑点,逐渐扩展,直至脱落,新梢细弱,伸长不良,节间短,随后先端枯死,开花结果时症状最明显,特点是红褐色的花冠常不脱落,坐果少或不坐果,果串中有较多未受精的无核小粒果(图4.104)。

图4.103　苹果缺硼果实

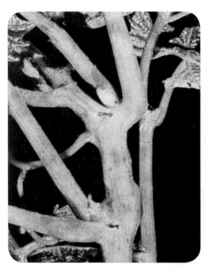

图4.104　葡萄缺硼植株和果串

西瓜缺硼,发育不良,叶片小并带有灰色斑点,开花坐果差,瓜表面凹凸不平,果实海绵状,节间缩短,生长点枯萎,茎现裂缝,土壤含水量高或pH值高的症状重(图4.105)。

硼过量会阻碍植物生长,大多数耕作土壤的含硼量一般达不到毒害程度,干旱地区可能会自然产生硼毒害。施用过量硼肥会造成毒害,因为溶液中硼浓度从短缺到致毒跨度很窄。高浓度硼积累的部位出现失绿、焦枯、坏死症状。叶缘最容易积累,所以硼中毒最常见的症状之一是叶缘出现规则黄边,硼过量的蔬菜俗称"金边菜",老叶硼积累比新叶多,症状更重。

图 4.105　西瓜缺硼叶片和茎秆

三、植物对硼的吸收和转运

植物被动吸收硼酸分子。硼的吸收与植物的蒸腾速率成正比，随质流进入根部，在根表自由空间与糖醇络合形成硼酯化合物，是一个扩散过程。因此，在异常天气下，比如低温连阴天，植物很难吸收硼，容易出现缺硼症状。硼的运输主要受蒸腾作用的控制，很容易在叶尖和叶缘积累，硼在植物体内相对不容易移动，再利用率很低。

四、怎样补充硼肥

绝大多数土壤中的主要含硼矿物是一种硼硅酸盐，难溶，抗风化。硼从这种矿物中释放的速率很慢。土壤溶液中的硼主要以非离子态的硼酸形式存在，容易淋失。在温度较高、降水量较大的地区容易缺硼。保存在土壤有机质中的硼被微生物分解释放，是供应植物生长需要的主要来源。

硼肥中应用最广泛的是硼砂（$Na_2B_4O_7 \cdot 10H_2O$）和硼酸。缺硼土壤一般采用基施，也有浸种或拌种作种肥使用的，必要时还可以喷施。这 2 种肥料水溶性都很好。活力素中也含有硼。

第十四节　钼元素（Mo）

一、钼的重要生理功能

钼在各种代谢中的作用　钼参与氮代谢、硫代谢，促进光合作用，植物内源激素脱落酸（ABA）生成的最后一步是由含钼的醛氧化酶催化而成，脱落酸能提高植物抵抗灾害性天气的能力。钼可以消除土壤中活性铝在植物体内的积累。钼促进磷的吸收，促进植物体内维生素C的合成。

钼是2种重要酶的组成 固氮酶的金属辅基含钼，参与豆科作物根瘤固氮菌的固氮作用，也参与藻类、放线菌、内生固氮菌的固氮作用。钼是硝酸还原酶的金属辅基，作物根系（除水稻外）主要吸收土壤中的硝态氮，在根系中硝酸还原酶会将硝态氮还原为铵态氮，进一步同化为氨基酸再向上运输。

二、植物钼营养失衡症状

植物缺钼，硝酸盐在体内积累，使果实变得对食用者有害。植物缺钼症状有2种，一种是叶片脉间失绿，甚至变黄，易出现斑点，新叶出现症状较迟；另一种是叶片瘦长畸形，叶片变厚，甚至焦枯。一般表现为叶片出现黄色或橙黄色大小不一的斑点，叶缘向上卷曲呈杯状，叶肉脱落残缺或发育不全。不同植物的症状有差别。缺钼与缺氮相似，但缺钼叶片易出现斑点，叶缘焦枯并向内卷曲，组织失水而萎蔫，症状先在老叶出现。禾本科作物仅在严重缺钼时叶片失绿，叶尖和叶缘呈灰色，开花成熟延迟，籽粒皱缩，颖壳生长不正常。叶菜类蔬菜叶片脉间出现黄色斑点，逐渐向全叶扩展，叶缘呈水渍状，老叶深绿色至蓝绿色；严重缺钼时也出现"鞭尾病"症状。

缺钼敏感植物有十字花科的花椰菜、萝卜等，其次是柑橘、叶菜类、黄瓜、番茄等。豆科作物和蔬菜类作物容易缺钼。需钼较多的植物有甜菜、棉花、胡萝卜、油菜、大豆、花椰菜、甘蓝、花生、紫云英、绿豆、菠菜、莴苣、番茄、马铃薯、甘薯、柠檬等。

小麦缺钼，多发生在酸性沙土，偏施氮肥和低温时尤甚。麦苗在4叶期开始发病，最初在叶片上部沿叶脉产生白色斑点，逐渐呈线状、片状，叶尖和叶缘呈灰色，开花成熟延迟，籽粒皱缩，颖壳生长不正常。

花椰菜缺钼，出现特异症状"鞭尾症"，先是叶脉间出现水渍状斑点，随后黄化坏死，破裂穿孔，孔洞继续扩大连片，叶片几乎丧失叶肉而仅在中肋两侧留有叶肉残片，使叶片呈鞭状或犬尾状（图4.106）。

萝卜缺钼，也出现叶肉退化，叶裂变小，叶缘上翘，呈鞭尾趋势。

图 4.106　花椰菜缺钼叶片

柑橘缺钼，呈典型的"黄斑症"，叶片脉间失绿变黄，或出现橘黄色斑点，背面有红色胶状斑（图 4.107）；严重缺钼时叶缘卷曲，萎蔫而枯死，首先从老叶或茎的中部叶片开始，逐渐波及新叶及生长点，最后导致整株死亡。

图 4.107　柑橘缺钼叶片

注：柑橘缺钼叶片出现边界不分明、大小不等的黄斑。

豆科作物缺钼，叶片褪绿，出现许多灰褐色小斑并散布全叶，叶片变厚、发皱，有的叶片边缘向上卷曲呈杯状，大豆常见缺钼症状。

番茄缺钼，在第 1 真叶、第 2 真叶时叶片发黄、卷曲，随后新叶出现花斑，缺绿部分向上拱起，小叶上卷，最后小叶叶尖和叶缘皱缩死亡（图 4.108）。

花生缺钼，多发生在酸性土壤，沙土尤甚，表现为叶片全失绿或叶脉间失绿（图 4.109）。

抱子甘蓝缺钼，pH 值为 6.7、钼含量为 0.05 毫克/千克的重壤土，大量施氮肥（280千克N/公顷）后长期干旱，因缺钼，引起抱子甘蓝硝酸盐积累，浅绿色新叶边缘呈烧焦状（图4.110）。

图 4.108　番茄缺钼叶片

图 4.109　花生缺钼叶片

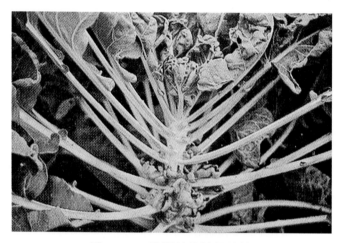

图 4.110　抱子甘蓝缺钼植株

根据植物症状判断是否缺钼，典型症状如花椰菜的"鞭尾症"和柑橘的"黄斑症"。

三、植物钼中毒症状

植物钼中毒症状不易显现。茄科植物较敏感，症状表现为叶片失绿。番茄和马铃薯小枝呈红黄色或金黄色。豆科作物对钼的吸收积累量比非豆科作物大得多。采用施硫和锰及改善排水状况也能减轻钼过量对植物的毒害。

四、植物对钼的吸收和转运

钼主要以钼酸根阴离子形态被植物吸收。钼酸为弱酸，例如磷钼酸盐。由于钼的螯合形态，植物相对过量吸收后无明显毒害。土壤溶液中钼浓度较高时，钼通过质流转运到植物根系，钼浓度低时则以扩散为主。在根系吸收过程中，硫酸根和钼酸根是竞争性阴离子，而磷酸根却能促进钼的吸收，这种促进作用可能产生于土壤中，因为土壤中水合氧化铁对阴离子有固定作用，磷和钼也处于竞争地位。根系对钼酸盐的吸收速率与代谢活动密切相关。

钼以无机阴离子和有机钼（硫氨基酸络合物）形态在植物体内移动。韧皮部中大部分钼存在于薄壁细胞中，因此钼在植物体内的移动性并不大，大量钼积累在根部和豆科作物根瘤中。

钼是化学元素周期表第五周期中唯一一个植物必需元素。钼在地壳和土壤中含量极少，钼在土壤中的主要形态包括：形态 1，处于原生矿物和次生矿物的非交换位置；形态 2，作为交换态阳离子处于铁铝氧化物包被中；形态 3，存在于土壤溶液中的水溶态钼和有机束缚态钼。

土壤 pH 值影响钼的有效性和移动性。与其他微量元素不同，钼对植物的有效性随土壤 pH 值升高而增加。土壤 pH 值每增加 1，MoO_4^{2-} 的活度相应增加 10 倍，甚至更多。当土壤中存在钼铅矿（$PbMoO_4$）时，土壤 pH 值升高，使有效性钼大大增多。由此不难理解，施用石灰纠正土壤酸度可改善植物的钼营养，这正是大多数情况下纠正和防止缺钼的措施。而施用含铵盐的生理酸性肥料，例如硫酸铵、硝酸铵等，则会降低植物对钼的吸收。土壤含水量低会削弱钼经质流和扩散由土壤向根系表面运移，增加缺钼的可能性。土壤温度升高有利于增大钼的可溶性。

钼可以被强烈地吸附在铁、铝氧化物上，其中一部分吸附态钼变得对植物无效，其余部分与土壤溶液中的钼保持平衡。当钼被根系吸收后，一些钼解吸进入土壤溶液。正因这种吸附反应，在含铁量高，尤其是黏粒表面上的非晶形铁含量高时，土壤有效钼往往很低。磷能促进植物吸收和转移钼。而硫酸盐（SO_4^{2-}）降低植物吸收钼。铜和锰都对钼的吸收有拮抗作用。而镁的作用相反，它能促进钼的吸收。硝态氮明显促进植物吸收钼，而铵态氮对钼的吸收起相反作用。

最常用的钼肥是钼酸铵 [（NH_4）$_6Mo_7O_{24}\cdot 4H_2O$]，易溶于水，可用作底肥、

种肥和追肥，喷施效果也很好。有时也使用钼酸钠，也是可溶性肥料。三氧化钼为难溶性肥料，一般不太使用。活力素中也含有活性钼。

第十五节　氯元素（Cl）

一、氯的重要生理功能

氯是植物光合作用中水光解反应的必需元素。

氯离子是植物体内可以移动的阴离子，与阳离子保持电荷平衡。

氯能促进细胞中液泡膜质子泵 ATP 酶的生成，使原生质与液泡之间保持 pH 值梯度，有利于液泡渗透压的维持。

氯伴随钾离子参与调节叶片气孔开合，协调光合作用与蒸腾作用的需求关系。

氯在叶绿体中优先积累，对叶绿素的稳定起保护作用。

适量的氯能促进氮代谢，有利于碳水化合物的合成与转化。

适量的氯能抑制土壤中 70%~90% 的真菌。

二、植物缺氯症状

植物缺氯时根细短，侧根少，尖端凋萎，叶片失绿，叶面积减少；严重缺氯时组织坏死，坏死组织由局部遍及全叶，植株不能正常结实。幼叶失绿和全株萎蔫是植物缺氯的常见症状。椰子、油棕、洋葱、甜菜、菠菜、甘蓝、芹菜等是喜氯作物。

小麦缺氯，出现生理性叶斑病；缺氯严重时导致根和茎部病害，全株萎蔫。

玉米缺氯，易感染茎腐病，患病植株易倒伏，影响产量和品质，给收获带来困难。

番茄缺氯，表现为下部叶的小叶尖端首先萎蔫，明显变窄，生长受阻；继续缺氯，萎蔫部分坏死，小叶不能恢复正常，有时叶片出现青铜色，细胞质凝结，并充满细胞间隙，根短缩变粗，侧根生长受抑。如及时补充氯可使受损的基部叶片逐渐恢复正常。

莴苣、甘蓝和苜蓿缺氯，叶片萎蔫，侧根粗短呈棒状，新叶叶缘上卷呈杯状，失绿，叶尖进一步坏死。

棉花缺氯，叶片凋萎，叶色暗绿；严重缺氯时叶缘干枯，卷曲，新叶发病比老叶重。

三叶草缺氯，首先最幼龄小叶卷曲，随后刚展开的小叶皱缩，老龄小叶出现局部棕色坏死，叶柄脱落，生长停止。

由于氯的来源广，大气、降水中的氯远远超过植物每年的需要量，即使在实验室的水培条件下，因空气污染也很难诱发缺氯症状。因此，大田生产条件下基本不发生缺氯症。

三、植物氯中毒症状

农业生产实践中，氯过量比缺氯更让人担心。植物氯过量时生长缓慢，植株矮小，叶片少，叶面积小，叶色发黄；严重时叶尖呈烧灼状，叶缘焦枯并向上卷曲，老叶死亡，根尖死亡。另外，氯过量时种子吸水困难，发芽率降低。

氯过量主要增加土壤水的渗透压，从而降低水对植物的有效性。大多数果树、浆果类植物、蔓生植物和观赏植物对氯特别敏感，当氯离子含量达到干重的 0.5% 时，植物会出现"叶烧病"的症状，烟草、马铃薯和番茄叶片变厚且开始卷曲，对马铃薯块茎的储藏品质和烟草熏制品质都有不良影响。氯过量对桃、鳄梨和一些豆科植物也有毒害。

作物的氯害一般表现为生长停滞，叶片黄化，叶缘似烧伤，早熟性发黄及叶片脱落。不同作物种类氯中毒的症状有差异。

马铃薯氯中毒，主茎萎缩、变粗，叶片褪淡黄化，叶缘卷曲有焦枯。氯过量既影响马铃薯产量又影响马铃薯淀粉含量。

小麦、大麦、玉米等作物氯过量叶片无异常特征，但分蘖受抑制。

水稻氯中毒，叶片黄化并枯萎，但与缺氮叶片均匀发黄不同，开始时叶尖黄化而叶片其余部分仍保持深绿。

烟草氯中毒，主要不在产量而在品质方面，氯过量使烟叶碳氮比升高，影响烟丝的吸味和燃烧性。

油菜、小白菜氯中毒，于 3 叶期后出现症状，叶片变小、变形，脉间失绿，叶尖、叶缘先后枯焦并向内弯曲，生长至 6~7 叶新叶不再出现症状，轻度受害叶片仍可恢复正常。

葡萄氯中毒，叶片严重烧边。

甘蔗氯中毒，根长较短，无侧根。

甘薯氯中毒，叶片黄化，叶面有褐斑。

柑橘氯中毒，叶片青铜色，易发生异常落叶，叶片无症状，叶柄不脱落，若受害较轻，仅叶片缓慢黄化，并有恢复可能。

茶树氯中毒，叶片黄化、脱落。

虽然氯对所有作物都是必需的，但不同作物耐受氯的能力差别很大。耐氯强：甜菜、水稻、谷子、高粱、小麦、大麦、玉米、黑麦草、茄子、豌豆、菊花等。耐氯中等：棉花、大豆、蚕豆、油菜、番茄、柑橘、葡萄、茶、苎麻、葱、萝卜等。不耐氯：莴苣、紫云英、四季豆、马铃薯、甘薯、烟草等。

四、植物对氯的吸收和转运

氯的元素符号是 Cl。1954 年有学者发现氯是必需元素。目前，人类对氯营养的研究还很不够，因为氯在自然界中广泛存在并且容易被植物吸收，所以大田中很少出现缺氯现象。有人认为，植物需氯几乎与需硫一样多，其实植物含氯 100~1 000 毫克/千克即可满足其正常生长，属于微量元素范围，但大多数植物中含氯高达 2 000~20 000 毫克/千克，已达到中量至大量元素水平，可能是因为氯的奢侈吸收跨度较宽。人们普遍担心的是氯过量影响农产品的产量和品质。

土壤中的氯主要以质流形式向根系供应。氯以氯离子（Cl⁻）形态通过根系被植物吸收，地上部叶片也可以从空气中吸收氯。植物中积累的正常氯浓度为 0.2%~2.0%。一般认为，植物吸收氯受代谢控制，属于主动吸收，光合磷酸化作用所形成的 ATP 提供主动吸收所需的能量，细胞膜上的 ATP 酶促使 ATP 分解释放能量，将氢离子泵出膜外产生跨膜梯度，氯的吸收就是靠这一电化学质子梯度作为驱动力，沿着梯度方向吸收。但植物吸氯量随环境中含氯量增加而提高，植物是否还有被动吸收方式有待进一步研究。光照有利于植物对氯的吸收。NO_3^-、SO_4^{2-}、$H_2PO_4^-$ 等对氯离子吸收有竞争抑制作用，因此超过 800 毫克/千克的高浓度氯离子对氮、磷等元素吸收不利。

吸收到植物中的氯以氯离子形态存在，流动性很强，可向其他部位转运。氯容易通过质膜进入植物组织，但当介质中氯离子浓度很高时，液泡膜将变成渗透的屏障，阻止氯离子进入液泡，保护植株免受伤害，因此，氯离子在细胞质中积累较多，胞间连丝上也发现较多氯。植物体内的氯移动与蒸腾作用有关，蒸腾量大的器官含氯量高，因此，叶片含氯量大于籽粒。

五、土壤中的氯和含氯肥

氯是植物必需养分中唯一的第七主族元素又叫卤族元素，并且是唯一的气态非金属微量元素。氯的亲和力极强，岩石圈中找不到单质氯。地壳中的氯含量平均仅为 0.05%，被认为是岩石圈的次要组成成分。一般认为，土壤中大部分氯来自包裹在土壤母质中的盐类、海洋气溶胶或火山喷发物。几乎土壤中所有的氯都曾一度存在于海洋中，通过地面隆起升为陆地，后来这些海相沉积物又被淋洗或夹带在雨、雪中的海水喷溅雾滴落在陆地表面。越靠近海洋，这种来源的氯越多。温度、浪尖形成的泡沫、从海洋刮向内陆风的强度和频度、滨海地区地形、降水量、降水强度和频度等因素都与海洋飘向内陆的氯的数量、行程、距离和分布有关。土壤中大多数氯通常以氯化钠（NaCl）、氯化钙（$CaCl_2$）、氯化镁（$MgCl_2$）等可溶性盐类形式存在。人为活动带入土壤的氯也是一个不小的来源。氯经施肥、植物保护药剂和灌溉水进入土壤。大多数情况下，氯伴随其他营养元素进入土壤，包括氯化铵、氯化钾、氯化镁、氯化钙等。此外，人类活动使局部地区环境恶化，氯离子含量过高，例如，用食盐水去除路面结冰、用氯化物软化用水、提取石油和天然气时盐水的外溢、处理牧场废物和工业盐水等各种污染。除极酸性土壤外，氯离子在大多数土壤中移动性很大，所以能在土壤系统中迅速循环。氯离子在土壤中迁移和积累的数量和规模极易受水循环的影响。在土壤内排水受限制的地方将积累氯。氯化物又能从土壤表面以下几米深处的地下水中通过毛细管作用运移到根区，在地表或近地表处积累。如果灌溉水中含大量氯离子；或没有足够的水充分淋洗积累在根区的氯离子；或地下水位高，并且土壤物理性质和排水条件不理想，致使氯离子通过毛细管移入根区时，土壤中可能出现过量的氯。

海潮、海风、降水可以带来足够的氯，只有远离海边和淋溶严重的地区才可能缺氯。人类活动产生的含氯"三废"（废气、废水、废渣）可能给局部地区带来过量的氯，造成污染。专门施用氯肥的情况很少见。中国广东、广西、福建、浙江、湖南等地曾有施用农盐的习惯，主要用于水稻，有时也用于小麦、大豆和蔬菜。农盐中除含大量氯化钠外，还有相当数量的镁、钾、硫和少量硼。氯化钠可使水稻、甜菜增产、亚麻品质改善，这除了氯的作用外，还有钠的营养作用。

第十六节 镍元素（Ni）

一、镍的生理功能

镍的元素符号是 Ni，1987 年学者确认镍为植物必需元素，镍是第八族元素，与钴在化学性质和生理功能上紧密相关。植物干物质正常含镍 0.1~5 毫克 / 千克，而蛇纹岩土壤中生长的某些植物镍含量超过 200 毫克 / 千克，这么高水平的镍对一般植物是有毒的。镍是植物脲酶成分和固氮菌脱氢酶的金属辅基。镍参与种子萌发、氮代谢，帮助植物完成铁的吸收。镍可以维持脲酶的结构和功能。镍可以提高过氧化物酶、多酚氧化酶和抗坏血酸氧化酶的活性。

二、植物镍缺乏和过量症状

植物缺镍不能完成生命周期，大麦种子在缺乏镍时不会发芽。植物叶片干物质镍含量为 0.084~0.22 毫克 / 千克，谷类作物为 0.1 毫克 / 千克，豆类作物为 0.2 毫克 / 千克。当植物叶片干物质中镍含量超过一定值，就会产生毒性，对镍敏感植物不能超过 10 毫克 / 千克，耐镍植物可以高达 50 毫克 / 千克。镍以 Ni^- 阴离子的形式被植物吸收，也以 Ni^{2+} 阳离子的形式被吸收。

大麦、燕麦和小麦缺镍，茎部生长会显著下降，大麦的籽粒萌发受到抑制，叶尖烧伤，叶片生长延迟。

土壤中镍过多（毒性），植物叶片症状可能与缺铁类似。污水、污泥施用于农田土壤可能导致作物镍中毒。

三、土壤中的镍和根系对镍的吸收

土壤中的镍通过质流和扩散与植物根系接触，扩散是主要输送机制。当土壤溶液中 Cu^{2+} 和 Zn^{2+} 阳离子浓度高时，会抑制植物对镍的吸收。镍一旦被吸收，就很容易在植物中重新分布。

镍存在于大多数土壤中，足以满足大多数植物的需求，因此，镍一般不作为肥料或与肥料一起施用。在 pH 值和石灰含量高的土壤中，镍的有效性显著降低。镍的主要来源是污水、污泥。

镍在植物体内可移动，因此，大量的镍在被吸收后转移到种子和果实中。

镍易形成螯合物，从重要生理中心取代其他金属原子。高浓度镍对植物有毒害作用。土壤中高浓度的镍抑制其他营养元素的吸收，可能与镍对植物根系的破坏有关。

大多数土壤含镍极少，不出现镍毒害。但是发育于火成岩，特别是蛇纹岩的土壤含镍为一般土壤的 20~40 倍，对大多数植物有害。

用石灰物质能减轻镍毒害，是因为石灰物质可以中和土壤酸度、降低镍的有效性。施用钾肥也可以减轻镍毒害。而磷酸盐肥料却会增加镍毒害。

第十七节　有益元素

有益元素又被称为农用必需元素，对农业有很多重要的作用。硅可以增加植物硬度；钛能提高植物对钙的吸收率；钴参与维生素 B_{12} 的合成，调节酶和激素活性，豆科作物固氮离不开钴；钒能促进氮代谢，促进铁的吸收；钠参与 C_4 植物的光合作用；含硒的农产品对人类健康有益。必需元素、有益元素和有害元素之间没有明显的界线，任何一种元素对植物的作用不仅取决于其化学性质，还取决于其浓度以及它和其他元素的比例关系是否适合某种植物在一定株龄时的平衡需求或耐受能力。一般认为，必需元素是所有高等植物都不能缺少的养分元素，有益元素是仅有某些植物需要而且需要量非常微小的一类元素。

一、硅元素（Si）

硅的元素符号是 Si，是第四主族元素。许多植物中硅富集于根系。人们一直将硅与抗旱性和机械支撑相联系。植物主要以单硅酸（H_4SiO_4，可溶性二氧化硅）形态从土壤中吸收硅。二氧化硅（SiO_2）进入植物似乎需要消耗代谢能，该过程对温度敏感。硅在非生物胁迫条件下可以发挥其保护细胞壁的作用。

（一）关于纳米硅

硅在自然界分布广泛，可溶性硅平均含量在 10 毫克 / 千克以下。植物根系能够吸收的硅为：枸溶态、离子态和纳米态。同时硅容易与多价态阳离子形成拮抗。各种离子态硅肥产品的 pH 值等技术指标不同，直接影响吸收效果及对作物的安全性。

纳米硅是1项新的研究成果。10纳米硅颗粒具备3个特性：其一，强大的比表面积，即1克纳米硅的比表面积是300～500平方米；其二，电势能高；其三，量子化，量子化是微观体系基本的运动规律之一，它与经典力学是不相容的。这些特性使其在生态农业上的应用，有着很出色的效果。

纳米硅可以钝化重金属。液体纳米硅作为水稻叶面阻控剂，在孕穗期使用1次，能降低米粒15%以上的镉。纳米硅可以激活土壤酶。纳米硅颗粒在水稻苗床使用，能快速激活土壤中过氧化氢酶及蔗糖酶，产生30%～50%增量。使用纳米硅能提高作物的抗逆性，对玉米和果树等进行叶面喷施，抗高温、抗蒸腾效果好。在内蒙古乌兰布和沙漠的马铃薯上应用，中午高温50℃以上，使用纳米硅的马铃薯依然表现特别好，叶片生机勃勃，对照组叶片缺水萎蔫，这是因为纳米硅颗粒带有很强的电势能，可以增加硅化细胞，保护细胞壁，同时减少植物体内能量的消耗。纳米硅还能降低土壤盐度。因为纳米硅包裹钠离子能力大，举个例子，在内蒙古巴彦淖尔和新疆等地，每亩土地上用几千克纳米硅滴灌，降低50%的土壤盐度。纳米硅的强大吸附能力提高了作物对氮、磷、钾的吸收。植物叶面喷施及根部施用纳米硅，减少氮吸收，增加钾吸收，延缓衰老，同时缓解土壤对磷的固化。

（二）硅的生理作用

有人认为，硅在甘蔗中形成酶硅复合体，在光合作用和酶活动中作为保护剂和调节剂。硅能抑制蔗糖酶、过氧化物酶、多羟氧化酶、磷酸酶和三磷酸腺苷酶的活性。抑制蔗糖酶可产生更多蔗糖，降低磷酸酶活性会提供更多适于甘蔗生长和产糖的高能前体。硅的作用还有纠正高含量有效锰、亚铁离子和活性铝的土壤毒害，防止甘蔗叶片局部积累锰，增强植株抗病性，增强茎秆强度、抗倒伏，提高磷的有效性，降低蒸腾等。有人提出，二氧化硅滤掉有害的紫外线辐射。

硅与细胞壁结构有关。禾本科、莎草科、荨麻属和木贼属中积累干物质的2%～20%是二氧化硅凝胶或水化多聚物，充满表皮和维管壁组织，使表皮细胞硅质化，减少失水和防止真菌侵染。

二氧化硅与根系功能有关，对高粱等作物的抗旱性颇有贡献。

硅是水稻、牧草、甘蔗和木贼属植物的必需元素。硅可以使水稻保持叶片直立，截光更多而增强光合作用，提高对病虫的抗性。

　　硅对很多植物是有益元素。禾本科植物含硅量是豆科及其他双子叶植物的10~20倍。一般认为，水稻、甘蔗、大麦、小麦、燕麦、玉米、花生、大豆、西瓜、果树、毛竹、黄瓜、番茄等植物使用硅肥效果好。

　　施石灰通常降低植物对硅的吸收，而酸化却增加植物对硅的吸收。大量施用氮肥使稻秸中硅含量下降，导致水稻植株更易受真菌侵害，建议施用含硅物质纠正。

　　硅是地壳中第二大含量丰富的元素，在岩石圈中平均质量含量为27.6%。在土壤中通常为23%~35%。岩石风化和土壤发育过程以硅为中心。硅是土壤风化损失的主要成分。硅向次生矿物的转化是土壤发育的一个重要方面。砂质土壤含硅多达40%，而高度风化的热带土壤只含9%。热带地区砖红壤沉积物在土壤强烈风化期间硅被移走后只剩下大量水合氧化铝、水合氧化铁。硅的主要来源包括原生硅酸盐矿物、次生铝硅酸盐和几种形态的硅石。硅石以6种不同矿物存在：石英、磷石英、方石英、柯石英、超石英、蛋白石。石英在多数土壤中含量最多。在通常的土壤pH值范围内，单硅酸是土壤溶液中的主要形式，pH值大于8.5时，溶液中硅主要为离子形式，如 $H_3SiO_4^-$。土壤溶液中的单硅酸浓度主要受pH值控制。虽然硅被吸附在土壤中多种无机物表面上，但铁铝氧化物才对这种吸附反应起主要作用。

（三）关于硅肥

　　有人认为，硅肥是继氮肥、磷肥、钾肥之后的第四大元素肥料，不管是否如此，这说明了硅肥具有一定的重要性。目前，最常用的硅肥是硅酸钙，溶解性较差，应施匀、早施、深施。硅酸钾、硅酸钠等高效硅肥水溶性较好。溶渣硅肥除含硅外，还含铁、锰、铜、锌、硼等多种微量元素，碱性强，施用多会加速土壤氮矿化损失；长期使用时其所含重金属积累，会影响作物正常生长。纳米硅在当前硅肥市场中有着广泛的应用前景。

二、钛元素（Ti）

　　钛的元素符号是Ti，是第四副族元素。钛是动物和人体中不可缺少的有益元素，可以制成饲料添加剂用于畜牧养殖业，可使饲料的转化率提高10%以上，并使禽畜的抗病能力增强、成活率提高。虽然学者们对钛进行的研究可以追溯到一百多年前，但直至20世纪80年代中期，世界上才有少数国家将钛作为植物生长调节剂列入农用产品，此后中国也参与相关产品开发研制工作。

土壤的全钛含量普遍较高，但它们绝大部分是以不溶于水的氧化物或硅酸盐的形态存在于土壤中，可溶性钛的浓度平均在 1 毫克 / 千克以下。研究发现，植物中普遍含有钛元素，不同植物的钛含量也各不相同，例如，玉米的钛含量在 20 毫克 / 千克左右，豆科作物的钛含量在 25 毫克 / 千克以上。

目前，对钛的植物生理功能仍然了解不多，也不能肯定它是植物必需元素。尽管如此，研究结果仍然表明，钛的作用主要与光合作用和豆科植物固氮有关。研究发现，在豆科植物根瘤中有钼存在的情况下钛离子（Ti^{+3}）使氮还原为氨和肼。钛使一些酶的活性增强。钛至少在 3 个方面促进植物的生长发育：其一，提高植物鲜重中叶绿素、类胡萝卜素的含量 20％ 左右，使叶绿素光合作用的速率和效果提高 10％～20％，使植物通过光合作用制造养分的能力得到提高；其二，提高植物中固氮酶、过氧化物酶、硝酸还原酶、磷酸酶的活性；其三，具有类激素效应，有利于细胞核内 DNA 的活化，能调动内源激素向生长中心输送，促进分化和诱导愈伤组织。

因此，将钛视为有益元素还是合适的。试验结果表明，硫酸钛、二氧化钛和螯合钛对植物的生长有许多良好的作用：其一，提高果实的内在品质。据测定，施用钛肥的粮食作物，蛋白质含量提高 3％～5％，赖氨酸含量提高 3％～10％；水果中维生素 C 的含量提高 3％～17％，水溶性糖的含量提高 4％～15％，有机矿物质得到大幅度提高；番茄的钙含量提高 50％ 以上；辣椒的维生素 C 含量提高 30％ 以上，铁含量提高 50％ 以上。这与钛能提高作物对其他养分的吸收利用率有关。其二，加强作物的抗逆性。施用钛肥能够提高作物的抗旱、抗涝、抗寒、抗高温、抗病的能力，并且发现作物由于使用农药过量或不当受到药害后，通过施用钛肥，症状可以适当得到缓解，使之较快地恢复长势。施磷肥时常带入较多的钛。专门施用螯合钛的钛肥常采用喷施的方法。

三、钒元素（V）

钒的元素符号是 V，是第五副族元素。钒是栅藻的必需元素，但尚未肯定是否为高等植物必需元素。低浓度钒对微生物、动物和高等植物的生长有利。有研究提出，钒可以在固氮菌等微生物固定大气氮中部分代替钼。钒可能在生物氧化还原中起作用。在种植芦笋、水稻、莴苣、大麦、玉米时施用钒能增产。

植物中钒的正常含量是 1×10^{-6}。曾在水培试验中观察到过量的钒造成毒害，但田间没有出现过钒缺乏或毒害症状。

四、硒元素（Se）

硒的元素符号是 Se，是第六主族元素。植物并不需要硒，但硒是动物的必需元素，也是人类抗衰老元素，有抑制癌细胞的作用。牲畜饲料中需要硒，因此，饲料植株中必须含硒。缺硒造成牛、羊生长失常、肌肉营养障碍即"白肌病"。可以用作用比较缓慢的亚硒酸盐为饲草进行土壤追肥，防止植物产生过量的硒，要避免叶面追肥，防止放牧动物摄入过量的硒。过量的硒可能对植物造成毒害，使植物生长矮小，叶片失绿。

五、钠元素（Na）

钠的元素符号是 Na，是第一主族元素，又叫碱金属元素。钠对液泡中积累充足盐分、维持盐生植物膨压和生长是必需的。有时盐生植物靠钠实现其肉质组织多汁。植物以钠离子（Na^+）形态吸收钠，其浓度在叶组织中变化很大，为干物质量的 $0.01\% \sim 10\%$。许多具有 C_4 二羧酸光合途径的植物以钠为必需养分，能部分应付缺水的景天酸代谢中钠也起作用，但尚未肯定钠是如何影响 C_4 二羧酸代谢和景天酸代谢的。

研究表明，钠增强了磷酸烯醇丙酮酸羧化酶的活性，即 C_4 光合作用的主要羧化酶。缺钠会使某些植物将固定二氧化碳的 C_4 途径变为 C_3 途径，充足供钠又恢复正常的 C_4 途径。

植物节水似乎与 C_4 二羧酸光合途径有关。许多极为有效的 C_4 植物都出现在干旱、半干旱和热带环境中。这种条件下，植物关闭气孔防止消耗性失水对其存活至关重要。气孔关闭必然限制二氧化碳进入，因此，C_4 植物的水分利用效率是 C_3 植物的 2 倍。在盐渍环境中也常发现 C_4 植物。

钠的其他功能还涉及草酸积累、气孔开合、调节硝酸还原酶等。

糖用甜菜似乎对钠反应特别强烈，钠提高其抗旱性。甜菜缺钠，叶片暗绿、变薄、色泽暗淡、更易萎蔫。

喜钠作物包括饲用甜菜、糖用甜菜、瑞士甜菜、荞麦、菠菜等。甘蓝、椰子、棉花、羽扇豆、燕麦、马铃薯、橡胶、芜菁等对钠也有良好反应。大麦、亚麻、黍子、油菜、小麦、玉米、黑麦、大豆、瑞典芜菁等对钠不耐受。

虽然钠在地壳中数量可观，约占2.8％，但土壤中钠含量较低，为0.1％～1％，这表明土壤含钠物质被风化流失。潮湿地区的土壤中钠含量极少，而干旱、半干旱地区，钠可能是土壤的重要组成成分。土壤中交换性钠以2种形态存在：一种是疏松地吸持在黏粒片层上；另一种是紧固在专性位点，可能是黏粒片层边缘上。这种被强烈束缚的钠可能是湿润土壤中可交换性钠的主要形式。

在排水不良的干旱、半干旱地区土壤中，积累钠盐将成为土壤盐渍化的原因。钠离子对黏粒和有机质的分散作用会破坏土壤团粒结构，并使土壤通气性和透水性减弱，植物根系穿透受阻。改良钠质土可用钙离子交换多余的交换性钠离子，再将交换出的钠离子以硫酸钠形式用水淋洗出去。

似乎没有专门的钠肥，但农盐中主要含氯化钠。智利硝石硝酸钠，有时可直接用作肥料，其加工制成的肥料产品中也含一定量的钠。

六、钴元素（Co）

钴的元素符号是Co，是第八族元素。钴还未被证实是高等植物的必需元素，但它是微生物固定大气氮的必需元素。因此，在豆科、桤木以及固氮藻类中均需要钴。在不加钴的培养液中，豆科植物的生长受到严重阻碍，出现与缺氮一样的失绿症状，甚至死亡。接种根瘤菌和加钴显著增加紫花苜蓿的产量，只加钴而不接种根瘤菌则没有效果。俄罗斯农业化学家施钴已在多种作物上获得增产，反刍动物瘤胃中微生物合成维生素B_{12}需要钴，反刍动物饮食中缺钴会导致贫血。动物所需的钴来源于植物吸收土壤中的钴，因此土壤钴含量十分重要。

根瘤菌等共生微生物、自生固氮菌和蓝绿藻的生长中必须有钴在维生素B_{12}形成中起作用。钴与卟啉环结构中的氧原子生成复合体，为与B_{12}辅酶中核苷酸相连接提供辅基，称为钴胺辅酶。

钴还与豆血红蛋白代谢和根瘤菌中核糖核苷酸还原酶有关。钴是激活烯醇酶和琥珀酸激酶的几种金属元素之一。

施钴能改善棉花、菜豆和芥菜的生长、蒸腾作用和光合作用，使菜豆和芥菜的还原活性和叶绿素含量提高，增加棉铃、减少落铃。施钴能提高叶片含水量和过氧化氢酶活性。少量含钴矿物常与含镍矿物相伴出现，也与含锰矿物钠水锰矿和磷锂锰矿有关。土壤中的钴与母岩中的含镁矿物也有关系。钴主要以专性吸附交换态或黏粒—有机质复合体的形式保存于土壤中。钴以这些形式被保持得很牢固。钴在土壤溶液中含量很低。土壤中的钴和铁、锰、锌等重金属元素一样，极易形成螯合物，钴能干扰其他重金属元素的吸收和作用方式。过量钴会造成类似缺铁、缺锰的症状。结晶氧化锰矿物的存在是影响钴有效性的几个因素之一。这些矿物对重金属元素，特别是对钴的吸附力极强，它们能把施入土壤中的钴全部吸附并固定，造成植物缺钴。

饲草作物缺钴会导致反刍动物缺钴，为纠正反刍动物缺钴，可把钴加进饲料、饮水中，或牲畜常去舔盐的地面，或灌药，也可给饲草施钴肥提高其含钴水平。最常用的钴肥是硫酸钴和硝酸钴。钴肥可以基施、喷施或浸种。

第十八节　稀土元素

稀土元素是钪（Sc）、钇（Y）和镧系的 15 个元素的总称，都是第三副族元素。它们的最外层和次外层电子结构相同，差别仅在于外数第 3 层电子数目不同，化学性质非常接近。植物中的稀土元素含量为 20～570 毫克 / 千克。山核桃有富集稀土元素的能力，叶片中稀土元素含量可高达 1 600 毫克 / 千克以上，能够作为稀土元素指示植物，其叶片中稀土元素含量可作为判断土壤中可溶性稀土元素多寡的指标。稀土肥中大多含 1 种以上稀土元素，有时也有单一元素稀土肥，主要有镧（La）、铈（Ce）、钐（Sm）、钇（Y）、钪（Sc）等。早在 20 世纪 30 年代末就有试验结果证实稀土元素对小麦生长有促进作用，20 世纪 40 年代初又证实稀土元素对豌豆的生长和产量有一定作用。

目前稀土元素的植物生理机理还不很清楚，但已有的研究工作说明稀土元素与植物的光合作用和共生固氮有一定关系，并且对抗坏血酸氧化酶、多酚氧化酶、过氧化物酶等的活性也有一定影响。适量的稀土肥能够使小麦、苹果、西瓜、辣椒、黄姜、扁豆、绿豆、大葱、辣椒、葡萄等增产和改善品质，并且明显减少苹果小黑点症的发生。但过量施用可能会使作物减产，如用混合稀土肥和硫酸钾处理芜菁，1～10 毫克 / 千克对生长有促进作用，当超过 10 毫克 / 千克时芜菁的肉质根畸形，直至变为线状。菲律宾的可可树也有因土壤稀土元素含量过高而发生生理性病害。现在一般使用螯合稀土肥。磷矿中含有较多稀土元素，也可以通过磷肥将稀土元素带入农田。

小结

　　总而言之，植物必需元素在代谢中扮演着不同的角色，协同完成生命过程。植物所需的各种元素在适宜需要量的前提下，一个都不能少。植物所需的各种营养元素，尽管在吸收数量和吸收方式上各有差异，并遵循"少量有效、适量最佳、过量有害"的原则。有益元素也是土壤的必需元素，缺少也会影响土壤的理化性状。所有营养元素在有机质充足的土壤条件下最容易被利用，因此，提高土壤有机质含量是提高各种营养元素有效性的重要一环。

第五章

植物次生代谢的研究与应用

在生态农业中充分利用植物的次生代谢，即对植物不断地胁迫并追加营养，目的是不断地开启植物的次生代谢并使其不空转，次生代谢产物不断地累积，形成植物的抗逆防御系统，同时次生代谢过程中形成农产品品质和风味物质。此技术让人类少走弯路，因为全程不使用化学农药、高浓度等比例化学肥料、除草剂、激素和化学地膜等有害物质，生产出的农产品营养丰富、好吃不贵，可以让优质农产品走进千家万户。

第一节　生态农业理论的探索

20 世纪 70 — 90 年代中国农业科学院的科技工作者们历时 20 年，对中国名特优农产品的"土宜"问题进行跟踪研究，发现"凡是出了名的农产品（含历史上曾被命名为贡品的产品），其品质优良者均生长在土壤、气候特殊的环境中"。观察它们的生长环境，要么在多石砾的恶劣土壤环境、要么水分供应困难、要么养分难以获得，例如，生长在岩石缝隙中的名贵茶树大红袍和岩茶富含茶多酚；生长在盐碱土壤上的乐陵金丝小枣，管理方式很特别，需要对枣树进行刀砍、斧劈、环割，采用略带伤害性的胁迫，可以收获极品的乐陵金丝小枣，富含维生素 C 和类黄酮类化合物；生长在海拔 3 000 米以上的高寒缺氧地带的红景天和冬虫夏草，富含维生素 A、维生素 D、维生素 E 和超氧化物歧化酶（SOD）。回顾中国传统农耕，其中有很多宝贵的经验，即对作物施有机肥，进行松土、耕锄、除草、移栽、插秧，对果树的剪枝、断根、拉扭、环割，对蔬菜的蹲苗、打杈、采摘等，这些措施在今天看来，就是让作物在栽培环境中多次受到适度胁迫，胁迫使作物产生伤害乙烯，乙烯是开启作物次生代谢的信号物质，经过各级应激反应，在营养和水分充足的条件下，作物的次生代谢正常开启并运转，就能生产出具有抗性、品质和风味俱佳的农产品。

怎样在栽培环境下生产出营养丰富的农产品（包括中药材）呢？怎样让作物增强抗病虫草害的能力呢？学者经过思考，提出生产的 3 个要素。

要素 1，环境胁迫或人造胁迫。环境胁迫是对作物生长所需的温度、光照、水分、土壤 pH 值和养分等因素产生制约的环境。人造胁迫是对作物进行略带伤害性的田间管理。

要素 2，基因控制。使用具有优良遗传性状且可留种的非转基因种子（转基因检测项包括外源调控元件 *CaMV35S* 启动子、*NOS* 终止子、*bar/pat* 基因成分、*Bt* 基因成分）。

要素 3，营养的均衡供应。根据作物对各种营养元素的需要量来供应，在底肥和追肥中要充分考虑全面均衡的营养，营养物质涉及有机物料、水、矿物质、含固氮菌的有益微生物肥料等。

若在生产中将 3 个要素贯彻始终，就可以使作物的初生代谢和次生代谢充分运转，最终生产出高产、优质和风味足的农产品。这一结论，对于生态农业优质高产种植技术具有指导性意义。

第二节　优质高产栽培的山西新绛种植模式

山西新绛种植模式的发现人刘立新，为中国农业科学院农业资源与农业区划研究所研究员，1965 年毕业于北京大学植物生理系，几十年一直工作在农业一线，他时刻不忘把植物生理学知识融合到农业中。2000 年当他回母校，谈到他用栽培方法使大豆产生类黄酮类化合物和萜烯类化合物时，他的导师吴相钰，这位 90 多岁的老人激动地站起来说："刘立新，你种的大豆肯定不招虫、不生病。"提起新绛模式，必须提到刘立新老师，他习惯从植物生理学角度思考，2008 年他应邀到陕西讲学时结识了山西新绛的马新立和光立虎，于是就跟着他们一起去了趟新绛；回北京后，刘老师兴奋地告诉他的研究伙伴和学生，他看到了他这辈子梦寐以求的农业——传统农业加上现代元素，生产出的蔬菜和小麦产量高、耐储存、好吃，还卖到了中国香港。刘立新老师在新绛也找到了传播次生代谢理论的土壤。从此，相关研究人员数趟往返新绛，通过实践总结出生态农业优质高产种植技术，并取名为山西新绛种植模式。

新绛模式是在生产中不使用转基因材料，巧妙地利用自然资源和源于自然的土壤有益微生物，大量使用有机物料让碳源充足。具体的方法是用秸秆、牛粪等有机物均衡提供作物需要的矿物质元素，与富含固氮菌的有益微生物组合，进行有机物的土壤耕层发酵，解决土壤碳饥饿等问题，为作物高产打下物质基础。植物氮源主要来自微生物固氮和微生物降解有机物为小分子的有机氮，实现让有益微生物推动土壤的物质循环，为作物营造良好的土壤环境。山西新绛种植模式重视传统农业传承，用胁迫＋营养的方法，在作物生长全程不断地开启次生代谢途径，使作物生长早期就有免疫力，进而使作物各个器官都产生抵抗病虫草害和灾害性天气的化感物质，最终生产出产量高、有营养、耐储存、好吃不贵的优质农产品。

使用有机物料（碳）与水、有益微生物、矿物质、胁迫＋营养的山西新绛种植模式，很好地诠释了生态农业充分利用植物次生代谢的意义。

2012 年，山西新绛在早春果树开花期遭遇下雪，当地的多数果园出现冻害，伤叶落花，而新绛蔡栋梁家的苹果园使用了山西新绛种植模式，果园抵抗了倒春寒，亩产达 5 600 千克（图 5.1）。新绛模式的优质高产种植经验值得推广。

图 5.1　2012 年采用山西新绛种植模式的果园未受倒春寒的影响（光立虎，供图）

第三节　植物次生代谢的产物与功能

一、近百年全球对次生代谢的研究

虽然中国历代农民早就悟到植物次生代谢的重要性并将其用于农业生产，但是全球对于次生代谢理论的研究却始于 100 多年前，1891 年德国科学家科塞尔（H. Kossel）提出，植物的新陈代谢分为构建生命的初生代谢和适应环境的次生代谢。初生代谢是指在植物遗传基因控制下，作物进行光合作用、呼吸作用、遗传物质代谢、生物活性物质代谢、氮代谢、碳代谢等，代谢产物决定着植物形态建成、农产品产量和相当一部分的品质物质。次生代谢是指植物为了抵抗逆境，由初生代谢产物进一步衍生出次生代谢产物，产物为小分子有机物，储存在液泡或细胞壁中，从而提高植物对环境胁迫的适应性。

这一结论引起全球科学家的关注，经研究一致认为，植物受到任何一种胁迫，较短时间内，其机体内的所有细胞会从初生代谢转入多个途径的次生代谢，从而形成新的抗逆蛋白、化感物质、内源激素、渗透物质等防御性物质，提高作物与杂草之间的竞争力，提高应对异常天气、害虫和病原微生物侵袭的防御能力，次生代谢产物还含有大量的品质物质和风味物质。近几十年全球对化感作用的研究已形成独立学科。2000年美国农业部（USDA）估计，由于化感作用新技术的应用，已经给美国农业带来相当于总产值的2%、折合20亿美元的效益。

在次生代谢（天然产物）研究中有很多科学家获得诺贝尔奖，据统计，在化学奖、生理学或医学奖中，近1/3属于研究次生代谢的成果，可见科学家们对此领域的重视。在次生代谢研究中，异戊二烯焦磷酸酯代谢途径（萜类代谢）引起科学家们的注意，并获得大量的研究成果。萜类代谢是植物进化到较高层次的表现，在协调植物生长和抵抗各种逆境中发挥作用，其产物也是人类增强免疫力、战胜心血管病的有效成分。此研究已有4批科学家获得诺贝尔奖：1910年德国化学家奥托·沃勒氏（Otto Wallach）获得诺贝尔化学奖，发现了异戊二烯化合物的结构；1939年瑞士籍南斯拉夫人利奥波德·鲁齐卡（Leopold Ruzicka）获得诺贝尔化学奖，发现了异戊二烯生物的发生规则；1985年美国得克萨斯大学布朗（Michael S. Brown）和戈尔茨坦（Joseph L. Goldstein）获诺贝尔生理学或医学奖，探明了甲羟戊酸到异戊二烯焦磷酸酯的代谢途径；2015年中国药学家屠呦呦获诺贝尔生理学或医学奖，她从中国自然界随处可见的黄花蒿中，成功提取出异戊二烯焦磷酸酯代谢（萜类代谢途径）的单环倍半萜的青蒿素，用于治疗疟疾。根据世界卫生组织（WHO）统计数据，2000年以来，非洲约有2.4亿人受益于青蒿素联合疗法。

二、植物次生代谢途径的产物与功能

研究表明，植物的初生代谢指碳代谢、氮代谢、光合作用、呼吸作用、遗传物质代谢等，完成植物形态建成物质的积累。次生代谢是植物应对逆境的响应，参与调控对环境的适应性。大自然中植物的次生代谢产物种类繁多，大约有10万种。一般情况下，植物在逆境中会开启至少20条次生代谢途径，其中5条次生代谢途径很重要，包括生物碱代谢、酚类代谢、类黄酮类化合物代谢、萜类（类萜和甾类）代谢和有机酸代谢（图5.2）。这5条代谢途径的产物与功能是本章介绍的重点。

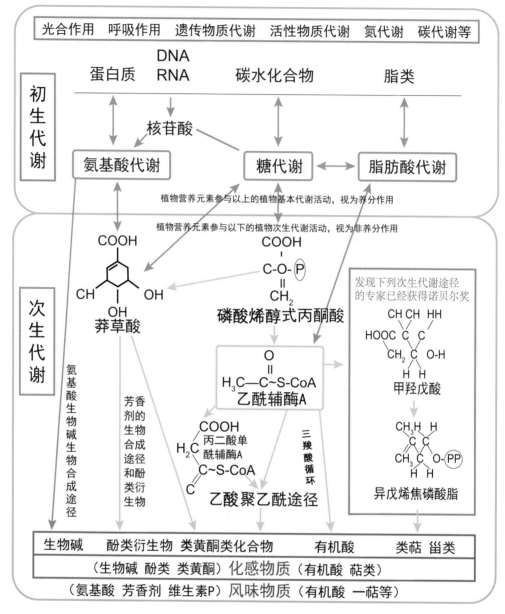

图 5.2　植物初生代谢和次生代谢的产物与功能示意图

资料来源：刘立新，2008.科学施肥新技术与实践［M］.北京：中国农业科学技术出版社。

　　植物的次生代谢能使植物产生抵抗病虫草害和异常天气的功能，还可以修复受损细胞、提高农产品的品质和风味。

　　下面介绍 5 条主要次生代谢途径的产物与功能。

（一）生物碱代谢途径的产物与功能

生物碱代谢产物是一大类含氮有机化合物，广泛存在于开花植物中，世界上已知的生物碱有 5 500 种以上。富含生物碱的植物有双子叶植物的豆科、夹竹桃科、罂粟科、毛茛科、防己科、马钱科、茄科、芸香科、茜草科、石蒜科等，代谢产物分为生物碱、非蛋白氨基酸、有机胺类、生氰糖苷四大类。

生物碱代谢产物含有植物体核酸、维生素 B$_1$、叶酸和生物素等重要物质的组成成分，有内源激素、化感物质、渗透物质参与防御。生物碱产物含有中草药的重要成分。生物碱代谢产物与功能的思维导图如图 5.3 所示。

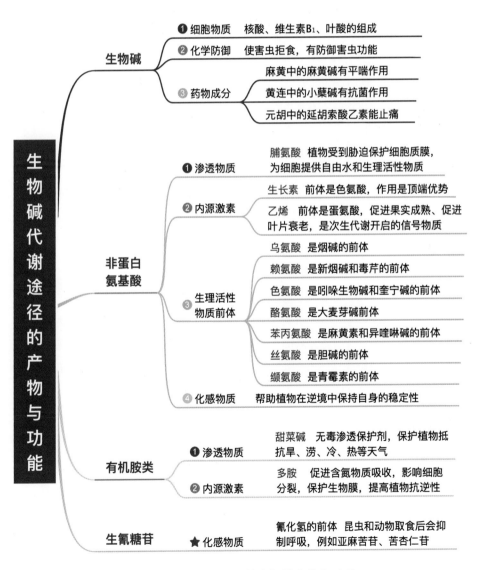

图 5.3 植物生物碱代谢途径的产物与功能

（二）酚类代谢途径的产物与功能

酚类指芳香烃中苯环上的氢原子被羟基取代所生成的化合物，酚类物质通过多条途径合成，以莽草酸途径和丙二酸途径为主。酚类物质主要在叶片中合成，茎和根合成量仅占总量的1/4。酚类是一类重要的次生代谢产物。

酚类产物的类型很多，例如木质素、多酚、简单酚类、芪类（其中的白藜芦醇广受重视）。酚类具有多方面的功能，化感作用很强，具有防御功能，促进伤口愈合、可延长农产品的货架期。酚类代谢产物与功能的思维导图如图5.4所示。

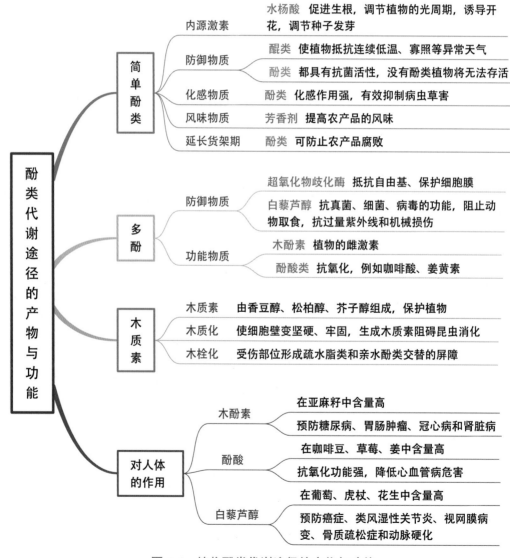

图 5.4　植物酚类代谢途径的产物与功能

（三）类黄酮类化合物代谢途径的产物与功能

类黄酮类化合物代谢产物广泛分布于被子植物、裸子植物和蕨类植物中，也被称为维生素 P。目前，世界上已知有 4 500 多种。黄酮类的家族成员复杂，例如花青素、原花青素（鞣质或单宁）（阻食剂和木材保护剂）、异黄酮类（防御产物和信号分子）、黄酮醇（槲皮素）、黄烷醇（儿茶素）。普遍具有防御功能、化感作用、抑制有害菌和抗氧化的能力。当人体内缺乏类黄酮类化合物时，会出现对称性病斑，黄酮类物质能调节微血管的穿透能力，提高免疫力。类黄酮类化合物代谢途径产物与功能的思维导图如图 5.5 所示。

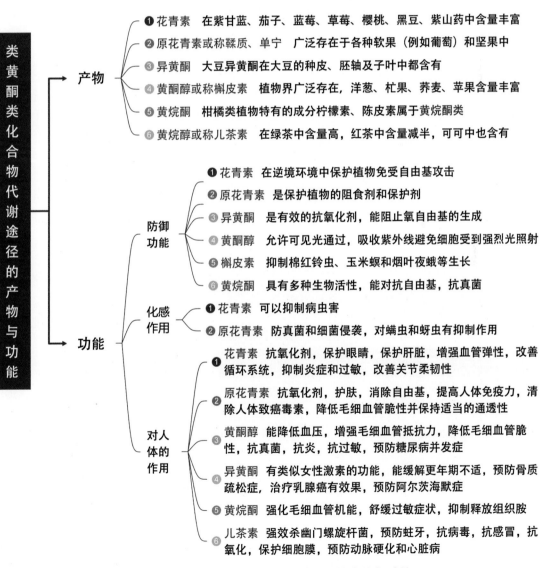

图 5.5 植物类黄酮类化合物代谢途径的产物与功能

（四）萜类代谢途径的产物与功能

萜类是植物进化到高级阶段的产物，是异戊二烯的聚合体及其衍生物的总称，通常用碳架（C_5H_8）$_n$通式表达，编号 n 已经从 1 排到 102，可见，萜类物质种类之多。

常见的单萜（n = 2）、倍半萜（n = 3）具有挥发性，低浓度就抑制杂草的发芽，被称为化感物质。在干燥的气候下，植物周围形成"萜类云"，对邻近入侵物种产生影响。遇到降水，挥发性物质还可以通过淋溶进入土壤中发挥作用。

二萜也称双萜（n = 4），以乳液和树脂的形式存在于植物中，一般不具有挥发性，以维生素 A（抗氧化）、赤霉素（内源激素）、植物醇（链状二萜类）为代表，植物醇具有毒性，与入侵者粘连。

三萜（n = 6），植物界广泛分布的一类结构复杂的分子，以三七皂苷、人参皂苷、豆甾醇、柠檬苦素、角鲨烯为代表，广泛分布于大量开花植物中，在单子叶和双子叶植物中均有分布。类似于肥皂，在水溶液中形成泡沫，具有降低液体表面张力的作用。三萜固醇与磷脂结合，是细胞膜的必需组成成分，使细胞膜处于稳定状态。

四萜（n = 8），以胡萝卜素、叶黄素、番茄红素为代表，广泛分布于自然界的植物中，具有抗氧化和免疫调节的功能，在光合作用中保护植物免受光氧化损伤。

多萜（n > 8），当 n 超过 8 后一律称为多萜。多萜是以顺 -1，4- 聚异戊二烯为主要成分的天然高分子化合物，其成分中 91% ~ 94% 是橡胶烃（顺 -1，4-聚异戊二烯），以天然橡胶的形式存在（表 5.1）。

表 5.1　萜类化合物的分类

分类	名称	存在形式	代表
低级萜类	单萜（n = 2）	挥发油、精油	罗勒烯、香叶醇、柠檬醛、香茅醇、松节油、樟脑、龙脑（冰片）、除虫菊酯
	倍半萜（n = 3）	挥发油、树脂	青蒿素、脱落酸、香叶醇
高级萜类	二萜（n = 4）	树脂	维生素 A、赤霉素、叶绿醇
	三萜（n = 6）	皂苷、甾醇	三七皂苷、人参皂苷、豆甾醇、柠檬苦素、角鲨烯
	四萜（n = 8）	色素	胡萝卜素、叶黄素、番茄红素
	多萜（n > 8）	天然橡胶	天然橡胶、硬橡胶

　　总之，萜类化合物的功能强大，包括化感作用、内源激素、强光保护、细胞膜保护、抵抗逆境天气、防御病虫草害等方面。同时萜类化合物中含有大量人类需要的营养素，萜类代谢产物为人类提供了品质优良的食物，例如维生素A（二萜）、皂苷（三萜）、叶黄素（四萜）、胡萝卜素（四萜）、番茄红素（四萜）、青蒿素（倍半萜），可以帮助人类对抗疾病、保持健康、延缓衰老。

　　萜类代谢产物与功能的思维导图如图 5.6 所示。

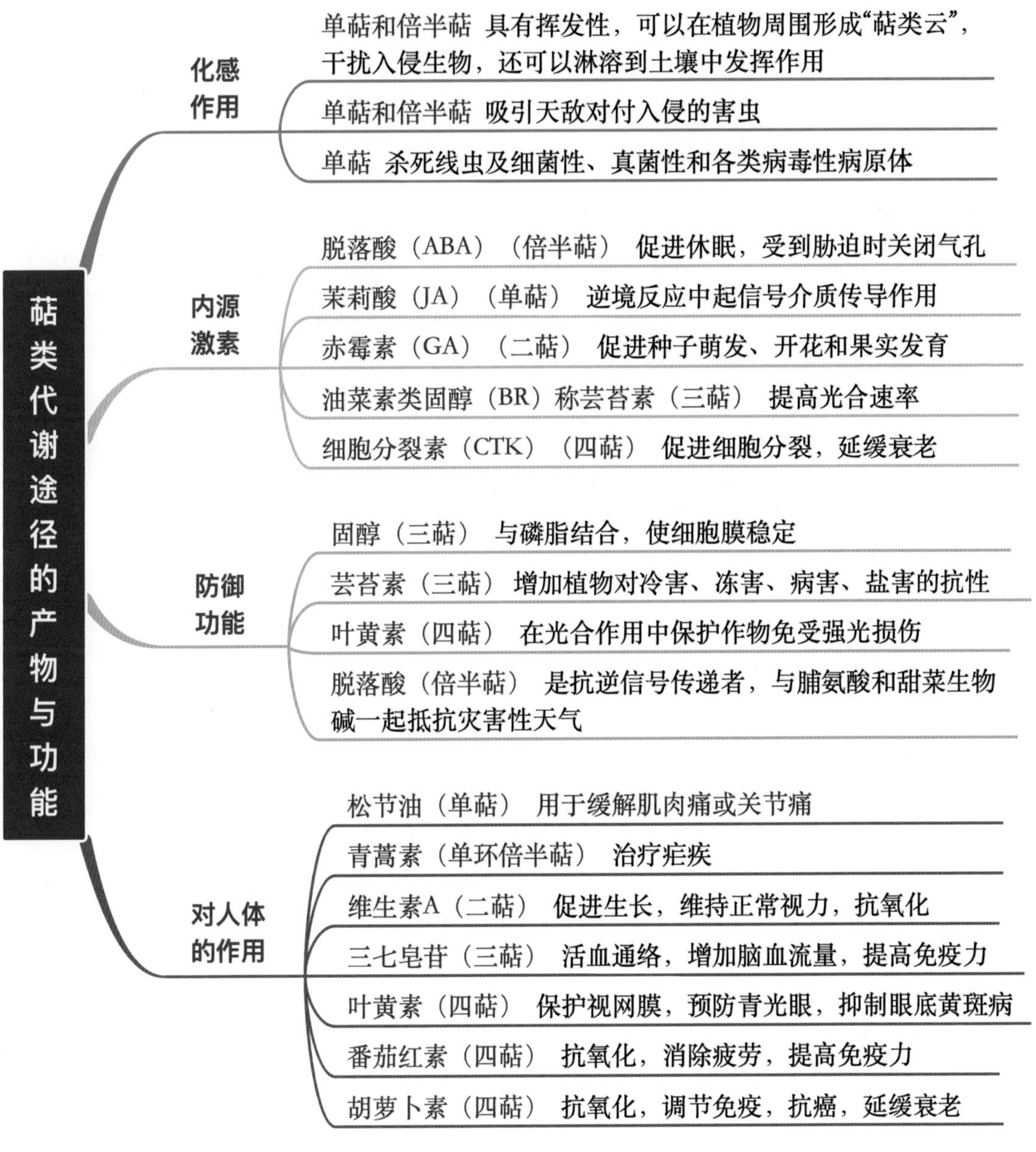

图 5.6　植物萜类代谢途径的产物与功能

（五）有机酸代谢途径的产物与功能

有机酸的产生比较复杂，三羧酸循环属于初生代谢，但在某种胁迫下使其已经形成的柠檬酸、草酰乙酸、琥珀酸、α-酮戊二酸等物质脱离了三羧酸循环系统，直接进入植物细胞的液泡储存起来，形成液泡的酸性环境。这一过程已经是有机酸次生代谢，最终形成植物体内的各种有机酸类化合物。

首先是风味物质，农产品品质中的重要指标"糖酸比"是指初生代谢的糖代谢产物与有机酸的比例，是构成农产品口感的决定性因素。有机酸与糖组成不同糖酸比，是农产品风味组成之一。其次是杀菌作用，有机酸促使植物体内液泡 pH 值 < 5.5，能够杀死进入植物的细菌性病原体。

有机酸代谢产物与功能的思维导图如图 5.7 所示。

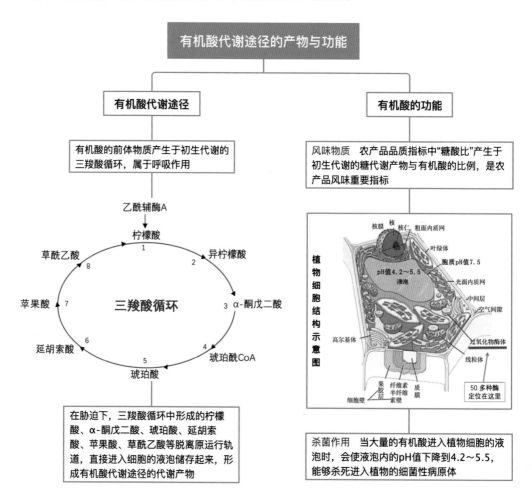

图 5.7　植物有机酸代谢途径的产物与功能

资料来源：布坎南，2004.植物生物化学与分子生物学[M].翟礼嘉，等，译.北京：科学出版社。

三、植物次生代谢的产物按功能分类

化感物质　抵御病虫草害的生物碱、酚类和萜类。

抗氧化物质　抗自由基的酶促和非酶促系统，以保护细胞膜。

激素物质　共同参与和调控植物生长发育和对环境的适应性。植物有9种内源激素，包括赤霉素、脱落酸、生长素、细胞分裂素、乙烯、油菜素类固醇、多胺、茉莉酸、水杨酸。

渗透物质　使植物能够抵抗干旱、寒冷、热害、盐碱、灾害性天气的物质，例如脯氨酸、甜菜生物碱、脱落酸、可溶性糖等。

逆境蛋白　或称为酶，包括病程相关蛋白、热激蛋白、冷响应蛋白、耐盐相关蛋白。

品质及风味物质　农产品色泽、品相和延长储藏期等品质物质。风味物质包括有机酸、生物碱中的特殊氨基酸、萜类中的一萜、酚类的芳香剂、类黄酮类化合物等。

人类必需营养素　白藜芦醇、花青素、胡萝卜素、超氧化物歧化酶、维生素类。

四、风味物质与化感物质产生于同一代谢途径

研究发现，植物次生代谢的化感物质和风味物质是同时产生的，一荣俱荣、一损俱损（表5.2）。风味物质是指人体对食物的口感和对食品产生的综合感觉，包括嗅觉、味觉、视觉和触觉。风味物质具有水溶性，还具有脂溶性，可刺激口腔内的味觉感受器，再传递到大脑的味觉中枢神经。风味物质的特点是成分多，含量甚微。

表5.2　同一代谢途径产生的风味物质和化感物质

代谢途径	风味物质	化感物质的功能
生物碱代谢途径	各种氨基酸	生物碱有保护植物的功能
酚类衍生物代谢途径	芳香剂	酚类衍生物是植物抗病物质，防腐败，延长货架期
类黄酮类化合物代谢途径	类黄酮类化合物（或称维生素P）	杀真菌
有机酸代谢途径	有机酸与糖组成不同糖酸比	液泡pH值≤4.2是植物杀细菌的必要体内环境条件
异戊二烯焦磷酸酯代谢途径	一萜类化合物	杀线虫，杀病毒；是驱避害虫、使害虫拒食的化感物质；脱落酸参与抵抗灾害性天气

植物次生代谢产物中有很多种风味物质，例如酚类代谢的芳香族化合物、黄酮类的维生素 P、萜类中一萜、生物碱中的各种氨基酸、有机酸与糖形成的糖酸比，有机酸中的苹果酸和柠檬酸共存果实的酸味圆润柔美。由此可见，胁迫 + 营养的方法是提高农产品风味物质的有效手段。

五、植物化感物质的功能

1937 年奥地利科学家莫里氏（H. Molish）提出化感作用（Allelopathy）的概念，指出化感作用是指植物（包括微生物）之间的生物化学关系。植物次生代谢产物中的化感物质可以通过多种形式释放到周围环境中：形式 1，以挥发性气体的方式释放；形式 2，通过根系分泌物排放到土壤中；形式 3，在雨雾天还会通过茎叶淋溶方式从植物体内释放；形式 4，植物死亡后的残体经过腐解产生的化感物质也释放到周围环境中。即通过淋溶和挥发、根部分泌和残根分解、植株茎秆的降解、种子萌发和花粉传播等释放到环境中的化感物质，通过滞留、转化和迁移，被周边相生或相克的植物根系吸收，并在其体内产生作用。植物释放的化感物质对自身或周围植物、动物、微生物产生促进、抑制或危害作用。目前，化感物质的种类和作用机理研究已经成为化学生态学的重要组成部分。

化感物质的特点　化感物质对植物细胞膜的透性、细胞分裂、伸长和根尖的细微结构均产生影响；化感物质还影响植物对矿物质离子的吸收和蛋白质与酶的合成与活性；化感物质对植物的代谢影响是广泛的。化感物质通过挥发和雨雾淋溶的方式释放，从而实现其对自身和周边环境的影响。中国化学生态学家孔垂华指出："各种环境胁迫条件都能导致植物酚酸和萜类两大类化感物质增加，化感作用因环境胁迫而强化。"化感物质中酚类物质最多，简单苯酚类化感作用强，包括羟基苯甲酸、肉桂酸衍生物、黄酮类、醌类和单宁。黄酮类是酚类化感物质重要的一类，在高等植物中也很重要。酚类化感物质在结构上都有 1 个苯羟基，在生物体中容易与糖配位体结合形成糖苷分子，此外，苯羟基也容易和碱或金属离子形成盐。这 2 种结合都增加了酚类化感物质的水溶性。

化感物质中萜类的数量仅次于酚类，萜类物质广泛存在于高等植物的叶片和表皮细胞中。萜类物质在干燥的气候下对植物更为重要，因为它们是挥发性物质，在其周围形成所谓的"萜类云"对邻近植物产生影响。植物次生代谢物质以挥发的形式释放是植物防御体系进化较高的层次。遇到降水，萜类的挥发性物质还可以通过淋溶进入土壤继续发挥作用。

自然界的植物中存在着各种各样的化感物质。这些化感物质在形态、功能和在植物体内产生的位置等表现差异很大。化感物质的功能主要有杀菌、使害虫拒食、抑制杂草、吸引昆虫嗅觉、传递逆境信号和使害虫产生致死性过敏反应等。

化感物质可以抑制植物病虫害　吲哚生物碱能杀死蚜虫，氧肟酸类化合物能杀死细菌性病原体，类黄酮类化合物能杀死真菌性病原体，萜类中的甾类能杀死各种害虫、线虫、细菌性、真菌性和各类病毒性病原体。例如，菊科植物的叶片和花朵含有单萜酯中的除虫菊酯，是极强的杀虫剂；薄荷、柠檬等植物含有挥发油，有气味，能防止害虫侵袭；棉花在棉籽和下表皮毛中的倍半萜棉酚，能抵抗害虫侵袭。

化感物质可以抑制田间杂草　当前农业生产普遍使用的化学除草剂已经给农业生产和食品安全带来危害，利用植物的化感物质抑制杂草已成为学者们重视的研究课题。研究发现，1平方米的水稻中夹杂1株稗草，水稻将减产11.6%。在研究水稻化感物质对稗草的抑制中发现，水稻中的多酚类化感物质有破坏稗草细胞膜的功能，细胞膜是化感物质作用的初始位点，植物根系分泌的化感物质可以抑制杂草细胞膜的超氧化物歧化酶（SOD）和过氧化氢酶（CAT）活性，导致活性氧增多、细胞膜质过氧化，导致稗草根部活性氧（或称为自由基）增多，使得膜质过氧化从而破坏了细胞的膜结构，使稗草长势衰弱。水稻化感物质还影响了稗草的生长调节能力，降低稗草的赤霉素和生长素水平，使稗草的细胞分裂和生长受阻，从而起到抑制稗草的作用。水稻化感物质影响稗草的光合作用，明显抑制了稗草的ATP酶的活性，从而抑制了稗草的光合作用与呼吸作用。

化感物质会影响杂草根系对矿物质营养的吸收，影响气孔开合。水稻的化感物质主要通过根系分泌释放，化感作用最强的时期是水稻4~5片叶期，化感物质主要作用于杂草根系。

酚类的香豆素可以抑制杂草，萜类的单萜和倍半萜在较低浓度时，就能够有效抑制杂草的发芽。

植物产生的化感物质与其他生物相生相克。黑胡桃树产生的胡桃醌，化感作用很强，它能将生长在附近的番茄植株毒杀，并且能毒害与其距离 16 米以内的苹果、茶树等木本植物和马铃薯、紫花苜蓿等草本植物，甚至使它们无法生长（表 5.3）。

表 5.3　不同代谢途径的化感物质在植物中的作用

化感物质名称	次生代谢途径	不同学科称谓	主要功能
吲哚生物碱	生物碱代谢途径	杀虫剂	杀蚜虫，对人类无害
脯氨酸 甜菜生物碱 脱落酸	生物碱代谢途径 异戊二烯焦磷酸酯代谢途径	渗透调节物质	脯氨酸、甜菜生物碱、脱落酸协同抵抗灾害性天气
多种氨基酸	与基本代谢相结合的氨基酸	氨基酸	合成蛋白质和各种酶类，逆境中协调自身与环境的关系
芳香剂	酚类代谢途径	芳香剂	信号物质
类黄酮类化合物	类黄酮类化合物代谢途径	杀菌剂，维生素 P	杀真菌性病原体，也杀进入人体的真菌，增强人体免疫力
有机酸	有机酸代谢途径	有机酸	当植物体内 pH 值 ≤ 4.2 时能杀死细菌性病原体
不同比例的糖酸比	有机酸代谢与糖代谢途径联合组成	糖酸比	花和果实的糖酸比吸引益虫传粉和传播种子，糖酸比是品质指标
酚类衍生物	酚类代谢途径	酚类	防腐败，延长货架期
类萜和甾类化合物	萜类代谢途径	植物杀虫剂和杀菌剂	杀植物体内害虫、线虫、真菌和病毒性病原体；可以辅助治疗心脑血管疾病

六、植物内源激素的功能

植物次生代谢产物中，有一类内源激素，是自身的内源调控物质，它们是对环境刺激做出应激反应的微量信号分子。植物内源激素是对植物发育有显著作用的微量有机物质，可有效调控植物从细胞生长、分裂到生根、发芽、开花、结实、成熟和脱落的生命全过程。植物内源激素浓度的变化是在与环境因子的相互作用中产生的，而内源激素浓度的变化又进一步控制了植物的整个发育进程。植物内源激素从产生部位运送到作用部位，几纳克／克（ng/g）鲜重就可以明显改变植物某些器官的生长发育状态。请注意计量单位是每克多少纳克，1克＝1 000毫克，1毫克＝1 000微克，1微克＝1 000纳克。如果使用人工激素产品，每亩用1克可能就会过量。

目前确认的植物9种内源激素包括赤霉素、脱落酸、生长素（吲哚乙酸）、细胞分裂素、乙烯、油菜素类固醇（芸苔素）、多胺、茉莉酸、水杨酸，它们在功能上有着很大不同，但共同参与植物的生长发育和调控植物对环境的适应性。因此，用生态农业优质高产"四位一体"种植理念，可以激发作物体内的内源激素，顺利完成作物从播种、幼苗生长期、营养生长期、开花、坐果、膨果到成熟的全过程。

内源激素的主要作用和产生的部位如表5.4所示。

表5.4 植物次生代谢产物中的九大内源激素

激素名称	主要作用	产生部位
赤霉素（GA）	双萜化合物。刺激细胞伸长、促进种子萌发和茎、叶生长，影响根系生长和分化，刺激开花和果实发育	芽顶端、根尖、新叶的分生组织、胚芽
细胞分裂素（CTK）	腺嘌呤衍生物，有萜类侧链。促进细胞分裂，刺激生长发育和开花，控制生长和分化，延缓衰老	茎尖、根尖、未成熟的种子、萌发的种子、生长着的果实
脱落酸（ABA）	倍半萜衍生物。抑制生长，促进器官脱落，促进休眠，在缺水胁迫时关闭气孔	叶、茎、绿色果实
生长素（吲哚乙酸）（IAA）	非蛋白氨基酸。促进根、茎生长、细胞伸长、分枝、组织分化，强化植物顶端优势、向光性和向地性	芽顶端、新叶分生组织、种子胚芽
乙烯（ETH）	来自生物碱代谢。促进果实成熟，加速器官衰老和脱落，对生长素有拮抗，促进或抑制根系生长、花的发育	成熟果实的组织、茎节、枯黄叶片、成熟的花

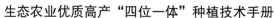

表 5.4（续）

激素名称	主要作用	产生部位
水杨酸（SA）	简单酚类化合物。为植物病理反应提供物质、能量及传导信号，诱导开花和延迟花衰老	花、叶、果实、根、茎、枝条
茉莉酸（JA）	亚麻酸氧化衍生物。抵抗病虫害，在雄蕊的发育中起重要作用。在植物细胞的多种逆境反应中起信号传导作用，让细胞抗逆反应产物释放	幼嫩组织、花、果皮、种脐、种皮，维管束中含量高
油菜素甾醇（芸苔素）（BR）	甾醇为骨架的植物甾类。增加植物对冷害、冻害、病害、盐害等的抗性。协调植物体内多种内源激素水平	花粉、叶、果实、种子、茎、枝条
多胺（PA）	来自生物碱代谢。促进植物花芽分化及胚胎发育，延缓衰老，主要存在于幼嫩组织原生质和老细胞壁中	根、茎、叶、花、果实、种子、块茎、胚

七、植物次生代谢产物的生态稳定性

植物次生代谢中的活性物质　植物次生代谢的产物是对人类有着显著影响的生理活性物质，例如异黄酮、前花青素、β-胡萝卜素、玉米黄素、番茄红素、人参皂苷、青蒿素、白藜芦醇、儿茶酚、类黄酮类、姜黄素、鞣花酸、鞣花丹宁、非蛋白（特殊）氨基酸（亮氨酸、赖氨酸、精氨酸、络氨酸）。抗氧化和维生素类：超氧化物歧化酶（SOD）、维生素 E、维生素 C、B 族维生素、维生素 D、叶酸。多糖类：多糖、β-葡聚糖、低聚果糖，都是人类不可或缺的营养素（图 5.8）。

植物次生代谢产物的生态稳定性　通过胁迫和补充营养得到的植物次生代谢产物，是自然界原本存在的物质，它们的存在时间与植物在地球上的存在时间是相同的，而不是用新技术发明创造出来的新物质，因此，它们在生态系统中的作用早已稳定。人类对植物次生代谢产物的利用已有数千年的历史。举个例子，500 多年前，明代李时珍在总结前人成就的基础上，编写著作《本草纲目》，书中对 1 095 种中草药功效的描述可谓经典。换句话说，植物次生代谢产物不但不会给人类健康带来危害，反而是值得充分利用的功能性物质。

生态农业能充分利用植物的次生代谢　化学农业中使用的化学产品，例如高浓度等比例化肥、化学农药、除草剂、激素、地膜等，都是人造的物资。这些物资问世不过百年，却已经使土壤板结、酸化，造成重金属和农药残留等面源污染，使温室气体排放呈递增趋势，同时给人类的健康带来巨大的威胁。化

学农业的路是行不通的。而正在推广的生态农业优质高产"四位一体"种植技术，生产上不使用有毒有害的物资，给作物补充全面的营养，包括充足的碳（有机物料）和水、适量的作物必需的矿物质和有益微生物，用胁迫＋营养的方法，打开作物的次生代谢并使其充分运转，次生代谢产物不但具有生态稳定性，而且还可以使作物增强抵抗各种逆境的能力，生产出营养丰富、好吃不贵的农产品。应用生态农业优质高产"四位一体"种植技术，可以建设好中国的广大乡村，真正实现"绿水青山就是金山银山"的伟大目标。

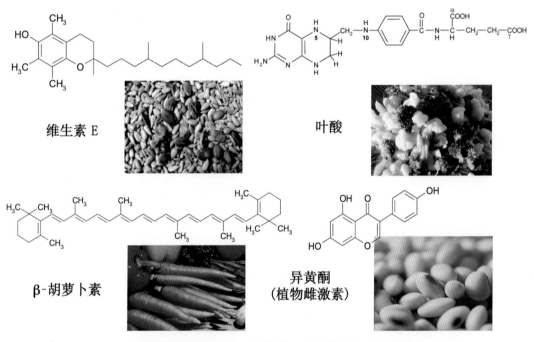

图 5.8　人类健康需要的第八类营养素来自植物次生代谢的产物

注：维生素E属于酚类，叶酸和β-胡萝卜素属于萜类，异黄酮属于黄酮类。

第四节　植物次生代谢开启和运转的条件

一、植物次生代谢开启的必要条件

开启植物次生代谢的必要条件，一是胁迫（包括环境胁迫和人造胁迫），二是植物需要的中量元素：硫、钙、镁，它们是开启植物次生代谢的必需元素。

植物遇到胁迫会产生应激反应，就是次生代谢的开启过程。开启的必要条件，需要在植物体内积累 1 种含硫的氨基酸即蛋氨酸，是乙烯的前体物质。遇到胁迫植物体内积累的蛋氨酸就能迅速形成内源激素乙烯，乙烯为不稳定气态和易消耗的物质，逆境下植物体内的乙烯就会成几倍或几十倍地增加，而当胁迫解除时恢复正常。乙烯将逆境信号传递给第二信使钙离子，被激活的钙离子将信号从一个细胞传递到另外一个细胞，形成受信号传导控制的超细胞网络，钙离子和钙调素、蛋白激酶和钙调磷酸酶一起，将逆境信号传递给植物每个细胞。镁离子进一步激活转录因子，使各种抗逆基因表达。上述描述仅是植物次生代谢的一种开启过程（图 5.9）。在开启次生代谢过程中，需要硫、钙、镁的参与，如果植物体内硫、钙、镁不足，遇到胁迫时就不能开启次生代谢程序。

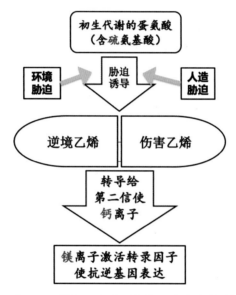

图 5.9　逆境胁迫诱导植物开启次生代谢

事实上，在植物防御过程中，能使最初的防御反应得以扩大，是通过多重信号物质协同完成的，信使中除了钙离子以外，还有无机的氮氧化物、有机的环鸟苷酸和环腺苷酸等环状核苷酸、苯甲酸（BA）、水杨酸（SA）和茉莉酸（JA）等参与，众多的信号物质互补与调节，进一步激发诱导产生葡聚糖酶、几丁质酶、过氧化物酶和多种逆境相关蛋白，最终形成植物的抗逆防御体系。

二、植物次生代谢运转的充分条件

植物次生代谢运转的充分条件，一是碳、氢、氧、氮要充足，即植物需要有足够的生长量；二是植物必需的矿物质，包括磷、钾、钙、镁、硫、铜、铁、锰、锌、硼、钼、氯、镍需要有适量的供应，目标是让植物的次生代谢不空转。

很多种矿物质元素参与了多种抗逆蛋白——结合酶的合成，结合酶含有 2 类辅助因子，一类是金属离子，另一类是有机小分子化合物。金属元素是各种结合酶的辅基。植物对逆境的应答过程需要多种酶的参与，植物中酶的化学本质是蛋白质，由活细胞产生，是一类极为重要的生物催化剂，许多生理过程需要酶参与，使植物体内的化学反应在极为温和的条件下高效进行。植物遇到逆境产生的结合酶有很多种，例如超氧化物歧化酶（SOD）含有铜、铁、锰、锌，过氧化物酶（POD）含有铁，过氧化氢酶（CAT）含有铁，谷胱甘肽还原酶（GR）含有硫，固氮酶含有铁（二价和三价）、硫、钼、矾，己糖激酶和蛋白激酶含有镁、锰，等等（表 5.5）。在栽培环境中，如果作物缺少这些元素，结合酶的生成受阻，次生代谢即使打开了也是空转。

表 5.5　植物体内各种结合酶含有的金属离子

结合酶	金属辅基
超氧化物歧化酶	Cu^{2+}、Fe^{2+}、Mn^{2+}、Zn^{2+}
过氧化物酶	Fe^{2+}
过氧化氢酶	Fe^{2+}
固氮酶	Fe^{2+}、Fe^{3+}、S^{2-}、Mo^{3+}、V^{2+}
己糖激酶	Mg^{2+}、Mn^{2+}
蛋白激酶	Mg^{2+}、Mn^{2+}
脲酶	Ni^{2+}

总之，胁迫使植物的每个细胞都从初生代谢转入次生代谢，其生长所必需的营养元素，特别是矿物质，都参与植物次生代谢的运行。

因此，植物在有了碳骨架的基础上，各种必需的矿物质含量适当，是维持其次生代谢运转的充分条件。

第五节　植物防御系统的建立

一、植物遇到逆境的响应机制

植物遇到任何一种逆境都会应答，胁迫是植物可以接收和识别的逆境信号。

人造胁迫是指在生态农业中人为制造的胁迫，就是在栽培中给作物制造逆境，大自然带来的逆境包括高温、强光照、病虫害入侵、异常天气（低温冷害或风沙干旱等）、土壤次生盐渍化等。植物接收任何一种胁迫信号，都会引起所有细胞的应答，这种应答不仅发生在新生细胞，而且也发生在成熟细胞。也就是说，胁迫使植物所有细胞从初生代谢转入多种途径的次生代谢，产生抗氧化物质、内源激素、化感物质和渗透物质，同时还产生品质物质和风味物质。每次胁迫都会同样开启和运转次生代谢，植物体内的防御物质、品质物质、风味物质都会得到积累。植物应对逆境的共同机制见图 5.10。

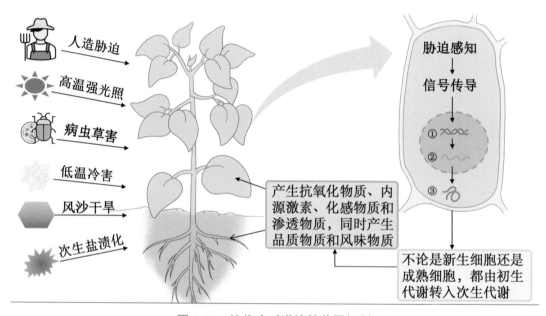

图 5.10　植物应对逆境的共同机制

资料来源：布坎南，2004. 植物生物化学与分子生物学［M］. 翟礼嘉，等，译. 北京：科学出版社。
　　注：①细胞核内带有遗传密码的DNA收到逆境信号；
　　　　②激活mRNA抗性因子；
　　　　③生成多种抗逆蛋白。

植物面对逆境胁迫，其体内的物质代谢、能量转换都会参与调控反应，活细胞内的数万个反应能在同一时间互不干扰、互相配合、有条不紊地进行。

植物用多重机制来完成一系列的抗逆过程，过程 1，启动超敏反应细胞凋亡程序；过程 2，生成抗氧化物质对抗自由基以保护细胞膜；过程 3，生成逆境蛋白进行应激指挥和调控；过程 4，生成渗透调节物质抵抗逆境环境；过程 5，通过逆境信号传导与交叉网络应答激活多种酶；过程 6，在酶促反应下生成多种具有防御功能的次生代谢产物，例如生物碱、酚类、类黄酮类、有机酸、萜类等。植物用次生代谢产物木质素的木质化和木栓化形成物理屏障，用抗氧化物质和化感物质形成化学屏障。

二、生成 2 类抗氧化物质对抗自由基

植物在环境胁迫下，体内每个细胞时刻都在进行氧化与抗氧化的抗争，胁迫使细胞氧化，产生活性氧 ROS。自由基是一种缺乏电子的物质（不饱和电子物质），会攻击植物的细胞膜。当自由基攻击时，植物体内会产生 2 类抗氧化物质，一种是酶促防御系统，另一种是非酶促防御系统，2 类物质都能排出细胞内的自由基，从而保护细胞膜。酶促防御系统有超氧化物歧化酶（SOD）、过氧化氢酶（CAT）、过氧化物酶（POD）、多酚氧化酶（PPO）、抗坏血酸过氧化物酶（APX）。非酶促防御系统有维生素 C、维生素 E、类胡萝卜素、泛醌、谷胱甘肽（GSH）、多胺（内源激素）、类黄酮类化合物。

三、生成逆境蛋白进行应激指挥和调控

逆境蛋白是植物面对逆境时的应激指挥和调控系统，包括 4 类，其一，病程相关蛋白，包括几丁质酶、过氧化氢酶、蛋白酶抑制剂、β - 葡聚糖酶；其二，热激蛋白，植物环境温度高出最适宜生长温度 5℃，产生热激蛋白又称热休克蛋白；其三，冷响应蛋白，植物暴露在寒冷中被诱导出的耐冻蛋白，也被称为低温诱导蛋白；其四，耐盐相关蛋白，植物在盐碱环境下被诱导出的多种机制的蛋白，例如纤维素合酶、渗透调节蛋白、脯氨酸合成酶、水通道蛋白、钾通道蛋白、跨膜运输蛋白等。这些逆境蛋白会在植物遭遇不同逆境时起到应急指挥的作用。

四、生成渗透调节物质

植物在干旱、低温、高温、盐渍等多种逆境形成的水分胁迫下，可主动积累各种有机或无机物质用来提高细胞液浓度、降低渗透势、提高细胞吸水或保水能力，从而适应水分胁迫环境的过程，这些物质被称为渗透调节物质，例如脯氨酸（生物碱代谢）、甜菜生物碱（生物碱代谢）、脱落酸（萜类代谢）、可溶性糖等。渗透调节物质必须具备分子量小、溶解度高的特性；在 pH 值适合的范围内不带静电荷，保护细胞膜的渗透压；引起酶结构变化的作用极小，能使酶构象稳定而

不易降解；生物合成迅速，并能累积到调节渗透势的水平。植物渗透调节物质的产生大大提高了植物对各种自然灾害的抵抗能力。

五、建立防御系统

植物防御系统的激活过程有其显著的特征，当胁迫到来时，每个植物细胞从正常的初生代谢转入多种次生代谢防御途径并激活新的防御性酶和基因，这一过程只需要几分钟。每个细胞区室都参与防御。信号途径和次生代谢之间存在着协同作用、对抗作用和正负反馈循环作用，形成复杂的网络。同时被激活的还有特定的细胞防护机制，以加强对入侵者的防御。植物防御信号传导网络可与其他逆境途径交叉应答。

病原菌侵染时，植物首先启动超敏反应细胞凋亡程序，相应部位形成枯斑，以阻止病害蔓延，逆境中的植物下部叶提前衰老死亡、疏花疏果，禾谷类作物的小花败育，等等，这些都是以牺牲局部来保全身。

逆境信号传导是指一系列的细胞信号传导体将信号感应放大，并转换成可引起细胞代谢应答的化学形式的过程。第一信使是指各种逆境刺激，将质膜上信号受体活化。钙离子是胁迫反应的第二信使，负责把细胞外的信息传递到细胞内，钙离子在细胞信号传导时占中心位置。逆境刺激打开质膜上的钙离子通道，细胞外的钙离子进入细胞内，活化的钙离子与钙调蛋白在一系列级联反应中又激活第三信使脱落酸的应答，脱落酸将信号传导，随后使叶片气孔在几分钟内关闭，避免钾离子流失。

通过逆境信号传导与交叉网络应答，激活植物的转录因子（mRNA），转录因子是可调控核糖核酸的核酶，这一过程产生很多的酶促反应，例如，产生的过氧化物酶可以将碳水化合物转化成木质素，产生的葡聚糖酶和几丁质酶可以直接抵抗入侵生物，产生的防御蛋白酶可以抵抗逆境，产生的致病相关蛋白的合成酶可以预防多种植物病害，产生的苯丙氨酸解氢酶可以生成酚类化合物，产生的查尔酮合成酶可以生成类黄酮类化合物，产生的萜类化合物合成酶可以生成萜类化合物。通过上述诸多酶的推动，进一步生成具有化感作用和渗透作用的生物碱、酚类、类黄酮类和萜类等次生代谢产物，从而推动植物防御系统的形成。植物每受到1次胁迫，上述反应过程就从头进行1次，多次胁迫逐渐使植物体内的防御物质积累起来。

植物利用次生代谢产物战胜入侵真菌的过程如图 5.11 所示。

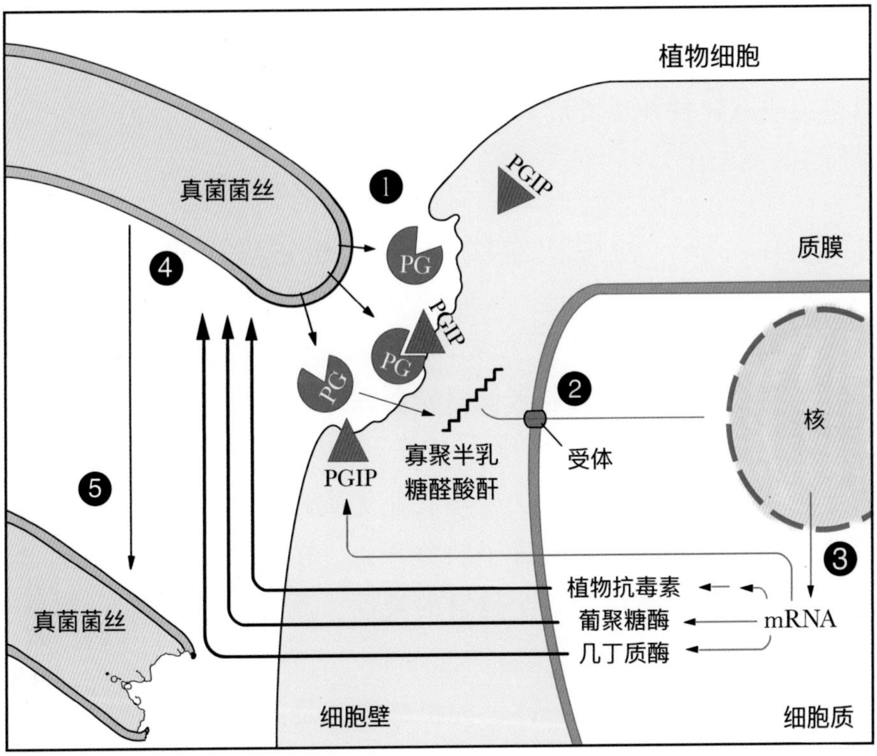

图 5.11　植物利用次生代谢激活抗逆蛋白战胜入侵真菌

资料来源：布坎南, 2004. 植物生物化学与分子生物学 [M]. 翟礼嘉, 等, 译. 北京：科学出版社。

　　注：①真菌入侵植物时分泌1种物质叫多聚半乳糖醛糖酶（PG），与植物细胞壁中分泌的多聚半乳糖醛糖酶抑制蛋白——植物防御蛋白（PGIP）直接对抗；

　　②植物感受到有入侵者时产生信号物质，并将信号通过质膜传递到细胞核；

　　③细胞核激活mRNA，例如植物抗毒素、葡聚糖酶和几丁质酶等酶类物质；

　　④这些酶类物质直接作用真菌表皮；

　　⑤真菌表皮破裂死亡。

六、植物抵御逆境的共同机制

　　学者们总结出植物建立抗逆防御体系过程的共同机制：用共同的受体、共同的信号传递途径，传递不同的逆境信号，诱导共同的基因，调控共同的酶和功能蛋白，产生共同的代谢物质。在不同时间和空间抵御不同的逆境，这就是植物最经济、最高效的抗逆防御体系。

　　可见，植物与生俱来就有抵抗病虫草害、干旱、水涝、高温、低温、盐碱和灾害性天气的能力。人造胁迫的生理意义，即在作物生长早期就进行多种形式的胁迫诱导，在抗逆训练中追加营养，形成作物体内的抗逆防御体系。在病虫草害和灾害性天气等逆境到来时，作物体内的抗逆防御物质已经有了很多积累，可以避免或减轻各种逆境带来的损失。

第六节　利用次生代谢功能为生态农业服务

预计从现在起至 21 世纪末，全球由于气候变化所引发的异常天气事件（高温、干旱等）将会频发，对农业来说意味着在未来几十年中，风调雨顺的年景会变少，而各种异常天气会成为常态。因此，如何应对日趋常态化的异常天气，将成为农业各个环节的重要课题。生态农业优质高产"四位一体"种植技术比较重视提高作物的抗逆能力，从种子胁迫开始，在作物整个生长期不断地胁迫并追加营养，以此来提高作物各个器官的抗性。此技术或将成为应对异常天气的关键技术。

生态农业优质高产"四位一体"种植技术，是如何充分用植物次生代谢功能的呢？足够的有机物（秸秆、畜禽粪便和农业废弃物）和适当的水分供应是形成产量的基础，也是提高作物抵抗逆境的基本条件。让有益微生物占领优势生态位，是抵抗土传病害的第一大要素，有益微生物具有固氮、溶磷、解钾能力，可以将有机物降解为可吸收态，为作物提供健康生长的充分条件。矿物质是形成土壤团粒结构和维持作物生命的必需元素，补足前茬作物携带出的各种矿物质，也是形成作物抗性、品质和风味不可或缺的物质。对作物的胁迫从种子开始，在生长的各个时期不断地胁迫并追加营养，这一理念贯彻作物的整个生长期，目的是让作物不断地开启次生代谢，积累抗性物质，这是作物形成高效抗逆防御体系的关键措施，应用实例如下。

一、种子的微冻胁迫技术

胁迫要从种子开始。近年来，用微冻液处理种子的技术，被越来越多的种子企业和农业生产者认可。微冻处理技术将种子放入微冻液（零下 28℃左右）中，种子会产生抗冻糖蛋白（AFP），以保障其快速进入休眠状态，短时间浸泡后取出备用。低温胁迫激活种子中的抗逆蛋白，使其在以后的生长过程中能够抵抗病虫害和各种异常天气。具体做法：将1千克真空包装的种子放入微冻液，浸泡30分钟取出，存放在种子库中，供播种使用。经过微冻处理的种子，播种后发芽快、耐低温、抗病毒、根系发达、生长旺盛、产量高（图5.12）。种子的微冻胁迫是作物整个生长期最早遭遇的胁迫，也是最简单有效的胁迫措施。

图 5.12　福建晋江微冻技术处理后的水稻种子及长势（王慧娟，供图）

二、植物诱导剂的胁迫技术

植物源的中草药制剂与作物的亲和力更强，胁迫效果明显。植物诱导剂（那氏齐齐发）是一种纯中草药制剂。植物诱导剂用在浸种、拌种、移栽蘸根、苗期灌根、生长期作物叶面喷施，表现出双向抗逆和高光效功能，显著提高作物产量和品质，缩短作物的生育期，小麦平均缩短7~15天，水稻平均缩短10~20天，玉米平均缩短30~40天。

植物诱导剂对植物病毒的抑制作用强，2002年中国南方马铃薯研究中心的研究人员发现，用植物诱导剂喷施已感染病毒的马铃薯能够使其恢复生长。

在育种上，植物诱导剂可诱导激活植物的抗逆、早熟、高产、优质等基因的表达，几十年的生产实践不断重现。2015年学者从分子水平宏基因组研究证明，经诱导的紫根水葫芦尽管没发现 DNA 的改变，但在 mRNA 的表达上有近万个基因改变，其中有3 235个基因表现出显著的增强趋势。可见，通过外源的诱导调控可导致作物性状发生改变，可诱导调控为新的生物种质并能稳定遗传。植物诱导剂诱导育种方法安全、快速、有效，已培育出可自留种的大豆、玉米、小麦、水稻等高抗性、高品质、高产量的品种。此技术或将取代转基因育种技术，成功案例如下。

1999 年，那中元在昆明官渡做百亩小麦连片植物诱导剂的对比试验，对照组使用 3 次农药白粉病仍严重，而植物诱导剂组基本不见病株。同年，在云南迪庆，海拔 3 276 米，用植物诱导剂解决了玉米光氧化的难题，当地玉米全生育期有效积温 493℃（一般早熟品种需积温 1 000℃），玉米苗期还经历了最低气温 −5.4℃的考验，当年玉米产量每亩 499 千克。

2017 年，在内蒙古巴彦淖尔播种的那氏超大穗"喜贫厌富"玉米（非转基因），6 月 18 日播种，未使用农药，无土壤施肥，未使用除草剂，9—10 月经历 3 次霜冻，10 月 8 日被中雪洗礼，玉米表现出高产、耐瘠薄、抗冻害、抗病虫害（包括抗繁殖力极强的螨虫——红蜘蛛）（图 5.13）。

图 5.13　内蒙古种植施用那氏齐齐发的玉米生命力强（那中元，供图）

2018 年，在山东东营保护地使用植物诱导剂和高活性固氮微生物菌剂，对番茄进行早期胁迫，在番茄苗期（高 2~3 厘米）先用低浓度植物诱导剂水溶液灌根，再用高浓度的地力旺灌根，2 次胁迫促进根系向下生长。具体方法：用 50 克那氏齐齐发兑 75 千克水（喷雾器 5 背壶）给 1 800~2 000 棵番茄苗灌根，1~2 天后再用地力旺每亩 1 千克兑水稀释成喷雾器 5 背壶进行灌根。番茄的根系扎得很深，果实圆润、口感好（图 5.14）。

图 5.14　番茄用那氏齐齐发和地力旺灌根的效果（韩成龙，供图）

三、早期胁迫 —— 玉米割苗机

胁迫越早效果越好。对玉米进行早期胁迫的机械 —— 玉米割苗机由河北廊坊的苏宝剑发明。20 世纪 70 年代末，某年春季玉米在小苗期遭受了雹灾，苏宝剑号召社员拿着剪刀到玉米地，剪掉被雹子砸倒的小苗，结果当年玉米获得丰收。这使他深受启发，一直琢磨怎样用机械化手段，实现对玉米小苗的有效割叶，以此来刺激玉米小苗的生长，增加玉米的抗逆性。通过几十年的努力，他发明了玉米割苗机，在玉米幼苗长到 5~6 片叶时进行割苗，每台割苗机每天割苗 300 亩，方法是把玉米苗从根部起第 1 个叶片以上全部割掉。割苗的优势和效益表现在玉米抗倒伏、抗旱、根系发达、抗虫害、增产 20%~30%。这一发明就是用机械化手段实现对作物苗期的胁迫（图 5.15）。

图 5.15　玉米早期胁迫 —— 玉米割苗机（苏宝剑，供图）

小结

　　植物次生代谢研究是近百年来取得重大成就的科学领域。逆境中开启次生代谢是植物适应环境的重要生理过程，自然界植物次生代谢产物有10万种。本章较为详细地介绍植物最重要的次生代谢途径，产物有化感物质、抗氧化物质、内源激素、渗透物质、逆境蛋白，这些物质对植物抵抗病虫草害和异常天气起到关键作用，并且次生代谢也会形成农产品品质物质、风味物质和人类必需营养素。充分利用次生代谢可使植物正常生长发育、人类更健康、环境更友好。植物次生代谢产物是自然界早已稳定的物质，不会造成新的生态危机。利用次生代谢可以很好地解决农业生产问题和人类食品安全与健康问题。

　　本章论述了开启植物次生代谢的必要条件，运转次生代谢的充分条件。在生态农业优质高产"四位一体"种植技术中，通过耕层发酵等措施给作物提供适量且均衡的营养，并且在作物生长过程中采用人为胁迫+营养的方法。此技术具有创新性，即在生产全过程不断地胁迫，胁迫越早越好，目的是让作物多次开启次生代谢，同时用叶面喷施和灌根的方法追加营养，让次生代谢有效运转。追加的营养主要是小分子有机物、螯合态矿物质、中草药制剂那氏齐齐发和多功能菌剂地力旺等，可以起到补充营养和运转次生代谢的双重作用。以此建立植物抵抗病虫草害和异常天气的最经济、最高效的防御系统。最终生产出品质优、风味足的农产品。

　　生态农业优质高产"四位一体"种植技术，可推进化学农业向生态农业的转型，为中国农业的持续健康发展助力。

第六章

生态农业优质高产"四位一体"种植技术应用实例

第一节　山东平度王站厂应用"四位一体"技术实例

2001 年秋天，26 岁的我在镇村两级领导的号召下，建立起了第 1 座温室大棚，种植番茄。当时好多人都不看好我的这一举动。我在第 1 年种植粉果，番茄成熟后第 1 次卖的价格是 5 角 1 斤，最贵时卖 8~9 角 1 斤，到番茄采摘结束，当年就把本钱赚回来了。当年建棚和棚内的投入共花了 1.1 万元，这在当时是一个普通农民几年的收入。村里的人一看挺挣钱，第 2 年又建了一批大棚，连续几年番茄价格都还可以。那时镇上还没有什么企业，农民一到冬天就没事干了，冬天管理大棚也是一条不错的增收之路。

经过了几年的辛勤劳作，我积攒了一些本钱，2008 年，又和邻居们合伙，租了别人的土地，建了第 2 座温室大棚，当时每亩租金 800 元，比包给种地的还高出 300 元。村里一共新建了 7 座温室大棚，只有我和邻居是全村最先使用卷帘机的，以前都是用手拉草帘子，比较累，用卷帘机省时省力，我们的大棚投入 6.5 万元，当年种的是大红果，价格也比较好，当年又收回了成本，附近的村民一看种番茄收益这么好，也不用领导号召了，纷纷自建大棚。同时县里为了鼓励这一新兴产业，对成方连片的大棚给予一定经济补助，第 1 个大棚种了 5~6 年后，由于一直种的是番茄，重茬厉害，又大量使用未腐熟的鸡粪和冲施肥，又用了一些复合肥，土壤开始酸化。那时时兴水剂的桶肥，很便宜，当时不懂，现在看就是肥料加上点激素，劲来得快，但也去得快，番茄产量开始下降，出现萎蔫、死棵现象，特别厉害的年份，有的管理不好的棚几近绝收，这对棚户打击不小，四处求医问药，用了不少化学药物，如果从苗期开始防治效果尚可，如果防治晚了，效果也不好，那时还不知道是土壤恶化引起的，也没有农药残留这个概念，微生物菌剂也刚刚听说。几年以后，番茄出现了抗死棵品种，番茄的死棵问题解决了。但大棚种植的连作障碍很严重，为了解决连作障碍问题，菜农还把大棚内下挖 30 厘米，把养了好几年的土壤挖出去，又从外面拉进生土，这么一折腾，费时费力，花费也不少，然后又开始大量用化肥和农药。2001—2016 年，番茄价格年年涨或保持稳定，激发了老百姓的种植热情，全国都在扩种番茄，渐渐出现卖菜难的问题。

我这个人呢，比较热爱科技，对新生事物感兴趣，从种棚一开始就注意收看山东电视台的涉农类节目，《乡村季风》栏目是我每期必看的节目，此外还对一些科学种田的报纸也爱不释手，我也经常在电脑上查阅一些防治死棵的资料，在阅览网上资料的时候，不经意间搜到了徐江老师创办的生物药肥网站，便联系了徐老师，买了一部分生物药肥，施用后也有效果，但提早防御的效果更好，也是从那时开始，我开始关注农产品的药物残留问题，并多用一些生物药肥。

2017 年秋天，我又投入 20 万元建立了第 3 个温室大棚，占地 7 亩，实际耕地面积 3 亩，就在这年冬天，番茄遭遇"滑铁卢"，这 3 亩番茄一共才卖了 8 万元，那年最贵的卖 2 元多，便宜的 4~5 角，有的卖不掉，还烂在秧子上。北方温室由于受南方冷棚和露天番茄扩种面积的影响，优势越来越不明显，投资与收入有时倒挂，如何让自己辛苦种出来的番茄不受市场波动的制约呢，在价格上得有一定的话语权规避风险。现在消费者的健康意识也越来越强，食品安全问题凸显，于是我在寻找能够种出健康、绿色番茄的方法，也算是做技术储备吧！有一次难得的机会，我听了梁鸣早老师的视频课，梁老师介绍了"四位一体"技术，我如获至宝，原来蔬菜还可以这样种植，植物这么有智慧，给我打开了一扇大门，于是暗下决心一定要掌握好这项技术，种出优质安全又好吃的番茄来。那个时候收购客户只要求番茄硬度、果形、颜色、大小，而对口感、健康这一块儿要求并不高。种出来的番茄，特别硬，淡而无味，已经失去了原有的味道，放在锅里还煮不烂。于是我联系梁鸣早老师详细了解这套技术，梁老师平易近人，对我有问必答。后来韩成龙老师也把这套技术给我作了具体的指导。在昌乐的培训会上我又认识了张淑香老师。在老师们的指导下，又经过不断地摸索我在 2018 年冬天用生态农业优质高产"四位一体"种植技术种植的番茄喜获成功，完全打破了我以往对肥料的认知，以前只施氮、磷、钾忽视了各种中量、微量元素和对秸秆的利用。2018 年在不施用大量元素水溶肥的情况下，番茄照样长势喜人，果实饱满、口感好，产量一点儿也不低于化肥种植，随后将样品送往青岛诺安检测中心做了 191 项农药残留和 4 项重金属的检测，结果无农药残留、无重金属残留，要知道这是种了 18 年的大棚，第 1 年用这项技术就取得这样好的效果，令人鼓舞。"四位一体"技术在改良土壤、清除土壤重茬障碍方面的速度令我折服。那年冬天，梁老师、韩老师又实地考察了我的大棚，给予了不错的评价，2019—2020 年，我严格按照"四位一体"技术的要求，秸秆还田，每亩投入 7 立方米鸡粪，150~200 千克钙镁磷肥，1 千克根施活力素，

25千克罗布泊钾肥，1千克地力旺（二代），2020年秋天还用了40千克/袋×5共200千克的嘉博文成品有机肥（2/3用于耕层发酵，1/3撒在表层）。定植时，用那氏齐齐发蘸根，定植水先浇1遍地力旺，可提早繁殖生长期，那氏齐齐发叶面喷施2次，诱导作物产生抗病能力，提高光合作用效率，制造更多的有机物。膨果期补充腐殖质类肥料古牛多糖、活力素等，番茄不缺营养，叶面油绿、厚实，植株节间短，无空穗。采用熊蜂授粉，安全无激素。几年下来，连顽固的根结线虫也逐年减少，现在已经几乎不见了，番茄的品质、风味、口感都有了很大提高，现在发往外地收到的客户没有一个说不好吃的，都说有番茄味儿、清香绵软、香甜度高、风味好，这是以前做梦也想不到的事。以前的番茄只能走批发市场，现在试着往外发货，客户的复购率很高，一切都在向着我梦想的方向发展。我现在也在努力把这个技术推广出去，让更多的消费者和种植者受益。真诚、真心感谢梁鸣早老师、张淑香老师、韩成龙老师和徐江老师，是他们让我的梦想变成现实，真心感谢生态农业优质高产"四位一体"种植技术，让我又活成了另外一番模样。我清楚地记得，2018年夏天，徐江老师在我这儿观察地力旺（二代）的效果，他问我："王站厂，让你拿出1个棚来，不用速效化肥和化学农药，你能不能种出番茄来？"当时我回答："徐老师，我不敢这么做，种不出来。"因为在当时的认知当中，不用这些东西，那就是在胡闹。秋天，徐老师发了梁老师的讲课视频给我看，学习后才开始应用"四位一体"技术，现在，我可以自豪地跟徐老师说："徐老师，您的愿望在我这里实现了！"

下面介绍"四位一体"技术在我家大棚里的实践过程。

一、用耕层发酵方法施用底肥

我的体会，"四位一体"技术闷棚太好啦！投入品仅用有机物料、矿物质和有益菌，就解决了底肥的投入和消灭病虫害两大问题。"四位一体"技术在闷棚中从一开始就避免了有害物质的带入，通过闷棚可以改良土壤，并为下茬作物筹备全面的营养物质。闷棚后的土壤形成了腐殖质层变得特别疏松，也为作物抵御异常天气做好准备。

怎样进行耕层发酵呢？

耕层发酵是种植作物施肥量最大的时期。具体做法：上茬番茄结束后，把番茄秧放倒，用秸秆还田机还田，然后每亩再添加2吨玉米秸秆或玉米芯等，5立方米鸡粪或牛羊粪，150千克钙镁磷肥，1千克活力素，25千克罗布泊硫酸钾，除秸秆粪肥外，把上述产品的 2/3 扬到地里，每亩喷地力旺〔有效活菌数高的地力旺（二代）〕1 千克，然后深耕，以 30~40 厘米为宜，后旋平整高 20 厘米，宽 60 厘米的高垄，上覆地膜，膜下灌水，补好放下外大膜，湿度 50%~60% 保持 1 个月，完成耕层发酵，掀膜后晾干，把剩余 1/3 的底肥扬上，如有条件，每亩再补充几袋优质微生物菌剂，旋耕，起垄，准备定植。经过耕层发酵的土壤变得很松软（图 6.1）。

图 6.1 经过耕层发酵的土壤

二、移栽前施肥（或称种肥）是为幼苗准备养料

耕层（0~15 厘米）施肥，表土施肥是为作物的幼苗时期准备营养，此时使用有机肥必须用充分发酵好的有机肥 500 千克/亩，根施活力素 0.5 千克/亩，钙镁磷肥 50 千克/亩，罗布泊硫酸钾 15 千克/亩，然后用旋耕机轻旋 1 遍，整畦备栽（图 6.2）。

图 6.2 移栽前对 0~15 厘米表土施肥

三、移栽时不能忘记早期胁迫是作物整个生长期最重要的胁迫

移栽前用那氏齐齐发蘸根，具体操作：用那氏齐齐发粉剂 1 袋 50 克，用 500g 开水泡开（注意用塑料桶或盆，不能用铁器），避光放置 3 天后，或用市面上的成品水剂 500 毫升。每瓶（袋）500 克原液根据季节的不同（高温用低水量，低温用高水量）兑水 60~80 千克，把苗盘放入塑料盆盛的药液里蘸 30 秒，然后拿出放在大棚耳房内，放置过夜，第 2 天上午定植（图 6.3）。定植后滴灌［加地力旺（二代）0.5 千克 / 亩］3~5 小时，以浇透为准。

图 6.3　番茄苗在移栽前用那氏齐齐发蘸根后放置过夜

四、幼苗期胁迫 + 营养管理的主攻方向是扎根

移栽 3 天后，浇缓苗水时加入矿源腐殖酸 250 克 / 亩。幼苗开始扎根，地面见干时划锄，用锄头划一下地面斩断上层毛细根，促使根系下扎，为培育深根做准备，此时地面不干一般不浇水或滴灌，为防止空气湿度过小，引起病毒病，增加空气湿度，可用那氏齐齐发喷施 1 次，浓度以每瓶 500 克原液兑 3 喷雾器水为好，每桶再兑 20 毫升腐殖酸或氨基酸叶面肥。每 7~10 天叶面补充氨基酸液肥 + 活力素 + 地力旺，防病虫害，增加营养（图 6.4）。在第 2 水后可用青枯立克等中草药制剂灌 1 次根，预防茎部病害。叶面补充钙、硼等元素，每次浇水冲施水溶性肥，甲壳素类、腐殖酸、氨基酸类等根据作物长势交替施用。

图 6.4 幼苗期划锄胁迫根系下扎，地表要见干见湿

2020 年定植后第 8 天，灌第 3 水时发现被水冲出来的幼苗根系已经长得很长了（图 6.5），说明早期胁迫促进生根的措施已经奏效。

图 6.5 定植后第 8 天的幼苗根系

五、营养生长期的控旺措施

营养生长前期为了防治苗期生长过旺，用那氏齐齐发冲施控旺很有效果。这时需要对幼苗长势进行预判，在旺长前 5 天用那氏齐齐发效果最好。用那氏齐齐发后叶片比较小、比较厚、透光透气性好。在给作物补充营养期间每月配合冲施 1 次那氏齐齐发，促进根系生长，注意那氏齐齐发要在每次冲肥的最后 20 分钟施入以防浓度降低，根据作物的长势，每亩用 2~3 瓶 500 毫升原液（图 6.6）。

图 6.6　预计在番茄旺长前 5 天冲施那氏齐齐发

授粉不用沾花的办法，而用熊蜂或振动器，授粉后果实有籽，无空洞果。当看到花朵上出现熊蜂吻痕，说明授粉已经成功（图 6.7）。

图 6.7　熊蜂在番茄花朵上留下的吻痕

六、营养生长与生殖生长并进期的胁迫 + 营养管理

番茄定植后第 56 天，进入膨果期，也是营养需求的高峰期。要用地力旺（二代）0.5 千克 / 亩，矿源腐殖酸钾 5 千克 / 亩，还需要与钙镁叶面肥交替施用，随水滴灌，隔 1 水冲 1 次，冲施 2~3 次，膨果速度快（图 6.8）。病虫害的防治用叶面小分子有机物、活力素、地力旺（二代）、植物源提取物、那氏齐齐发等，

让诱导、胁迫和营养贯穿作物的整个生长期，打叶或打杈后都要兑叶面营养剂，补充营养，使次生代谢不空转，产生各种活性物质。每次阴天前补充钙、镁等元素，因为钙的吸收需要蒸腾拉动，"四位一体"技术对钙的需求量很大，因为钙是作物的第二信使，能把病虫害入侵信号第一时间传导至作物全身，植株整体开始防御是很关键的一步。缺钙会导致很多病虫害的发生。

图6.8 生长旺盛期的养分供应

番茄定植第83天已形成6穗果，果穗密，节间短，还有结果空间，一直没有出现病虫害的危害和天气异常引起的生长障碍等棘手问题，在100天左右成熟（图6.9）。番茄成熟后，把每次出的货计算一下，根据品种不同，3个大棚折合亩产8 000~10 000千克，产量丝毫不低于用化学方法种植。

图6.9 100天成熟的番茄

七、间作种植芸豆

番茄第 1 穗果开始转色期,把芸豆种子种在 2 棵番茄的中间,每穴 2 株,随着番茄往上摘,芸豆秧借着番茄秧往上爬,不用另外搭架子,待番茄结束后,芸豆也就开始结荚,大约在 4 月中旬上市,此时芸豆价格比较高,亩产 3 000~3 500 千克,亩收入 1.5 万元左右(图 6.10)。这茬芸豆借用了番茄的底肥和秧苗,省工省力,并且采用"四位一体"技术,收获的产品质量好,发往外地,客户一致称赞其鲜、嫩、口感无渣,也有顾客说很有味道,品质真的好。

图 6.10 番茄第 1 穗果转色期是套种芸豆的最佳时期

八、小结

谈一下我对"四位一体"技术中诱导胁迫＋营养的理解。通过学习,我们都知道植物有初生代谢与次生代谢之分,初生代谢为植物的生存、生长、发育、繁殖提供能源和中间产物,具体表现在植物的根、茎、叶、花、果实中;次生代谢产生的活性物质,如抗病物质、化感物质、风味物质、品质物质、内源激素等,都是植物自身产生,不是人为添加,是保证瓜果蔬菜营养、好吃的前提条件。

如何打开植物的次生代谢并产生这些有益物质呢?这就需要胁迫,胁迫可以让植物调动自身的防御。自然条件下,环境胁迫无处不在,风、雨、干旱、高温,等等。而在大棚种植中,环境胁迫没有了,植物长得顺风顺水,也就开启不了次生代谢,产生不了抗病物质和风味物质等,这也是现在瓜不甜、果不香的根源所在。

大棚内的作物，除了整枝、打杈、划锄等日常操作的胁迫外，只能借助外力诱导，用中草药诱导剂那氏齐齐发就是非常好的方法。作物开启了次生代谢，必须要补充营养，不然次生代谢只能空转，而产生不了抗病物质和风味物质等，这些物质得不到积累，作物的抗逆性就差。胁迫＋营养使作物积累各种抗性物质，遇到逆境时自动防御，把损失降到最低，种植就会变得省心、省力。

化学农业会固化人的思维，作物病了，就喷杀菌剂，缺肥了，就补各种肥料，永远以杀灭为主，这也是为什么有的药用几次效果就变差的原因，因为病菌也会升级换代，这样你就会永远跟在病害、缺素的后面跑，疲于应付。"四位一体"技术强调以预防为主，治病不见病，治虫不见虫，开启植物的智慧，把病虫害防控在"摇篮"中，让果更香、瓜更甜、营养更充足、食品更安全。

"四位一体"技术中重视对农林废弃物如秸秆、有机粪肥的利用。秸秆还田采用耕层发酵技术，把这些物质变成作物容易吸收的小分子有机物和腐殖质等。微生物是土壤活力的生力军，只有把微生物繁殖起来，土壤才能活起来，才能降解分解各种有害残留，把土壤中被固定的各种残留养分释放出来，才能是好的土壤，其中地力旺的固氮解钾菌发挥了重要的作用，可以最大限度地减少氮肥用量，而氮过量是百病之源。减少大量元素氮、磷、钾的施用，重视各种矿源中微量元素的施用，由于连年重茬，现在土壤中最缺的就是中量、微量元素。知道了各种元素的比例，纠正了以往的错误观念，重施钙、镁、硫，钙是作物的第二信使，镁是参与光合作用的重要元素，硫是打开次生代谢的必要元素，钙的用量是磷的2.5倍，起膨果作用的不光是钾，更有钙的参与，应该重施。明白了作物产量的96％是由光合作用贡献的，氮、磷、钾及中量、微量元素肥料的贡献率只有4％，所以提高光合速率与光合利用率是重中之重。

综合以上几点，诱导胁迫贯穿作物的整个生长期，辅以营养，外添加，内激活，让作物有了同病虫害做争斗的抗体，种植就会变得轻松、简单、舒心，还会收获高质量的瓜果蔬菜、粮棉麻油等；土壤中的各种土传病害没有了，越种越肥沃，最后成为"面包田"。"四位一体"技术是非常值得每个种植者好好学习的技术，是化学农业向生态农业转型的技术，是能为广大人民群众提供健康食材的技术。

地力旺和那氏齐齐发每月冲施1次，叶面经常喷施，作物叶片柔软，乌黑油亮，光合作用强，干物质积累多，生产中注意适当控水，管理好温度和湿度，100天左右，就会收获优质、营养、安全的番茄。这样的番茄，水分少、沙瓤、干物质含量高、营养全面、酸甜适宜、风味足、入口即化、耐储存，是市面上不可多得的优质产品，很有市场竞争力，消费者非常认可。

我在自家 3 个大棚里采用"四位一体"技术的种植模式，用了短短 3 年的时间，土壤就变得松软了，根结线虫消失了，作物长势喜人，收获了营养丰富、口感俱佳的番茄和芸豆，广受好评，经济效益丰厚。该技术方法简单，行之有效，通过技术人员指导，是任何种植户想做都能做到的。

第二节　陈安生的大舜有机农业产业园应用实例

治理面源污染要从源头抓起。2013 年山东菏泽鄄城的陈安生先生带领他的团队，在彭楼镇王集村从 300 亩被化学农业污染的土地做起，到 2020 年已经发展成为拥有 3600 亩土地的大舜有机农业产业园。短短几年时间，就使这里的土壤生态环境彻底摆脱了农药和化肥的污染，土壤的各项检测指标都明显好转。他们在生产中坚决不使用转基因种子、农药、化肥、除草剂、激素、地膜等对环境有害的投入品，而是使用羊粪、牛粪、秸秆、杂草等有机物，补充缺失的土壤矿物质，让有益微生物占领优势生态位，充分利用大自然中物种间相生相克的原理，实施以果树为主体的小麦、大豆、玉米、油菜、薯类以及多种蔬菜的间混套作种植模式，并在短时间内实现作物与鸟类、昆虫、蚯蚓、有益菌共生的生态家园，园中出产的各种农产品产量高、品质优、风味足。大舜有机农业产业园的土壤、作物和农产品多次进行第三方取样检测分析。土壤农药残留和重金属检测结果全部低于国家规定的最低限量标准。土壤理化性状的分析结果在改良土壤前后变化显著。农产品品质的多项指标均好于化学种植。产业园种植的果树、小麦等多种作物获得中绿华夏的有机认证、南京国环的有机认证，最近上百公顷的土壤获得南京国环的有机转换期认证，这件事是非常不容易的。大舜有机农业产业园在践行生态农业优质高产"四位一体"种植技术上的成功，说明此技术可以对化学农业进行卓有成效的纠偏，值得推广。下面介绍他们的成功经验。

一、拒绝使用转基因种子

大舜有机农业产业园内种植的作物品种很多，除苹果外，还有大豆、花生、红薯、黑小麦、小麦、越冬油菜等。所有的作物均采用可以留种的非转基因种子。例如大豆品种齐黄34，种子由山东省农业科学院大豆研究室主任徐冉提供，自留种已连续种植7年；花生自留种已连续种植7年，其中花花生、黑花生的种子由山东省花生首席专家李向东提供；红薯品种齐宁18号舜润田，原种由山东省农业科学院红薯研究室主任王庆美提供，自留种已连续种植7年；黑小麦品种高筋麦济麦44，种子由山东省农业科学院小麦研究室主任王法宏提供，自留种；越冬油菜品种垅6和垅7由甘肃省农业科学院孙万仓提供，自留种连续种植7年。在大舜有机农业产业园中种植的大豆有5个品种，齐黄34、齐黄35、鲁98012-1、鲁99011-1、鲁99011-4，经农业农村部转基因植物环境安全监督检验测试中心（济南）的检测，检测的 *NOS* 终止子、*CaMV35S* 启动子、*bar* 基因、*Cp4-epsps* 基因、*HPT* 基因均为阴性（非转基因品种）。种植非转基因作物的好处，一是可以连年留种，节约了买种子的钱；二是避免使用与转基因种子相伴生的除草剂，采用人工锄草，杜绝了除草剂对农田的污染。

二、重视土壤的修复和改良

大舜有机农业产业园改良土壤的基本策略是大量使用有机肥，特别是新规划入园的土壤，每亩施用羊粪高达3~5吨。羊粪被公认是畜禽粪便中最好的肥料，可为作物提供水溶性有机碳、有机氮，同时还给作物提供经羊消化过的中草药成分。大舜有机农业产业园坚持数年，每年都从内蒙古的牧区拉回纯正的羊粪（图6.11）。

图6.11　用优质羊粪覆盖秸秆发酵还田

大舜有机农业产业园同时注意将秸秆、杂草还田和进行多种矿物质肥料的补充，为土壤改良打下坚实的基础。每年给土壤补充羊粪、秸秆、杂草等有机物，在土壤微生物的作用下分解为小分子有机碳，可被作物直接吸收利用。有益微生物使土壤中的有机物分解最终形成腐殖质，腐殖质又促进土壤团粒结构形成，使土壤变得松软、透气，pH 值趋于中性，使被化学农业积累的农药残留快速降解和重金属快速钝化，经过 3~5 年的持续投入，在土壤重金属检测项方面，可以做到比国家一级土壤标准的重金属指标下限还低的程度。2018 年果园土壤样品经第三方谱尼检测公司的检测（报告编号：GMB1GJEI72959513），土壤中主要重金属元素的含量均低于国家一级土壤标准（表 6.1）。这种改良土壤的技术实际投入成本低、见效快，值得研究和推广。

表 6.1　大舜有机农业产业园土壤重金属含量与国家一级土壤标准对比　单位：毫克／千克

元素	一级标准	大舜有机农业产业园土壤
镉	≤ 0.2	0.092
汞	≤ 0.15	0.015
砷	≤ 15	11.600
铅	≤ 35	21.600
铬	≤ 90	53.100

三、自制苹果酵素增加土壤酶的活性

大舜有机农业产业园每年都自制苹果酵素数百吨，在作物生长期，稀释后喷洒到叶面，或随灌溉水滴入作物根系，起到快速补充营养和改良土壤的作用。酵素含有丰富的氨基酸和各种酶，酶是蛋白质或者 RNA，是由活细胞产生的，是一类极为重要的生物催化剂，使生物体内的化学反应在极为温和的条件下高效进行。酶是植物体内的活性蛋白，植物的很多生理过程都需要酶的参与，酶为生命体提供能量，制造新细胞，修复老化细胞；缺少酶，植物的代谢就会停滞甚至凋亡。土壤酶参与土壤的发生和发育以及土壤肥力的形成和演化的全过

程。土壤酶的活性标志着土壤作为类生命体的活性。酶是土壤和作物都需要的营养物质。酵素生产与使用显著地提高了大舜有机农业产业园的土壤肥力，促进消除以往化学农业积累下来的土壤面源污染（图 6.12）。

图 6.12 大舜有机农业产业园每年都自制苹果酵素数百吨用来滋养作物和土壤

四、实行多种经营，营造生态多样性家园

（一）果树行间实行间混套作

大舜有机农业产业园在果树行间种植功能性特色小麦、大豆、油菜、红薯等，充分利用生物间相生相克的原理，在人为参与下，建立间混套作的种植体系，使果树和粮食、蔬菜、野草相得益彰。大舜有机农业产业园创造出油菜一种四收、高效经济林下的粮、油、果、蔬、茶一种八收等间混套作模式（图 6.13和图 6.14）。这种间混套做的方式充分利用了地力和空间，充分利用了植物之间的相生原理，作物长势旺盛，病虫害得到控制，经济效益高。

图 6.13 果树间隙套种小麦、大豆等作物

图 6.14 　大舜有机农业产业园充分利用空间进行间混套作

（二）对生物多样性的追求

联合国粮食及农业组织 2011 年指出"土壤作为一个生命系统，具有维持其功能的能力。健康的土壤能维持多样化的土壤生物群落，这些生物群落有助于控制作物病害、杂草、虫害，有助于与植物的根系形成有益的共生关系，促进植物养分的循环；具有良好的持水性能和养分承载能力，从而改善土壤结构，并最终提高作物产量。"生物多样性是生态农业的重要组成部分，也是评价一个地区生态建设的重要指标。大舜有机农业产业园是以果树为主体的多种作物、蚯蚓、虫群、有益菌、鸟类共生的果园。大舜有机农业产业园的一草一木、一树一果、一虫一鸟，皆是人类的朋友，形成草木虫鸟共生和谐的生态环境，为人类健康服务。大舜有机农业产业园所生产的各类农产品产量高、品质优、口感好、风味足，现已成为很多消费者追求的目标。科学家梦寐以求的土壤生态系统正在大舜有机农业产业园变为现实（图 6.15）。

图 6.15 大舜有机农业产业园的苹果树上随处可见益虫与害虫的"战斗"

（三）让杂草为生态系统服务

在大舜有机农业产业园中有意识地适当保留一些杂草，让杂草顺应自然生长，拔强草留弱草，锄高草留矮草。野草是虫群、菌群的栖息地和多样化的美食，更是鸟类觅食的重要场所，因为，鸟是冲着草丛中的虫子来的，而不是果树上的果实；野草制造了很多有机营养，还田后又给土壤增加了营养，促使土壤中蚯蚓、虫群、益生菌大量繁殖，形成鸟与虫、虫与草、草与树、树与禾互生互助的良性生态系统（图 6.16）。

图 6.16 让杂草为生态农业作出贡献

五、用胁迫＋营养提高作物抵抗病虫害和逆境天气的能力

大舜有机农业产业园对于病虫害的防治以预防为主，采用胁迫＋营养的方法提高作物的抗性。具体做法：采用间混套作、中耕、拔大草留小草等人工干预方法制造胁迫，用中草药制剂、有益微生物制剂和螯合态的矿物质作为营养的补充，使作物在次生代谢开启时不空转，以此摆脱使用化学农药带来的危害（图 6.17）。

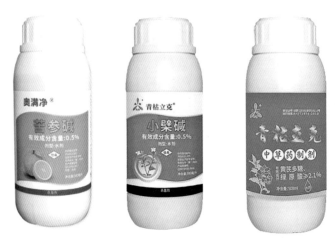

图 6.17　大舜有机农业产业园防治病虫害仅使用中草药制剂

大舜有机农业产业园在生产中非常注意对中量、微量元素的补充，中量元素钙、镁、硫是作物开启次生代谢过程中不可或缺的元素，微量元素是参与植物次生代谢的重要元素，微量元素是很多种酶的金属辅基，遇到逆境植物体内的各种酶会进一步推动次生代谢的运转。因此，均衡营养是提高作物抵抗病虫侵扰和对应异常天气的有效方法。主动防御可以减少过量使用农药所引发的面源污染。大舜有机农业产业园的农产品经得起第三方检测部门的多项农药残留检测。

六、土壤和农产品质量的第三方检测报告

（一）土壤营养状况良好

大舜有机农业产业园的土壤状况在几年的时间内逐渐改良。土壤 pH 值从以前的 8.4 盐渍化的碱性土恢复到最佳范畴 7.48，土壤 pH 值向中性的变化对土壤中矿物质的活性影响很大，特别是磷元素，如果 pH 值达到 8.5 土壤中磷元素的

活性为零，金属微量元素铜、铁、锰、锌的有效性也会快速下降，因此，土壤改良的关键是让土壤 pH 值趋于中性。大舜有机农业产业园的土壤有机质含量从 14.8 克 / 千克显著提高为 22.4 克 / 千克，达到比较高的水平；土壤碱解氮含量也高出其他土样约 1/3，达到 131.67 毫克 / 千克；土壤有效磷含量从 15.1 毫克 / 千克增加到 43.2 毫克 / 千克，达到很高的水平；土壤速效钾含量从 62 毫克 / 千克达到 583.2 毫克 / 千克的超高水平，超过了一般高钾土壤的含量（值有些超高，尚不知是否存在测试误差）（表 6.2 和表 6.3）。

表 6.2 大舜有机农业产业园土壤改良前后的样品检测对比

采样时间	pH 值	有机质 /（克 / 千克）	碱解氮 /（毫克 / 千克）	有效磷 /（毫克 / 千克）	速效钾 /（毫克 / 千克）
2006 年 9 月 19 日	8.4	14.8	95.00	15.1	62.0
2019 年 12 月 18 日	7.48	22.4	131.67	43.2	583.2

表 6.3 土壤分析数据的丰缺等级

丰缺等级	有机质 /（克 / 千克）	pH 值	有效磷 /（毫克 / 千克）	速效钾 /（毫克 / 千克）
低	< 10	4~5	< 5	< 50
较低	10~12.5	5~5.9	5~10	50~75
中下	12.5~15	6~6.9	10~15	75~100
适宜	15~20	7~8	15~20	100~150
高	> 20	8~8.5	> 20	> 150
很高	> 30	> 8.5	> 40	> 200

（二）多种农产品的农药残留均未检出

大舜有机农业产业园的土壤，经过 1~2 年的耕作和微生物的活动，将农药残留进一步降解，土壤中的有害物质进一步被转化。多次、多个作物经第三方检测，农药残留未检出。

大舜有机农业产业园第五基地的小麦第 1 年种植，生长 240 天成熟，2020 年经谱尼测试公司检测 215 项农药残留未检出（图 6.18）。

大舜有机农业产业园第五基地的黄豆第 1 年种植，生长到 78 天，2019 年 9 月 26 日取样本，经谱尼测试公司项目编号：NNASXN6A4F0007311，检测 208 项农药残留未检出。

大舜有机农业产业园第五基地的红薯第 1 年种植，生长到 73 天，2019 年 8 月 8 日取样本，经谱尼测试公司检测 179 项农药残留未检出（图 6.19）。

图 6.18　谱尼测试公司出具的大舜有机农业　图 6.19　谱尼测试公司出具的大舜有机农业
产业园第五基地的小麦 215 项农药残留未检出　产业园第五基地的红薯 179 项农药残留未检出

大舜有机农业产业园第六基地种植的大豆，2019 年 10 月 23 日经谱尼测试公司检测 217 项农药残留未检出（图 6.20）。

大舜有机农业产业园第六基地种植的黑麦，2020 年 7 月 16 日经谱尼测试公司检测 215 项农药残留未检出（图 6.21）。

舜田模式第六基地

检 测 报 告
(Test Report)
No.NNAQ0OUA4F1011000

检 测 报 告
(Test Report)
No. NOAB5I8N36443501

| 样品名称
(Sample Description) | 大豆 |
| 委托单位
(Applicant) | 鄄城县恩牧生态农场 |

| 样品名称
(Sample Description) | 黑麦 |
| 委托单位
(Applicant) | 鄄城县恩牧生态农场 |

图 6.20　谱尼测试公司出具的大舜有机农业产业园第六基地的大豆 217 项农药残留未检出　图 6.21　谱尼测试公司出具的大舜有机农业产业园第六基地的黑麦 215 项农药残留未检出

（三）黑小麦和小麦品质指标检测

2020 年 8 月大舜有机农业产业园的舜净田家庭农场将所生产的小麦（图 6.22）和黑小麦（图 6.23）籽粒经谱尼测试公司检测，营养指标膳食纤维、维生素 B$_1$、维生素 B$_2$、矿物质中的钾、磷、钙、镁、铁、锌的含量远远高于普通小麦的检测结果（表 6.4）。可见，大舜有机农业产业园的种植模式可以快速提高农产品的营养价值，食用这些营养丰富的食品，是解决人类目前普遍存在的亚健康问题的重要途径。

表 6.4　大舜有机农业产业园黑小麦、小麦与普通小麦的营养成分对比

项目	单位	大舜有机农业产业园		普通小麦
		黑小麦	小麦	
能量	千焦 /100 克	1 392.0	1 399.0	1 326.0
蛋白质	克 /100 克	14.0	14.3	9.4
脂肪	克 /100 克	2.5	3.0	1.4

表 6.4（续）

项目	单位	大舜有机农业产业园		普通小麦
		黑小麦	小麦	
碳水化合物	克 /100 克	53.8	55.6	75.0
膳食纤维	克 /100 克	18.3	12.5	2.8
维生素 B_1	毫克 /100 克	0.606	0.773	0.089
维生素 B_2	毫克 /100 克	0.190	0.140	0.041
维生素 C	毫克 /100 克	未检出（＜2.0）	未检出（＜2.0）	0
钠	毫克 /100 克	32.0	8.0	6.8
锌	毫克 / 千克	41.0	32.8	0.2
钙	毫克 / 千克	444.0	400.0	25.0
磷	毫克 / 千克	4 880.0	496.0	162.0
钾	毫克 / 千克	453.0	5 350.0	127.0
镁	毫克 / 千克	1 580.0	1 480.0	32.0
铁	毫克 / 千克	46.2	35.0	0.6

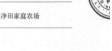

检 测 报 告
(Test Report)

No. NOAMG9TN65937501

样品名称
(Sample Description)　　小麦

委托单位
(Applicant)　　鄄城县舜净田家庭农场

检 测 报 告
(Test Report)

No. NOAMG9TN65936501

样品名称
(Sample Description)　　黑小麦

委托单位
(Applicant)　　鄄城县舜净田家庭农场

图 6.22　谱尼测试公司出具的大舜有机农业产业园小麦营养素和矿物质检测结果

图 6.23　谱尼测试公司出具的大舜有机农业产业园黑小麦营养素和矿物质检测结果

（四）通过权威部门的有机认证

大舜有机农业产业园 2013 年建成的 10.2 公顷苹果园，自 2015 年起开始申请南京国环有机产品认证中心的认证，2015 年 12 月获得有机转换产品认证（证书号：134OP1500478）；2017 年获得国环的有机产品认证（证书号：134OP1500478）；2018 年继续获得国环的有机产品认证（证书号：134OP1500478），证书有效期至 2019 年 10 月 30 日；之后又获得中绿华夏有机食品认证中心的有机产品认证，证书有效期至 2020 年 12 月 2 日（图 6.24）。

大舜有机农业产业园第二基地 20 公顷小麦和 81.4 公顷苹果，2020 年 7 月获得南京国环有机产品认证中心的有机转换认证证书，证书有效期至 2021 年 7 月 19 日（图 6.25）；

图 6.24　大舜有机农业产业园 2020 年获得中绿华夏有机产品认证

还有 167.73 公顷大豆和 3.93 公顷番薯于 2020 年 7 月获得南京国环有机产品认证中心的有机转换认证证书，证书有效期至 2021 年 7 月 19 日。像这样大面积获得国环有机转换认证证书的企业还是比较少见的。

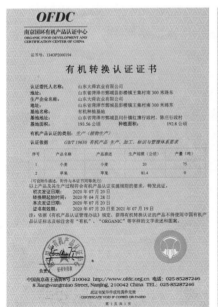

图 6.25　大舜有机农业产业园 2021 年获得国环有机转换认证证书

大舜有机农业产业园应用生态农业优质高产"四位一体"种植技术,可以实现短时间内使生态系统多样性再现,半年内新生野蚯蚓每亩20万~60万条,通过种植作物净化土壤的效果显著,土壤中各种农药残留均未检出,重金属检测达到国家一级土壤的标准,让有益微生物占领优势生态位,恢复土壤成为类生命体,建设生态多样性的家园。大舜有机农业产业园的农产品正在逐项拿到国家权威部门的有机认证证书。

七、小结

从生产的源头控制做起,从拒绝使用转基因种子、化学肥料、农药、除草剂、激素、地膜等入手,用环境友好型的有机肥料、矿物质肥料、有益菌和中草药制剂,用胁迫＋营养的方法提高作物的抗逆性,利用物种之间相生相克所产生的化感物质来防治病虫害,使土壤面源污染问题得到解决。大舜有机农业产业园是个很好的范例,此模式不但个体农户可以应用,成规模的农业企业也可以从中找到成功的方法。

第三节　生态农业"六不用"实例

根据生态农业的科学原理与应用技术,中国科学院植物研究所生态农业研究团队在全国进行了大量实践,现选择典型的10个案例,简要介绍如下。

一、弘毅生态农场

农场位于山东临沂平邑县卞桥镇蒋家庄村,面积1 000亩,生态养牛300头,生态养禽10 000只,有机主粮500亩,果园10亩,蔬菜50亩,有机中草药10亩。"六不用",即不用农药、不用化肥、不用除草剂、不用地膜、不用激素、不用转基因种子。农场成立于2006年6月18日,成功运营后,村庄"三堆"消失,村容村貌大幅度改善,经过国家有机认证。目前,消费会员8 322人,全国推广60个基地55万亩,覆盖全国220多个城市。

二、浑善达克沙地生态草牧业示范区

示范区位于内蒙古锡林郭勒正蓝旗桑根达莱镇巴音胡舒嘎查,面积13万亩,

于 2000 年开始生态恢复试验，并发展生态草牧业，该理念获得国家主要领导人的肯定。生态草牧业大型示范区（4 万平方千米）主要工作：草地恢复、草地畜牧业、草原养鸡、生态旅游。项目实施后，当地出现九大变化：生态恢复、牧草富裕、通电、通路、通厕、奶产业、生态旅游、草原养鸡，经济效益翻倍。生态旅游与草原养鸡成为当地的名片，青年人回归草原。美国《科学》（Science）报道了该试验。

三、山西临汾大宁县

2018 年开始建设有机大宁，全县 6 个乡镇同步开展，10 万亩果园，5 000 亩杂粮与蔬菜。用"六不用"技术种植小米、油葵、红薯、西瓜、玉米、高粱等杂粮和有机蔬菜。主要技术措施：有机肥养地、猪沼果模式、牛草粮模式、果园生草、物理＋生物控虫、机器＋人工除草、旱区有机土壤保墒等。"六不用"技术生产苹果成本大大降低，主要投入为有机肥 1 000 元 / 亩和生物农药 100 元 / 亩，诱虫灯由政府安装，其他投入基本只有人工，在没有自然灾害的情况下，苹果产量 1 500~2 000 千克 / 亩，每亩净收入 5 000~10 000 元。

四、中苑有机农场

农场位于河南郑州惠济区黄河湿地国家公园试验区，650 亩，种植有机葡萄、有机蔬菜、有机杂粮和生态养殖水产。自 2016 年，该农场专做"六不用"生态农业。整个农场采用生态循环，剪掉的葡萄果枝和树叶、草坪机剪下的草等废弃物都会被收集起来，通过堆肥发酵制成有机肥重新滋养土壤，真正实现"零排放"；降水储存在几个大的蓄水池里，种植蒲草、芦苇等水生植物，放养鱼苗形成生态鱼塘，通过生态体系的净化，鱼塘的水用于园区水稻和葡萄的灌溉，水温适宜，养分丰富，适合作物生长。农场依靠现代物联网技术，在每个温室大棚都安装传感器和控制器，通过实时监测光照、二氧化碳浓度、土壤湿度、养分含量的变化，精准控制滴灌系统、防风口、棉被等设备，真正实现农业种植的科技化和精准化；是集种植、养殖、观赏、体验、康养于一体的"循环圈"，真正用品牌农业推动乡村振兴。经济效益是改造前的 2~3 倍，为 100 多位周边农户与大学生提供就业机会。

五、鑫贞德有机农业股份有限公司

公司成立于 2010 年，位于河南安阳汤阴县宜沟镇尚家庵村。2010 年以来，公司先后流转土地共计 7 000 余亩，探索生态、循环、有机农业及一二三产业的融合发展模式。鑫贞德生态有机循环农业示范园是集生态种植、养殖、生态平衡科技普及推广三位一体，以食品安全、环境保护为使命的农业高科技生态循环示范园区，利用生态学原理，实现"高产、优质、高效、生态、安全"农业，经过 6 年多的努力，已经达到生态、循环、有机农业生产要求。2014 年 4 月获得国家认证许可监督管理委员会有机农业认可证书。2015 年与华福证券有限责任公司签署协议，成为河南率先进入资本市场的有机农业企业。2016 年 6 月 27 日，获全国中小企业股份转让系统批复，鑫贞德有机农业股份有限公司成功进入新三板市场。

六、九间棚集团

集团位于山东临沂平邑县地方镇九间棚村，该村属于国家 4A 级旅游景区，目前用"六不用"技术种植金银花与果树 1 000 亩。自 2005 年以来，在中国科学院弘毅生态农业团队指导下，发展金银花产业，打造乡村品牌，打造"九间棚六不用"品牌，研发生产"六不用"金银花熟茶、金银花凉茶；深加工"六不用"金银花口腔抑菌膏、口腔宝含片；"六不用"果品及罐头、"六不用"杂粮、"六不用"高粱酒等系列产品，开发运营特产服务中心、电商服务中心、"六不用"餐饮服务中心，受到了广大消费者和游客的青睐。2020 年 10 月 25 日中央电视台《新闻联播》报道了"六不用"。

七、山东竹山农业旅游公司

公司位于山东潍坊诸城市林家村镇，面积 2 万亩，用"六不用"技术开展苹果、杂粮、中草药种植和生态养殖等。自 2015 年以来，该公司主要发展有机主粮、水果、蔬菜种植，禽畜养殖和粪便养地。主要技术：病虫害生态防治、耕地有机质提升和维持、农田生物多样性管理、生物物理病虫害防治技术、畜禽立体养殖技术、青贮饲料技术、优质饲料配方技术、优质有机肥生产技术等。解决了农田停止使用农药、化肥、地膜之后如何进行病虫害防治、提高土壤肥力和作物生产力的问题。项目实施 6 年后，产品打开了青岛等城市超市市场，受到市民欢迎，每亩经济效益在原来基础上翻倍，带动了生态环境保护与农民就业。

八、江西吉安泰和县

项目区位于江西吉安泰和县灌溪镇雁门水流域，面积 73 平方千米（10.95万亩），6 个行政村，78 个自然村组和中国科学院千烟洲红壤丘陵综合开发试验站，农户 2 600 户、人口 1.2 万，发展有机水稻、水果、中草药、生态养殖、生态旅游等产业。为江西 3 个生态文明建设示范区之一，是"山水林田同治理，人与自然为一体"的南方红壤丘陵小流域生命共同体示范样板。项目规划该区域停药减肥，即停止使用农药、除草剂、地膜，建立中国南方红壤区首个无农药农业种植区，并将化肥用量在目前基础上减少 80% 以上。项目区农副产品无农药、塑化剂残留，单位面积土地经济效益在现有基础上翻倍（增加 100% 以上）。"种、养、加、销、游"并举，实现一二三产业融合发展，农民在家门口就业。目前该规划第一期工程已经开始建设，计划投资 4 亿元。

九、陕西渭南合阳县黑池镇

该镇发展"六不用"红薯产业，农户 2 772 户，人口 10 072，种植 1 万亩有机红薯。2018 年，黑池镇政府和山东弘毅生态农场合作，采用弘毅生态农场的"六不用"技术（不用化肥、农药、除草剂、激素、地膜、转基因种子），遵循"尊天、敬地、爱人"理念。经过 2 届黑池"曙光薯农"杯全国红薯擂台赛和红薯节的举办，让黑池红薯有了知名度，使黑池有机红薯深入人心，市场价达到每千克 20 元，比普通红薯价格高了 5~6 倍。结合一二三产业，黑池镇打造的有机红薯、红薯粉条、红薯面粉以及薯农老糖等系列产品深受消费者青睐。

十、黑龙江鸡西城子河区丰安村阿之麦水稻专业合作社

合作社种植有机水稻 2 550 亩，用可留种的越光米品种，生产的优质大米受到国内客户的普遍好评；在严格"六不用"基础上，产量超过 500 千克/亩。为了保留优良的遗传基因，在人工复纯提壮基础上，采用传统的人工收获，留种后采用机械收获。种植过程中，完全不用农药、化肥、除草剂、地膜、激素、转基因种子，而采用中国科学院弘毅生态农业团队研发的几十项替代技术。产品优质优价，畅销全国各地，一度出现供不应求的局面。

第四节　作物栽培的"四位一体"技术汇总

一、水稻生态种植技术（邵友远，供稿）

种子前处理和育苗期的早期胁迫　水稻选种杜绝转基因品种，选适合当地气候和条件的多抗、高产、优质品种。晒种 2~3 天，或拌种，用植物诱导剂（那氏齐齐发）或地力旺益生菌（按说明使用），也可用生石灰，5 千克凉水，100 克生石灰，4 千克稻种往里兑，用薄膜保护好，杀菌效果会提高，浸泡 3 天。豫北地区育秧在每年 5 月 1 日前后。育秧畦面撒种量每平方米 50~70 克，轻抿轻压露半谷，盖上过筛细粪土。用薄膜覆盖小苗，长到 3~4 叶时及时揭膜。秧龄的前 10 天怕淹，后 10 天怕窜，中间 15 天怕干。湿润间歇灌溉，达到干不裂缝、湿不积水。人造胁迫采用喷施高浓度那氏齐齐发 + 益生菌 + 氨基酸营养液，可起到控上促下的作用。秧高 20 厘米、7 片叶、10 条白根，秧苗敦实不起身，茎基扁粗带分蘖，叶片青秀不披叶。

适当的底肥和水分管理为次生代谢的运行打好基础　秧田和大田都需要全营养，施腐熟发酵的羊粪或牛粪 3 立方米（大约 2 000 千克），施钙镁磷肥 50 千克，施硫酸钾 25 千克，施土壤调理剂 25 千克，喷地力旺益生菌 5 千克，然后旋耕。采用干湿交替的方式进行水分胁迫管理，先要大水泡田，薄水插秧，深水返青，露泥分蘖。前期不宜灌深水，中期不能常有水，后期不能早断水。栽后 5 天要断水 3 天，让泥浆下沉，控水供气。水稻不能一路黑，三黑三黄属特色。

胁迫 + 营养是形成水稻抗性和品质的条件　移栽本身就是对作物的胁迫，插秧的疏密依据薄地稠、肥地稀、晚栽稠、早栽稀、弱秧稠、壮秧稀；还要看品种，分蘖力强宜栽稀，分蘖力弱宜栽密，株距密、行距稀宽便于通风。用胁迫 + 营养管理的目标是要壮根、蹲节、催穗、护叶，采用随水冲施地力旺益生菌每亩 5 千克，还要交替进行叶面喷施地力旺益生菌、氨基酸、那氏齐齐发、腐殖酸、钾等肥料，起到外在补充和内在激活的作用。豫北地区 7 月下旬是水稻从营养生长向生殖生长的转移时期，要重晒田，此时出现倒 3 叶伸长、叶色略黄均属于常态，叶上卷也不会影响产量。水稻全生育期采用胁迫 + 营养的管理，不用化肥、农药、除草剂和激素，常规粳稻产量可达 625 千克 / 亩。

二、冬小麦生态种植技术（邵友远、吴代彦，供稿）

（一）豫北地区冬小麦生态种植技术

冬小麦种子播种前的胁迫处理　提前2~3天晒种，播种前用地力旺拌种剂200克＋水1千克，搅匀拌种，闷种2~3小时，免晒，晾干。

重施、深施底肥和水分管理　为次生代谢的运行打好基础，冬小麦前茬为玉米，在玉米收割后粉碎秸秆，每亩施发酵好的羊粪约4 000千克，施菜籽饼60千克，施钙镁磷肥50千克，施含有地力旺的土壤调理剂25千克，随后用地力旺益生菌5千克＋水30~50千克均匀喷湿地表，深犁细耙。

生长期间的胁迫＋营养是形成冬小麦抗性和品质的条件。越冬前的胁迫＋营养管理，一般在10月中旬播种，7~8天全苗。冬小麦幼苗初期，用高浓度混合液（每亩用那氏齐齐发原液250克＋地力旺益生菌250克＋水30千克）于下午4点后喷施1次，可起到控上促下的作用。

第2次胁迫在8~10天后，人工深锄断根控旺长，既除草又保墒。墒情适中可不浇封冻水。返青期的胁迫＋营养管理，开春后（大约2月下旬）在冬小麦返青期进行1次叶面喷施复合营养液（每亩用那氏齐齐发原液200克＋地力旺益生菌500克＋氨基酸250克＋磷酸二氢钾100克），同时进行1次浅锄断表层根胁迫，控制春季无效分蘖，结合人工拔草。

成熟期的胁迫＋营养管理，清明节前后浇拔节水，同时冲施地力旺益生菌5千克/亩，随后进行叶面喷施复合营养液（每亩用地力旺益生菌100克＋氨基酸200克＋食用红糖300克＋磷酸二氢钾150克＋水30千克）。4月下旬，浇1次水随水冲施地力旺益生菌5千克/亩。随后每亩喷施复合营养液（每亩用那氏齐齐发原液150克＋益生菌250克＋氨基酸300克＋磷酸二氢钾150克＋水30千克）。请注意此时不能使用高浓度那氏齐齐发，否则抑制生长。5月上中旬凭经验观察叶片颜色，可将上述配方补喷1次，此时冬小麦扬花结束刚开始灌浆。

用营养＋胁迫的"四位一体"技术，全程不施用化肥、农药、激素和除草剂。由于生理调节、利用自然胁迫和人造胁迫，后期叶片绿中带黄，既不贪青，也不早衰，往年易发的白粉病、纹枯病、锈病都没发生，穗蚜极少，没造成危害。县级科学技术协会组织人员测产，产量为634千克/亩。

（二）西北地区冬小麦生态种植技术

冬小麦种子播种前的胁迫处理　浸种用那氏齐齐发100毫升＋热水100毫

升，混合后水温控制在 45～50℃，倒入麦种 10 千克，再加入地力旺益生菌拌种剂 200 毫升，搅拌均匀，浸泡 8～10 小时，摊开，晾干，待播。用地力旺益生菌和那氏齐齐发浸种，增加分蘖的作用明显，适当减少播种量，一般较当地常规种植减少播种量 20%～30%，亩播种量 7～10 千克，宁少勿多。另外，因浸种后种子发胀，播种机播种时需调大子眼 20% 左右。总之，减少播量，避免冬前发旺。因其他因素影响推迟播期的，则要适当增加播量。

重施、深施底肥 结合水分管理为次生代谢的运行打好基础。有水浇条件的农田，小麦前茬是玉米，可在收获玉米时趁绿粉碎秸秆还田，均匀撒施农家肥 2 000～3 000 千克/亩，或蚯蚓有机肥 1 000 千克/亩，矿物质肥和钙镁磷肥各 50 千克/亩，罗布泊钾肥 15 千克/亩，深翻整地，上虚下实，7～10 天后播种。小麦前茬是其他作物，在作物收获后，撒施腐熟农家肥 3 000～5 000 千克/亩，或蚯蚓有机肥 1 000 千克/亩，矿物质肥和钙镁磷肥各 50 千克/亩，罗布泊钾肥 15 千克/亩。小麦前茬是空茬田，需要撒施含地力旺的土壤调理剂 100 千克/亩、矿物质肥和钙镁磷肥各 50 千克/亩，罗布泊钾肥 20 千克/亩，撒匀，深翻整地，播种。

无水浇条件的农田，根据夏季降水情况复种夏闲豆科绿肥，或者复种黑豆、黄豆等养地，秸秆还田的同时再撒施腐熟好的农家肥 3 000～5 000 千克/亩，或蚯蚓有机肥 1 000 千克/亩，地力旺固体菌 20 千克/亩，矿物质肥和钙镁磷肥各 50 千克/亩，罗布泊钾肥 15 千克/亩，全地撒匀，深翻、整地，播种。

生长期间的胁迫＋营养 形成小麦抗性和品质的条件。越冬前的胁迫＋营养管理，结合冬春灌溉冲施地力旺液体菌 1 次，每次 2 千克/亩。

返青后的胁迫＋营养管理，拔节期每亩用那氏齐齐发和地力旺菌剂各 250 毫升＋苦参碱（根据有效成分含量确定浓度用量）＋"益微"菌粉 100 克＋水 50 千克，喷施。

孕穗期的胁迫＋营养管理，孕穗期那氏齐齐发 150 毫升＋地力旺液体菌 250 毫升＋苦参碱（根据有效成分含量确定浓度用量）＋"益微"菌粉 50 克＋水 50 千克，喷施。

三、苹果生态种植技术（吴代彦、王冠华、张开银，供稿）

环境条件 果园大气、土壤和灌水质量要分别符合 GB 9137—88《保护农作物的大气污染物最高允许浓度》、GB 15618—1995《土壤环境质量标准》、

GB 5084—92《农田灌溉水质标准》的要求。基地田块要相对集中连片，其附近农业生态环境良好（远离化工厂、水泥厂、石灰厂、矿厂、交通要道、养殖场、居民区等），有机果园四周不得有常绿树木越冬，土层较深厚，土壤有机质含量较高，无水土流失等。

新园建设　在前2年未使用过化学投入品，或者自建园时开始进行转换。选用适宜当地栽培的有机苗木，或未用禁用物品处理、非转基因的常规苗木。栽前进行土壤改良培肥，每亩用充分腐熟的有机肥10 000千克或蚯蚓有机肥3 000千克＋钙镁磷肥300千克＋矿物质肥300千克，与挖出的土混匀，回填栽植坑或沟，灌水沉实。树苗栽植时用地力旺液体菌50倍液＋那氏齐齐发100倍液混合蘸根处理。老园改造已成龄园3年内未使用禁用的化学投入品，或自改造时起进行36个月转换。为适应生态栽培要求，按照"稀高草"技术要求进行间伐，提干，修剪，种草与生草相结合，改良培肥土壤。

休眠期管理　间伐，提干，整枝，刮老翘皮，清园（将清理的枝柴、树皮、落叶移出，粉碎后与其他有机物一起用微生物发酵处理），涂白。树木萌芽前15~30天，喷1~2次5波美度石硫合剂。距地面20~30厘米处涂1个宽为10厘米左右的粘虫胶环状胶带。秋季未施底肥者，此时应抓紧时间补施底肥，每亩施充分腐熟的农家肥5 000千克，或者蚯蚓有机肥2 000千克，地力旺固体菌100千克＋钙镁磷肥100千克＋矿物质肥100千克，全园撒匀，深翻。未种草果园结合此次施底肥种植毛苕子或者箭筈豌豆。春季施底肥和种草以土壤刚解冻为宜，施底肥和种草时间早比晚好。

花露红期植物保护措施　刮治腐烂病斑，并用地力旺液体菌原液涂抹保护伤口，人工摘除白粉病梢和卷叶虫苞。主干涂粘虫胶：每亩放置黄板、蓝板各20张，悬挂于树冠中间高度。每亩放置诱集金纹细蛾性诱剂4~6个。糖醋液诱杀金龟子。释放捕食螨、赤眼蜂等天敌。花芽膨大期，全园喷施1次1~3波美度石硫合剂或45%石硫合剂晶体40~60倍液，也可选用"益微"菌粉500倍液＋苦参碱或除虫菊（有机专用，喷施浓度按说明配制）＋那氏齐齐发200倍液，人工摘除白粉病梢和卷叶虫苞。补充营养，提高坐果率，每亩用地力旺液体菌10千克＋那氏齐齐发3千克，兑水配成混合液，冲施或施肥枪注施。喷施地力旺液体菌100倍液＋那氏齐齐发200倍液。

谢花后—套袋前期　疏果：谢花后7~10天开始疏果，20天内疏完，留果间距一般为 20~30 厘米（目标产量 2 500~3 000 千克）。

病虫害防治：在释放赤眼蜂、捕食螨，开启杀虫灯，安放粘虫板、性诱器、粘虫胶、糖醋液和人工捕捉等措施的基础上，针对腐烂病、早期落叶病、轮纹病、红蜘蛛叶螨、蚜虫、桃小食心虫、卷叶蛾等，用"益微"菌粉 500 倍液 + 苦参碱或除虫菊素（有机专用，喷施浓度按说明配制）+ 那氏齐齐发 200 倍液混合防治。先用少量水稀释成母液后再倒入药桶（池），混药顺序为先兑杀菌剂，再兑杀虫剂，最后兑叶面营养剂；用雾化好的喷头，远离果面，打 1 次药换 1 次喷片。

套袋：套袋时间为定果后 10~15 天（5 月下旬至 6 月上中旬）。在落花后到套袋前应连续喷 2~3 次农抗 120 等生物制剂 400 倍液预防果实黑点病。纸袋选用符合标准的双层袋最好，外层袋外表为蓝灰色或新闻纸袋，里面为黑色；内层袋为蜡质红色袋。套袋时果实应置于果袋中央，袋口必须密封，免伤果柄。早晨有露水或遇高温时不能套袋，确保打开纸袋下方通气孔。

套袋后 — 摘袋前期 针对褐斑病、落叶病、炭疽病、轮纹病，以及金纹细蛾、叶螨、介壳虫、兼治蚜虫、桃小食心虫、卷叶蛾等，在前述农业措施和物理措施的基础上，继续用"益微"菌粉 500 倍液 + 苦参碱或除虫菊素（有机专用，喷施浓度按说明配制）+ 那氏齐齐发 200 倍液混合防治。间隔 10~15 天 1 次，其中秋梢生长期，用那氏齐齐发 60 倍液，以抑制秋梢生长。6 — 8 月每月冲施或施肥枪注施 1 次地力旺液体菌 + 腐殖酸钾各 5 千克。

割草与种草 草高 5 厘米以上或影响果园作业时，刈割后覆于树盘或就地覆盖，并喷地力旺液体菌 100 倍液促其快速腐烂。6 月或 7 月时，中耕除去果园所有草，每亩撒甘蓝型油菜籽 1~2 千克，防干旱、草荒。

摘袋 套袋果实于成熟前 20~30 天摘除外袋（高海拔地区可推迟几天），外袋摘除后 5~7 天再摘除内袋。除袋最好选择阴天或晴天的早晨和傍晚。除袋后喷 1~2 次"益微"菌粉 500 倍液，防治果实病害。中熟品种果实成熟前 10~15 天，晚熟品种果实成熟前 20~30 天，采取摘叶、转果、铺反光膜等措施，促进着色，提高果品品质。

适时采收 中熟品种适宜采收期为 9 月下旬，中晚熟品种为 9 月底至 10 月初，晚熟品种为 10 月下旬，一般可分期采收 2~3 次，间隔 10 天。采摘时应戴纯棉手套，分期分级采收，采果时要轻拿轻放，严防人为损伤，尽量减少转箱、倒箱次数。分级包装严防二次污染，戴纯棉手套一次分级，整齐分级包装，封箱前认真核对规格、数量、合格证、产品质量追溯卡、生产户（产品）编号，并且随机抽样检测，经双方核对无误后，签字交接，当天采摘的果实当天入库保鲜，产品检测结果永久存档。

采收后 — 落叶前施底肥　抓紧时间于10月下旬至11月上旬，每亩施腐熟农家肥或沼渣肥5 000千克，或蚯蚓有机肥2 000千克，地力旺固体菌100千克＋矿物质肥100千克＋钙镁磷肥100千克，全园撒匀，深翻。

烂果利用　无商品价值的果实，做果醋或苹果酵素。在苹果生长时期作为杀菌剂和营养剂使用。

四、冬枣生态种植技术（吴代彦、谢忠，供稿）

环境条件　果园大气、土壤和灌水质量要分别符合GB 9137—88《保护农作物的大气污染物最高允许浓度》、GB 15618—1995《土壤环境质量标准》、GB 5084—92《农田灌溉水质标准》的要求。基地田块要相对集中连片，其附近农业生态环境良好（远离化工厂、水泥厂、石灰厂、矿厂、交通要道、养殖场、居民区等），有机果园四周不得有常绿树木越冬，土层较深厚，土壤有机质含量较高，无水土流失等。

秋施底肥　腐熟农家肥5 000千克或蚯蚓有机肥2 000千克＋地力旺固体菌100千克＋矿物质肥100千克＋钙镁磷肥100千克，全园撒匀，深翻。清园越冬修剪后，最晚不晚于萌芽前15天，喷施5波美度石硫合剂。

种植绿肥　土壤解冻即顶凌播种，每亩播毛苕子5千克，播深2～3厘米。草高50厘米左右影响田间作业时，在地面5～10厘米处刈割，覆盖树行，并喷地力旺液体菌100倍液促其快速腐烂。

萌芽期　冲施或施肥枪注施地力旺液体菌5千克＋那氏齐齐发3千克。1周后喷施苦参碱（倍率参见说明书）1次。萌芽0.5厘米时，喷施那氏齐齐发150毫升＋洗衣粉150克＋水15千克。刮刀刮平树干，粘贴诱虫胶带，悬挂黄板30个/亩。

枣吊生长期　萌芽后第1月喷施那氏齐齐发200倍液＋"益微"菌粉300倍液＋苦参碱（倍率参见说明书）1次，释放捕食螨，去掉诱虫胶带。

花期前后　授粉前20天，喷施那氏齐齐发100倍液＋"益微"菌粉300倍液＋苦参碱（倍率参见说明书）1次。

种植绿肥　每年7月前刈割毛苕子并中耕，每亩撒甘蓝型油菜籽1～2千克，盖薄土。草高时在地面 5~10 厘米处刈割，覆盖树行，喷菌。

果实膨大期 每亩追施罗布泊钾肥 50 千克，冲施地力旺液体菌 5 千克 + 腐殖酸钾 5 千克。那氏齐齐发 100 倍液 + "益微"菌粉 300 倍液 + 苦参碱（倍率参见说明书），膨大期喷施 3 次，每次间隔 20 天。棚内温度过高时，采取遮光措施降低温度。

果实成熟期 喷施那氏齐齐发 100 倍液 + "益微"菌粉 300 倍液 + 苦参碱（倍率参见说明书）1 次。

果实采收后 喷施那氏齐齐发 100 倍液 + "益微"菌粉 300 倍液 + 苦参碱（倍率参见说明书）1 次。

说明：自制有机肥如遇养殖场含水量过大的畜禽粪便，需加入同量粉碎秸秆或者干菇渣与粪便掺匀混合，以此增加通透性和调节水分，水分控制在 50%~60%，加入适量发酵菌种，堆成 1~2 米高的粪堆，用塑料薄膜封闭发酵，待粪堆内温度达到 50~60℃，5~7 天后，翻堆，再发酵。苦参碱可以与"益微"菌粉和植物诱导剂混用，但必须现配现用不能久置。凡是使用捕食螨的冬枣园不使用苦参碱。

五、猕猴桃生态种植技术（吴代彦、王冠华，供稿）

1 月整形修剪。整形修剪过程中将带病枝条修剪带出果园进行枝条粉碎，用微生物菌剂堆制发酵，或与有机肥一起堆制发酵。

2 月新建园栽植新苗。栽植密度为 3 米 × 4 米。栽植前，用地力旺液体菌 30 倍液 + 那氏齐齐发 100 倍液混合浸泡根系 30 分钟，浇完定植水后，用"益微"菌粉 300 倍液对植株进行喷雾杀菌。

3 月上年未来得及施底肥的果园抓紧时间补施底肥（参见 11 月的施肥方案），并及时种植豆科绿肥（箭舌豌豆 15 千克 / 亩，或毛苕子 5 千克 / 亩，播深 2~3 厘米）。用播种机播种可保证播种质量，出苗均匀。草长到 50~70 厘米时刈割，覆于树盘，并喷施菌剂促其腐烂。萌芽前冲施或施肥枪注施地力旺液体菌 10 千克 + 那氏齐齐发 3 千克。

4 月及时安装黑光诱虫灯（每盏灯可以控制 15~20 亩）；不具备条件的及时配制悬挂糖醋液，选择颜色鲜亮（最好是红色）的敞口容器，装 2/3 容器糖醋液对直翅目、鳞翅目、半翅目、鞘翅目昆虫进行诱杀；每周更换清理 1 次，将虫深埋处理。在 4 月 20 日之前喷施 1 次"益微"菌粉 300 倍液 + 那氏齐齐发 200 倍液。

5 月花期结束后 1 周内，喷施 1 次"益微"菌粉 300 倍液 + 那氏齐齐发 200 倍液。

6 月追施罗布泊硫酸钾 50 千克，喷施 1 次"益微"菌粉 300 倍液 + 那氏齐齐发 200 倍液。

7 月 5—10 日，喷施 1 次"益微"菌粉 300 倍液 + 那氏齐齐发 200 倍液。利用墒情种植甘蓝型油菜籽 2 千克 / 亩，先除草，后撒种，扫土覆盖。

8 月观察果园红蜘蛛虫口基数，如果虫口基数大，单独用药 1 次，虫口基数小无须用药；用药方案：0.5 % 苦参碱 400 倍液 + 有机硅 3 000 倍液单独喷施 1 次。8 月中旬喷施 1 次"益微"菌粉 300 倍液 + 那氏齐齐发 200 倍液。

9 月 15 日前后喷施 1 次"益微"菌粉 300 倍液 + 那氏齐齐发 200 倍液。

10 月收获的季节，不进行操作。

11 月施底肥，每亩施农家肥 5 000 千克，或者纯牛粪、羊粪 2 000~3 000 千克，或蚯蚓有机肥 1 000~2 000 千克，矿物钾 120 千克，钙镁磷肥 100 千克，全园撒匀，翻地深度 25~30 厘米。

12 月灌溉封冻水。

六、红薯生态种植技术（吴代彦、王民宗，供稿）

育苗施肥 用生石灰处理苗床，充分腐熟牛粪、马粪、驴粪，加有机物料铺底，摆好种薯后喷"益微"复合菌粉或解淀粉芽孢杆菌，再灌水。2 叶 1 心叶面喷施 1 次"益微"复合菌粉 300 倍液 + 那氏齐齐发 80 倍液。

大田底肥 腐熟农家肥 3 000~5 000 千克，或者蚯蚓有机肥 1 000 千克，矿物质肥 60~100 千克 + 钙镁磷肥 50 千克 + 地力旺固体菌 25 千克。肥料撒匀深翻或者施在种植沟内，深翻地（25~30 厘米），高起垄（垄高 25 厘米）。

移栽 定植水每亩用 3 千克白僵菌 + 那氏齐齐发 500 毫升 + 地力旺液体菌 2 000 毫升，随定植水一并灌入。

追肥植株成活后，那氏齐齐发 200 倍液 + 地力旺液体菌 100 倍液，喷施 1 次；茎叶旺长期，那氏齐齐发 60 倍液 + 地力旺液体菌 100 倍液喷施 1 次（控制旺长）；膨大期，那氏齐齐发 100 倍液 + 地力旺液体菌 100 倍液喷施 1 次，有灌溉条件随水灌入也可。

转作倒茬 有机红薯前茬禾本科作物（小麦、玉米、谷子等）、豆科（各种豆子和花生）最佳。前茬收获后立即秸秆还田，种植越冬绿肥毛苕子。翌年春季4月底、5月初施底肥结合翻压绿肥。

田间管理 垄上覆黑地膜防杂草，人工除行间杂草。

植物保护 集中连片地块，每20亩安装1个太阳能诱虫灯诱杀害虫。零碎地块用糖醋液诱杀，在金龟子和地老虎发生时，每亩放置6~10个口径20厘米左右的红色小塑料桶盛糖醋液，高于地面50厘米左右，诱杀。糖醋液的配方：红糖1份，醋2份，白酒0.4份，敌百虫0.1份，水10份。配制方法：先把红糖和水放在锅内煮沸，然后加入醋闭火放凉，再加入酒和敌百虫搅匀即可。其他害虫可用苦参碱预防。

七、莲藕生态种植技术（吴代彦，供稿）

藕田选择 种植浅水藕的田块以土质较为疏松、有机质含量丰富为宜，土壤保水保肥能力强，排灌方便，土壤pH值5.6~7.5，含盐量在0.2%以下。如果是重茬藕田，每亩施生石灰50~100千克，撒施深翻处理。

优质藕种 选用高产、优质、抗病虫能力强、适应性强的品种和新鲜、完整无缺、具有2节以上、芽壮、无病虫害、后把粗短的大藕。藕种要新鲜。随挖、随选、随喷（那氏齐齐发100倍液处理藕种）、随栽，当天栽不完的应洒水覆盖保湿，以防芽头失水干萎。外地调运藕种从挖出到栽植，带泥覆盖草帘保湿，一般不超过5~6天。

种子处理 每亩藕种用那氏齐齐发1 000毫升，稀释30~60倍（以藕种均匀喷湿为宜），随喷随栽。每25千克毛苕种子，用那氏齐齐发500毫升，置于非金属容器中，加入开水1~2千克，待水温降至45℃时，倒入种子，加入地力旺拌种剂150毫升，搅拌均匀，闷种24小时，晾干播种。

重施底肥 每亩施充分腐熟的农家肥3 000~5 000千克，或蚯蚓有机肥1 000千克，矿物质肥60千克，地力旺固体菌60千克，钙镁磷肥50千克，撒匀深翻。追肥：6月冲施地力旺液体菌5千克/亩；7月冲施地力旺液体菌5千克+罗布泊或盐湖氯化钾15千克/亩。

适期种植 日平均气温稳定在15℃以上的4月上旬种植浅水藕。早熟品种适当密植，中晚熟品种适当稀植。

水分管理 浅水藕的水分管理一般遵循由浅到深，再由深到浅的原则。即定植后萌芽期田间保持 3~5 厘米的浅水层，最深不超过 10 厘米，使土壤和水层易于晒暖增温，促进种藕萌芽。当植株长出 1~2 片立叶后水位逐渐加深至 20~30 厘米，最深不得超过 50 厘米，以促进立叶生长，并抑制细小分枝发生。后期立叶满田，开始出现后栋叶时，表明地下茎开始结新藕，应在 3~5 天将水位降至 10~15 厘米，最深不超过 25 厘米，结藕时水位不宜过深，以控制立叶生长，促进结藕。整个生长期都要保持水位涨落缓和，不能猛涨猛落、时旱时涝，到新藕成熟时，水位应逐渐降至 3~5 厘米。

除草　出苗后开始中耕除草，不得使用化学除草剂，应人工拔除杂草，整个生长季除草 3~5 次，间隔 10 天左右，直到立叶封行为止，将拔除后的杂草埋入泥中作肥料。

生态调控　通过藕肥水旱轮作，降低栽植密度，重施有机肥、固体菌和矿物质肥料等措施，会减轻莲藕多种病虫草害。

诱杀：太阳能诱虫灯和诱虫板诱杀多种害虫。

药物防治：早防病，连续降水达到 20 毫米时，降水后用"益微"菌粉或者波尔多液（水 50 升 + 硫酸铜 250 克 + 石灰 500 克）喷洒预防。早防虫，用 1.3% 苦参碱 1 000~1 500 倍液 + 有机硅 2 000 倍液喷雾，防治多种害虫；每亩 7% 贝螺杀 50 克，加水稀释 1 000 倍喷雾灭螺。控制水绵，加深水层会减少水绵。发生水绵时，在晴天用硫酸铜溶液浇泼，每 7 天 1 次，共 2~3 次；硫酸铜用量根据水深而定，每亩用量按每 10 厘米水深 0.5 千克硫酸铜的用量计算，或每亩用石膏 2.5 千克 + 水 200 升喷洒，或用 0.5% 硫酸铜在青泥苔生长处局部喷杀。

轮作倒茬　腾地模式，秋季挖莲后抢种毛苕子（每亩撒种子 4~5 千克），翌年春季栽莲前 10~15 天施底肥时一起翻压。不腾地模式，莲藕成熟后暂时不采挖，清除荷叶和荷秆，直接在莲藕田内配茬种植毛苕子。水旱轮作，"莲菜 + 绿肥"模式连作 2~3 年，轮作 2~3 年玉米、花生、大豆、西瓜、洋葱、向日葵、油菜等或旱生蔬菜。

藕鱼混作　适宜的鱼类如黄鳝、泥鳅、鲫鱼、鲤鱼、鲇鱼、黑鱼等。藕田养鱼时，宜在藕田周围挖开宽 80 厘米、深 60 厘米的溜鱼沟或占地面积约为田块面积的 2%~3% 鱼溜（深 60~80 厘米），田块中间按"井"字形或"非"字形挖开宽 35 厘米、深 30 厘米的鱼沟。一般溜鱼沟或鱼溜和鱼沟，占田块面积的比例以 5%~10% 为宜。每亩藕田内养鱼数量应视鱼的种类和鱼苗大小而定，如 10 厘米左右规格的鲤鱼可放养 150 尾，25 克左右鲇鱼可放养 700 尾左右。

养鱼时应适当投料。藕田养鱼，可有效改善田间生态环境，有利于减轻病虫害，综合效益明显。

八、葡萄生态种植技术（吴代彦、张开银，供稿）

改造复壮　一是建立好的果园环境、健康肥沃的土壤和健康的植株，就要从改造树体和改良土壤着手，提倡"稀高草"技术，即减少每亩株数，让树稀下来，以果树树冠下见光30%~40%为好；二是将结果第1枝位置提高到80厘米以上，最好提高到1米，扩大树下空间；三是在保留果园杂草的基础上，每年秋季种植毛苕子，夏季种油菜作为绿肥，既增加了生物多样性，给害虫和天敌提供了栖息地，还保护了土壤，提高果园湿度，降低盛夏果园的温度。

底肥　普通农家肥3 000~5 000千克，或者蚯蚓有机肥2 000千克，加矿物质肥100千克＋钙镁磷肥100千克，把混合肥料均匀撒在地面上，深翻。如果没有农家肥或蚯蚓有机肥，每亩用含有地力旺的土壤调理剂400千克＋矿物质肥100千克＋钙镁磷肥100千克。

追肥　萌芽期每亩用含有地力旺的土壤调理剂10千克＋那氏齐齐发3千克，加水稀释200~300倍用施肥枪追入。6月、7月、8月，每月追1次水溶肥，其配方是：地力旺液体菌＋腐殖酸钾（或者麦饭石钾）各5千克，用施肥枪追入或随水冲施。

种草　秋季施底肥的同时每亩种毛苕子5千克，条播或撒播，深2~3厘米。绿肥越冬，翌年春季返青，生长到50厘米以上时，在距离地面3~5厘米处刈割，覆于树盘，并喷液体菌促其快速腐烂，可连续刈割2~3次。6—7月中耕除草，然后每亩撒甘蓝型油菜籽1~2千克，扫土覆盖，生长到50厘米以上时刈割。

防病　其一，霜霉病在6—8月开始发病，9—10月为发病盛期；白粉病发病期在5—10月；褐斑病5—6月始发，7—9月严重；黑腐病和黑痘病在幼梢和幼果时期发生；灰霉病在新梢时期发生；葡萄炭疽病在树势弱、高温、高湿时易发生；根癌病在冬季埋树时受伤引起。其二，复壮树势增强抗性，间伐，去枝，地面至少30%~40%的地方照到阳光，通风，排水降湿；增施有机肥、矿物质肥和微生物肥料；果园种草，改善果园生态小环境。其三，预防为主，防重于治。冬季12月和1月各喷1次5波美度石硫合剂，杀灭大部分病菌；另外在发病初期喷0.3~0.5波美度石硫合剂，连续2~3次，可以防治霜霉病、白粉病、褐斑病、黑腐病、黑痘病。未发病期间，每月喷1~2次"益微"菌粉 300~500 倍液＋那氏齐齐发 100~200 倍液进行保护。叶面喷施比例是 1：0.7：200（硫酸铜：生石灰：清水）的波尔多液 2~3 次，有效防治葡萄霜霉病。或用水 10 升＋木醋液 40 毫升＋米醋 20 毫升，2~3 天 1 次，连续2~3 次；水 10 升＋米醋 50 毫升，2~3 天 1 次，连续 2~3 次，可以防治各种叶部、果实病害。葡萄根癌病要减少树体受伤；所有树体伤口涂抹 2 次 5 波美度石硫合剂再埋土；做好排水设施，避免积水；减少氮素，减少挂果；通风透光；果园生草。或用"益微"菌粉 100~200 倍液＋那氏齐齐发 100~200 倍液＋腐殖酸钾 100~200 倍液灌根，并涂抹树干病部。

防虫　葡萄的害虫主要有绿盲蝽、叶蝉、斑衣蜡蝉、叶甲、卷叶象甲、吉丁甲、蓟马、白星花金龟子、康氏粉蚧、东方盔蚧、葡萄透翅蛾、葡萄虎天牛、螨类等。诱虫灯（频振式杀虫灯）：利用害虫趋光的特性，引诱成虫扑灯；灯外配以频振式高压电网触杀，使害虫落入灯下的接虫袋内；可以诱杀金龟子、棉铃虫等成虫。诱虫板（带颜色的粘板）：树上悬挂黄板和蓝板各 20~30 张/亩，黄板可诱杀叶蝉、蚜虫等，蓝板可诱杀蓟马、种蝇等。性引诱剂：利用昆虫的性信息素引诱异性昆虫进入诱捕器将其杀死，例如使用性引诱剂诱捕葡萄透翅蛾。保护利用天敌和生物农药：植物源杀虫剂藜芦碱、复合烟碱、苦参碱、天然除虫菊素（云菊）和复合楝素杀虫剂有较好的防治效果，根据产品说明使用。另外"益微"菌粉和那氏齐齐发对害虫也有一定的预防控制作用，这样就大大减少了害虫爆发和猖獗危害的概率，正常年份可能不需要药物防治，植物源农药、生物源农药和矿物源农药治虫慢，所以相对化学农药来说，用药要提前几天，治早治小。

九、茄果类作物生态种植技术（韩成龙，供稿）

定植前整地　每年 7 月把上茬作物秸秆和大田作物秸秆 1 000 千克/亩机械打碎，有机物采用初步发酵的畜禽粪便（干）5 000 千克/亩、土壤调理剂 100千克/亩、钙镁磷肥 150 千克/亩、硫酸钾肥 25 千克/亩、根施活力素 1 千克/亩均匀撒开，土壤保水剂 1 千克/亩、地力旺菌剂 5 千克/亩稀释 300 倍喷洒在物料上，翻耕 30 厘米土层后平整土地。经过一段时间（约 10 天）地温能达到50℃以上，杀死有害菌，软化秸秆。

移栽定植　用土壤调理剂 100 千克/亩、发酵好的有机肥 300 千克/亩、钙镁磷肥 50 千克／亩、硫酸钾 15 千克／亩撒开旋耕到 15 厘米的土层。开定植沟定植，可采用大小行方式，小行 60 厘米和大行 80 厘米，每亩定植 2 000 棵。按照大行和小行把土地做成大畦和小畦，定植在小畦里面，定植后，滴灌液中加地力旺 1 千克／亩，浇水只浇小行，不浇大行。定植时注意移栽苗要在同一个水平线上，尤其种植辣椒不适宜种太深，把移栽苗的土坨刚刚埋上就行了，种深了容易得茎腐病。尽量选择移栽苗主根是好的，主根不好的就不是好苗，尽量使缓苗的时间保持一致。

苗期管理　定植后的灌根胁迫，定植后大约 3~5 天，温度高时 2~3 天，就有新的根系生长出来了。新根长出 2~3 毫米至 2~3 厘米，把那氏齐齐发 50 克粉状固体，用 500 毫升开水化开，放置 3 天，再兑水 120 千克，均匀地灌在 1 800~2 000 棵苗上。灌根 1~2 天后，每亩用地力旺 1 升兑水 60 千克，再加氨基酸液肥 1 千克兑水 60 千克，合并灌根。可以替代生根剂和多效唑等激素类化学品。早期的划锄胁迫，缓苗 1 周后辣椒小苗就长高了，开始划锄（或称铲地）1 遍，浅划 5 厘米，不要动了苗坨，此时的小草也发芽了，随着第 1 遍划锄，草的问题已基本解决。10 天左右需要再次浇水，根据土壤性质，沙土 2~3 天、黏土 3~4 天后再次划锄，此次划锄要深一点。茄果类移栽苗早期的杂草会在田间管理的多次划锄中被铲除，之后再长出的杂草，已经不能和栽培作物同步生长、处于劣势。苗期要根据土壤情况浇 1 遍水，划锄 1 遍，这就是胁迫的原理，划锄诱导根系下扎，如果不划锄作物根系只生长在土壤表层，对其生长是不利的。通过划锄诱导根系到 10~20 厘米以下的土层，到了冬季，地表温度和 10~20 厘米以下的地温是不一样的，冬季温度低时也能保住果实。早期胁迫是做好田间管理很重要的一环。苗期划锄几遍，幼苗长到 3 周左右，开始从小垄往两边培土，自然形成 1 个垄，小草通过培土的形式就被压死了。培土后浇水要与地力旺、氨基酸液肥、活力素等肥料配合应用。

生长期管理　生长进入营养生长和生殖生长并进期，开始开花留果，管理的关键是增温、保墒、通气，最重要的是增温，迅速恢复根系的吸收能力，增加光合作用强度，栽培管理上要突出"控"，要继续蹲苗，适当地控制茎叶生长，使植株健壮。此期间还强调"促"，促进根系强调中耕，要做到深、勤、细，改善根系环境，达到根深秧壮。采取"上控下促"的控果措施，当营养生长过盛时，用那氏齐齐发抑制生长。

温度的调控　茄果类作物在苗期，白天保持棚内温度为 23~28℃，夜间温度保持 15℃左右，地温保持 25℃左右。当白天棚温大于 25~28℃时要放风，先小通风后大通风，晴天要早通风、阴天要晚通风，夜间温度高于 15℃（特别是在 8 月）也要适当放夜风，加大昼夜温差，提高作物的抗病能力。

湿度的调控　通风除了调节温度的作用外，还能排除棚内夜间产生的湿气，更换棚内气体，增加棚内二氧化碳的浓度，此时，棚内湿度保持白天 50%~60%、夜间 85%~90%。

水分的调控　茄果类作物的初花期应以中耕、保花、养根为主，保持较高的地温，促进根系向深处伸展，形成强大的根系。尽量少浇水，保持土壤表面见干见湿，防止地上部分徒长和落花落果。但此时也不能过于干旱，是否会出现花打顶的情况，是否浇水还是要根据土壤墒情，要根据土壤和第 1 穗果的生长情况来决定。黏性土壤在第 1 穗果还没有坐住果的时候不要浇水，沙性土壤出现干旱可以考虑浇水。土壤是否需要浇水，根据干湿程度判断，地表 5 厘米以下的土壤攥不成团，这样的土壤含水量在 10%~15%，这是土壤缺水的标志。浇水要安排晴天（春季）上午，阴天不要浇水。第 1 穗果坐住后，选择晴天上午浇水，此时作物生长旺盛，坐住果后要连续用肥，每隔 7~10 天喷 1 次地力旺 300 毫升 / 亩稀释 500 倍、氨基酸液肥 200 毫升 / 亩稀释 500 倍和活力素 50 克 / 亩稀释 500 倍分别稀释后再混合。浇水后还要用那氏齐齐发兑水 120 千克灌根。

疏花疏果管理　茄果类作物，比如番茄第 1 穗果的去留问题，要疏花疏果，开得最早的花要去掉，最晚的花也不能留，留住中间的花，番茄的果实就一样大了。茄子有的留门茄、有的不留门茄，辣椒的门椒不能留、对椒也不能留，为了高产，留成八面风。此时还需要补充地力旺、氨基酸液肥、活力素，如果叶面补充了这些营养，花和果就坐住了，花前需硼、花后需锌等微量元素在活力素中都提供了。辣椒要根据栽培的密度留枝条，要充分通风、透光才能生长正常。一般的情况下，前期不要留果太多，果实太多，根系长势减弱，这时病害容易发生，导致营养生长与生殖生长不协调。辣椒一般留 4 茬果，好的也可以留 5 茬果。番茄留果可以到 9 层还有到 10 层果的；最下层的果留下，坠着根系会影响顶层果；一般最底层不留花，一直到上层都是商品果，上下果品一样。

生长中后期营养管理　茄果类的植物生长过程要补充一些叶面喷施的肥料，

包括地力旺菌剂、氨基酸液肥、黄腐酸钾、氨基寡糖素物质等小分子有机物和活力素螯合的中量、微量元素。只要坚持喷施，作物一般不会得病，有点病也不要紧，有时候有的作物有点病是好事，只要不发展严重就行。直到作物生长后期要坚持用一直到拉秧。作物生长后期不能放弃管理，这样下茬作物的棚舍比较干净也没有病。有些地方后期管理不好，第 2 茬作物又得了病，这样恶性循环就不好了。用"四位一体"技术，在生长的每个关键期进行胁迫＋营养管理，最终生产出优质农产品（表 6.5）。

表 6.5 茄果类作物生态种植技术方案

作物生长期	投入品类型	投入物料	亩用量
底肥	有机物料	畜禽粪便	3 000 千克
		秸秆（干）	2 000 千克
		中草药渣	30 千克
	矿物质肥	土壤调理剂	100 千克
		根施活力素	1 千克
		罗布泊硫酸钾	25 千克
		钙镁磷肥	150 千克
	微生物菌剂	地力旺	5 千克
种子处理	拌种剂	地力旺	200 毫升
移栽期的种肥	矿物质肥	土壤调理剂	100 千克
		罗布泊硫酸钾	15 千克
		钙镁磷肥	50 千克
	有机肥	充分发酵	300 千克
		腐殖酸钾肥	10 千克
	微生物菌剂	地力旺	1 千克
	中草药制剂	那氏齐齐发	50 克
生长早期的胁迫管理	每亩用 50 克的那氏齐齐发母液 500 毫升兑水 120 千克灌 2 000 棵苗。灌根 1~2 天后，每亩用地力旺 1 升兑水 60 千克，再加氨基酸液肥 1 000 毫升兑水 60 千克，合并灌根		

表 6.5（续）

作物生长期	投入品类型	投入物料	亩用量
营养生长期	微生物菌剂	地力旺	500 毫升
	微量元素	活力素	50 克
	叶面肥	氨基酸液肥	500 毫升
	中草药制剂	那氏齐齐发	100 克
开花坐果期	微生物菌剂	地力旺	500 毫升
	微量元素	活力素	50 克
	叶面肥	氨基酸液肥	500 毫升
	中草药制剂	那氏齐齐发	50 克
果穗成熟期	微生物菌剂	地力旺	500 毫升
	微量元素	活力素	50 克
	叶面肥	氨基酸液肥	500 毫升

十、黄瓜生态种植技术（韩成龙，供稿）

近年来应运而生的"四位一体"技术，在改良土壤性状，解决瓜果蔬菜连作障碍，大幅度提高产量、质量等方面有独到之处，是一项与时俱进的技术。设施栽培黄瓜以其产量高、效益好而得到广大菜农的青睐。黄瓜的特性是喜温、喜肥、喜水。想要种好黄瓜，要用良种、良肥、良药、良方、良好环境等，因素缺一不可，即采用"四位一体"技术管理也是黄瓜栽培的重要环节。以冬季设施种黄瓜选种为例，要选择抗寒、耐弱光、耐低温、抗病、丰产的优良品种，如德瑞特 79（越冬茬），其优点除具备上述品质外，还具备雄性系、株型紧凑、长势强、叶片中等颜色黑绿、茎节中等、拉瓜能力强、不封头等优点，得到全国各黄瓜主产区菜农的认可。

底肥　要想种好黄瓜必须先从底肥开始。底肥要有碳素有机肥、矿物质元素肥和微生物肥 3 种不同物料的搭配，可根据土壤情况进行均衡施肥，施肥效果显著的差异与施用时机密切相关，把重施底肥作为建立作物防御系统的第 1 步，也是最重要的一步。也就是说，在病原体攻击前，已经做好了预防的准备。底肥中的粪肥是重要的组成部分，优质粪肥能活化土壤，保水保肥，提高肥料的利用率，改善水果、蔬菜的品质；以优质鸡粪为例，它以氮、磷、钾含量高、养分全、肥效持久得到菜农的青睐，但是鸡粪必须腐熟后，才能施到保护地土壤中，否则鸡粪自身会吸收水分、散发热量、还散发氨气和硫化氢等有害气体，杀死了土壤中大量有益菌、导致或加重土传病害的发生，同时还会对黄瓜幼苗造成烧苗、烧根等现象，所以，生粪严禁下地，必须腐熟。"四位一体"技术的底肥施用将粪肥作为耕层发酵的原材料之一。底肥的耕层发酵和闷棚技术如下：在上茬作物结束后，拔秧前先把地膜和滴灌管清出棚外，用秸秆还田机把秧苗粉碎，每亩补充玉米或者小麦等秸秆1 000千克，再加上畜禽粪便3 000千克/亩（注意使用不含激素和抗生素的粪肥），喷施地力旺5千克/亩在秸秆和粪肥上，矿物质肥需要用罗布泊硫酸钾25千克/亩，根施活力素1千克/亩（2袋/亩）、钙镁磷肥150~200千克/亩，钙镁磷肥是碱性肥料，可以调理酸化土壤，然后将上述矿物质材料均匀撒在有机物料上，深翻至30厘米土壤中，用旋耕机整平。用开沟机整成宽60~80厘米、高20厘米南北走向的高畦，东西拉上地膜，把缝隙压平，保持土壤含水量55%~60%，如果土壤过干，可以补充1次水分，最后把最外层大膜上下风口关闭，有破损处用胶带粘好。闷棚选择在7—8月，这时棚内最高气温可达70℃，地表15厘米也能达到50℃，这个温度可杀灭大部分土传病害和虫卵。在底肥中用大量的秸秆和畜禽粪便，在地力旺的固氮作用下可以将土壤碳氮比调整到（25~30）：1的合适比例，这一比例为秸秆和畜禽粪便的快速腐熟提供了有利条件，秸秆和畜禽粪便在腐熟过程中释放出大量热量和有机酸，热量可以提高土壤温度，有机酸可以杀灭各种土传病害。在高温天气下，保持20天左右，即可达到良好的效果。闷棚结束后，打开上下通风口，通风降温5~6天，揭除地膜，晾晒土地，就可以准备黄瓜苗的移栽了。

育苗　瓜菜夺高产，管理是关键，培育壮苗是基础。育苗土的配制，要选择肥沃的大田土占7份，发酵好的有机肥占3份，每立方米育苗土中用地力旺0.5千克、根施活力素0.25千克，搅拌均匀。也可以购买穴盘用基质育苗，在基质中加入地力旺＋活力素。地力旺有抑制有害菌的作用，添加活力素是成功育苗的关键环节，处理到位可以从根上防控黄瓜在苗床期发生猝倒病、根腐病、立枯病等病害。黄瓜种子处理用那氏齐齐发10倍液浸泡30分钟，下种后用地力旺稀释300~500倍液灌根，以上措施能有效地防控苗期病害，确保苗齐、苗壮、根系发达，灌水后覆盖地膜或布帘，保持温度25~30℃，3天左右，待苗出土时除去地膜或布帘。当黄瓜苗长至 2 厘米、伸开 2 个子叶时用青枯立克 30 克兑水 15 千克，再加多糖 10 克，用喷雾器喷施。待黄瓜苗长到 1 叶 1 心时，再喷施那氏齐齐发 1 500 倍液 + 多糖 1 500 倍液，可以增加雌花的花朵数，防止在采摘 2~3 次黄瓜后出现空蔓现象，为丰产打好基础。

嫁接　用白籽南瓜砧木，抗病性强，黄瓜瓜条亮，商品性强。具体方法：在南瓜长出第 1 真叶时开始育黄瓜苗，黄瓜苗床宽 1~2 米、高 10 厘米，用肥沃的田土做成，但必须先用工具将土壤翻拌均匀，而后用大水造墒，再铺细砂以利于取苗，种子尽量密植，以不重叠为准，盖 1.5~2 厘米用地力旺拌好的土壤，再刮平，盖地膜保湿，周边撒上诱饵用麸皮 0.5 千克混合大蒜油 10 克制成诱饵。温度控制在 25~30℃，中午应考虑给苗床遮阴，避免高温带来的黄根、红根、烧苗。黄瓜苗嫁接的最佳时机是苗出齐后伸开叶瓣时。嫁接后遮阴，嫁接苗盖膜防风保湿，促进伤口愈合，白天保持 25~28℃，将光照时间控制在 8 小时左右。从嫁接后的第 1 天开始，喷青枯立克 200 倍液 + 多糖 3 000 倍液，3 天 1 次，提高嫁接苗的免疫力，避免伤口感染。

定植　黄瓜苗长到 3 叶 1 心时准备定植。移栽前 5~10 天，保护地土壤要先浇大水造墒，改变传统的移苗后浇大水的习惯，每亩用地力旺 + 腐殖酸各 5 千克，随水冲施，此方法可有效活化土壤，降解盐害，解除生粪、烧根及有害气体的危害，净化过滤土壤中的有害物质，改良设施土壤的生态环境。土壤见白定植，定植后要浇缓苗水，不要浇空水，随水冲施地力旺 2.5 千克 + 青枯立克 3 瓶，进行土壤活化是黄瓜早期的核心环节，处理到位后基本没有土传病害发生。缓苗后划锄，浇水同上，浇水后再划锄 1 遍，准备地膜。

生长期　重点是控秧促根，防止徒长、旺长，根据实际情况适时浇水，方案同上，再加活力素，此时期用水应小水勤浇，不可过于干旱。根据黄瓜的生长态势用那氏齐齐发 + 活力素稀释后喷施生长点，2 天后浇水。黄瓜一般在 9 叶以下不留瓜，以促使根深叶茂，当黄瓜长到 15 片叶时，特别是阴雨天气地温低时容易发生黑星病，可用青枯立克 100 克 + 水 15 千克 + 多糖 10 克 + 活力素 16 克包，进行叶面喷施。

盛果期　盛果期的水肥管理，黄瓜在坐果后 15 天即可收获，采摘过程消耗大量的养分，应及时补充，此时期冲施肥、中药肥要综合考虑，掌握好黄瓜的肥料使用量和各种营养元素的搭配，才能获得好收成、好效益。通过多年的实践总结出高产、防病、高效的冲施方法：盛果期还需要经常喷施中草药制剂青枯立克 200 倍液 + 大蒜油 1 500 倍液，还可以有效预防疫病、青枯病、溃疡病等，预防虫害发生还可以考虑用苦参碱。随水冲施的营养物料每次用量为腐殖酸钾 5 千克 + 地力旺 2.5 千克 + 多糖 100 克，特别需要提醒的是，在异常天气到来之前主要补充叶面营养，让整个黄瓜植株建立防御体系，此方法需持续应用直至拉秧。

生态种植黄瓜的特点是产量高、风味足（或称口感好）、品质好、耐储运，投入成本低，全程不用高浓度化肥、农药、除草剂、激素等，黄瓜果实无农药残留。此套方法和理念一定会成为更多黄瓜种植户追求的种植技术。

第七章

问题解答

☆问：那氏齐齐发粉剂怎样制作原液？

☆答：将1小包（50克）那氏齐齐发粉剂放入容器，用500毫升开水边冲边搅拌，浸泡至少48小时以上才可以使用。前2~3天最好每天摇匀1次。如果时间允许、保存得当的话，浸泡1个月以上效果更好！最好存放在无直射光或无强光处，密封浸泡。如果使用时是滴灌，稀释后再滤去渣，但渣不要丢，集中埋入树下土壤，有明显效果！如果使用喷雾，则用喷雾器上的滤网过滤一下即可！如果用于浇根，则不用过滤！（那中元）

☆问：那氏齐齐发和地力旺喷施时能不能合用，如果合用，会不会杀死一部分生物菌？

☆答：那氏齐齐发和地力旺可以完全混用，但需要现配现用。现配后对活菌确实有影响，但影响不大。滴灌时，可以先用地力旺生物菌，后用那氏齐齐发。（王天喜）

☆问：要提高桃子糖度，那氏齐齐发该怎么用？

☆答：桃树初花期喷1次800倍液（粉剂），膨果期喷1次（多降水用中浓度、干旱酌情使用），果实转色期喷1次！（那中元）

☆问：桃树的炭疽病、褐腐病、白粉病、黑星病等真菌性病害，细菌性穿孔病，绿盲蝽、梨小食心虫等虫害，有没有比较可行的防治方案？

☆答：化学农业破坏了作物与微生物、作物与虫子之间相生相克的机制。一方面，土壤有机质和矿质元素流失，让作物缺失了免疫物质合成的基础，导致作物免疫力下降，病害越来越严重；另一方面，由于作物体内营养物质不全，不能产生化感物质，化感物质是虫子和有害微生物不喜欢的一类物质，桃树体内各种酶的合成受阻，化感物质不能产生，不能形成防御病虫害的化学屏障；所以桃树的各种病虫害就会严重。要想防治桃树的病虫害，从加强桃树自身健康做起是关键，先在秋季进行秸秆和畜禽粪便＋矿物质＋地力旺等耕层发酵，春季的叶面补充肥料才能有效（那氏齐齐发、活力素、地力旺、氨基酸液肥）。（韩成龙）

☆问：由于消费者喜欢上海青矮胖的长相，种植时每亩每次用那氏齐齐发500毫升（小于60倍），生长期喷3~4次，费用太贵了，怎么办？为什么还是不如丙环唑压苗效果？

☆答：只用高浓度那氏齐齐发压苗，方法有点单一，实际上活力素浓度高了也有抑制旺长的作用，寿光农民用那氏齐齐发200倍液和活力素300倍液，分别稀释再合起来喷施效果很好，同时还给小苗补充了矿物质，这样就省钱啦。（韩成龙）

　　用地力旺浓度高一点对生长也有抑制作用，徐江老师在上海做的试验就是种植上海青，效果很好。（王天喜）

☆问：堆制有机肥如何控制水分？

升温后为什么温度会立刻下降？

发酵过程中粪便臭味渐浓的原因是什么？

氨味渐浓的原因是什么？

☆答：堆制过程中应注意温度、湿度、颜色和气味4个要素。颜色为深褐色，略带芳香气味为好。当原料或水分不合适时，堆腐容易出现问题或失败，需根据具体情况反复试验摸索，采取有效措施，方能堆腐成功。堆腐原料水分含量过高或过低，应调节水分含量。春季、秋季湿度保持在40％左右，手握成团不出水，放开即散；夏季湿度保持在45％左右，用手握成团时无水流出，放开即散且散开速度比前者慢。由于温度高，水分极易散发，应注意经常保持足够的水分含量，避免出现"烧白"现象，造成养分损失，堆腐失败。堆制过程中，出现白色斑点、网状菌落，属于正常现象，不要误认为是"烧白"现象，"烧白"主要出现在原料缺水的情况下。

升温后温度会立刻下降的主要原因是堆腐原料中有机氮含量过低，应补充富含氮的有机物料。

粪便臭味渐浓的主要原因是堆腐原料细度粗放，导致水分不均匀，应改善原料细碎程度。

发酵氨味渐浓的主要原因是堆腐原料水分含量偏大，发酵时间偏长，应及时进行干燥处理。（李博文）

☆问：猕猴桃溃疡病有特效药吗？能根治吗？红阳猕猴桃流红水怎么治？

猕猴桃溃疡病能根治吗？

☆答：猕猴桃溃疡病是凉温条件下致病的细菌性病害，15～25℃病原菌最活跃，危害最大，其防治难点在于：春季病害与伤流叠加，在伤流高峰期堵流很难；细菌潜藏在韧皮部里，病害高发时从韧皮部向近根方向扩散；病原菌不活跃时，病株因伤流导致生长势弱，难以恢复树势，出现弱（展叶展不开、光合作用能力差、生根少）、病（根腐、褐斑）、伤（日灼、沤根）、死（枯死）现象。这种病害（特别是红阳、黄金果品种）没有特效药，即使在伤流后期通过药物愈合或者伤流结束后症状自然消失，仍然存在韧皮部潜藏病菌及生理后遗症问题，所以要采用医养结合的理念周年进行防控，达到防、控、治、养的目的。也就是说，在出现致病隐患的情况下早防；出现症状时尽力控制危害程度，不至死树毁园；伤流及溃疡结束后采取杀菌及养树的措施。使用产品包括溃腐灵、靓果安、青枯立克、沃丰素、大蒜油等，都是中草药制剂与作物亲和、无抗药性、安全性高、传导性好、标本兼治。（刘祥东、王艳）

☆问：苹果（梨、山楂）腐烂病、干腐病、轮纹病怎么治？

苹果（梨、山楂）老皮翘起、起疙瘩是什么原因，怎么治？

苹果（梨、山楂）枝条先湿腐再干枯死亡，是什么原因？

☆答：苹果（梨、山楂）腐烂病、干腐病、轮纹病都是弱寄生菌危害，除菌源因素外，均因为树势弱、储备养分少、免疫力低、自我愈合能力低，导致易产生生理性病灶。此外，外部因素如冻害、修剪等条件产生伤口、断口，为病原菌侵染、危害提供了条件。

病害原因、表现症状、危害程度在各地区差异大。例如，东北地区的寒富苹果因为冻害导致冻裂纹、冻烂，首先形成了生理性病灶，只要绝对温度低，萌芽前树根、树皮先活，不产生冻害，在昼夜温差较大的情况下，易产生冻害，倒春寒季节，迎风口果园极易产生腐烂病，有的5~10年的园区，果树近根处易产生绕圈腐烂的症状。丹东的寒富苹果以及烟台、威海的富士苹果，由于海洋性气候调节，温差较小，腐烂病危害轻，一般预防就达到防治目的。四川汉源、云南、贵州等地苹果种植区腐烂病少见。山西苹果由于风大、倒春寒现象，腐烂病严重。陕北苹果腐烂病严重，是白天紫外线强、晚上气温低、昼夜温差大、冬季风大所致。新疆阿克苏等地苹果种植区温差大，苹果干燥易裂纹，并且腐烂后干燥形成"蘑菇"。

腐烂、干腐、轮纹的防治要点在于防、治、养3个角度，要从杀菌、促进愈合、营养复壮入手，结合各地不同的气候条件及致病原因形成方案。这3种都有凉温致害高发的特点，在致害季节重点做好治、防，如涂抹、枝干喷雾；其他生长季节做好养的工作，要做到树体养分充足，冬季树皮储备养分多，抗逆性强，伤口愈合到位，预防病灶反复发病问题。

中草药制剂具有直接杀菌、传导杀菌、促进愈合的作用，具有安全性高、传导性好、营养复壮、广谱杀菌的功能，产品有溃腐灵、靓果安、青枯立克，用法有原液涂抹、高浓度清园、灌根、喷雾、吊针等。使用该方案和产品不会伤树皮、不会湿腐转干腐、加重粗皮轮纹问题，相反会有一药治多病、广谱杀菌、建立果树生长良性循环的效果。（刘祥东、王艳）

☆问：快到苹果收获的季节，忽然树叶全落了，怎么防治？

上年大小年现象严重，当年大批落叶，有什么药能控制吗？

上年园子早期落叶病，当年什么时候用药最佳？

☆答：苹果早期落叶病是弱树易病；弱树及多年连续用传统杀菌药（抗药

性、抑制生长）的树难治；落叶前用药只解决杀菌问题，不解决生理功能问题，也就是说见症治病晚了，达不到预期效果。苹果早期落叶病防治要点：必须逆转生长势问题，也就是说由越来越弱到逐步复壮，在此基础上辅以杀菌才能效果明显。而解决生长势问题是很复杂的工程，需要解决根系生长问题，患病植株普遍存在毛细根少且上浮现象；需要解决中量、微量元素供应问题，患病植株普遍存在钙、镁、铁、锌、锰、钼、铜等缺失现象；应采用药食同源的药剂，达到医养结合的效果，逆转生长势应抓住生长时机（如萌芽前、窜条前），用足够的剂量才能达到效果。使用产品包括青枯立克（0.5%小檗碱）、靓果安、溃腐灵、沃丰素，如伴随根腐追加青枯立克复配大蒜油。可以采用清园、刷干、灌根、喷叶等立体防控措施，虽然周年防控成本较高，但能达到解除病患、复壮树体、增产增收的综合效果。（刘祥东、王艳）

☆ **问**：苹果花脸病、樱桃病毒病、葡萄扇叶病毒病、枣疯病还能治吗？怎么治？

果树病毒病几年能治好？

果树病毒病如何管理为好？

☆ **答**：果树病毒病包括苹果花脸病、苹果花叶病、樱桃病毒病、葡萄扇叶病毒病、桃缩叶病、枣疯病等，其危害特征如下：苹果花脸病直接影响果实的品相，致使其失去或严重降低商品价值；樱桃病毒病直接影响坐果，只开花、不坐果或出现畸形果；其余的病毒病主要危害叶片，影响光合作用能力和时间（落叶早），并进而影响树势与免疫力。传播途径主要是病株、健株混剪，通过剪刀等工具携带树液传播，枝条、根系交叉导致树液交换传播。具有相邻树体易于传播、可长期潜藏、伺机显症的特征。病毒病具有传播与蔓延的属性，但与蔬菜等作物病毒病的传播途径与蔓延速度差异较大，其传播与蔓延相对较慢，很多用户发现的"快速蔓延"是树势羸弱与管理不当而相继显症所致。

果实病毒病病原复制与致害主要在其生长的快速阶段，随细胞的分裂而快速繁殖，如花芽萌发期与展叶期（叶片危害），如幼果膨大期（果实危害），如花芽分化期（叶片、果实危害），其防治要点包括2点：其一，抓住病毒复制的关键时机，用足量的剂量（浓度、次数）达到钝化活性、抑制病毒病原复制的效果；其二，一定要做好树体的营养复壮，利用其免疫能力钝化活性、抑制复制，最终使病毒病患随死细胞代谢而解除。特别是运用一些帮助株体增强免疫力的物质，如钙、锌、硼等。

有些叶部病害如苹果花叶病，展叶期前后适当用中草药，做好营养复壮即可。樱桃、桃等敏感植物适当时机用药，当季就能收到明显的效果，甚至直接达到防控目的。苹果花脸病在果树病害中防控难度较大，确实存在防控周期长、见效慢的特征，防控要点是除前述之外，一定要坚持周年防控理念，用药次数、浓度不打折，复壮力度要大，覆盖范围要充分考虑隐形病株问题，相邻甚至相邻的相邻隐形病株必须用药，做到树体逐步复壮、免疫力逐步增强、病果逐步减少、病株不再增加，经过2~3年逐步解除病患后还需要再巩固1~2年。

苹果花脸病是很多果农所关注的、直接损失严重的常见病害，出现病株时挖除不解决病害，青壮园区弃管很不理智，取得防控效果后中止用药也很不应该。

使用奥力克和氨基寡糖素，这些产品都具有钝化、抑制病毒病原、营养复壮植物的双重功能。靓果安、沃丰素是营养复壮类、提高免疫力的药肥，生长初期灌根，是提高花脸病防控效果的配套产品。（刘祥东、王艳）

☆问：桃、杏、李、樱桃流胶病如何防治？

桃、杏、李、樱桃在夏天的时候流胶不止，如何治疗？

桃、杏、李、樱桃流胶不但在主干，还有细枝、果实，如何用药？

☆答：流胶病广泛见于桃、杏、李、樱桃等核果类果树，它既是一种侵染性病害（弱寄生菌危害），也是一种生理性病害，多见于老、弱、病、伤的树体枝干。春季流胶量少，但胶体多为营养物质，并且直接影响开花、展叶，春季危害最为严重。夏季流胶量大，夏季危害最为普遍。

流胶病危害程度与作物品种、作物生长状态以及作物生长环境等有关。一是一些果实口感好的品种易于流胶，种植这些品种应该重视流胶问题；二是树皮健壮程度与流胶密切相关，树皮是水分、养分的输送管道，树皮薄容易出现裂纹，产生流胶现象；三是生长势衰弱的树体容易流胶，生长差、树势弱、树体营养循环差，导致营养物质分配不够、部分营养到达不了指定位置，变为横向流出，引发流胶现象；四是高温、高湿等生长环境容易引发流胶，较高温情况下作物营养、水循环旺盛且平衡，当超过某温度临界点时，作物枝头出于保护性本能，抑制生理循环，但根系营养不断往上输送，形成营养堆积，变为横向流出，引发流胶现象；五是挂果过多、营养消耗大的树体容易流胶。

防治难点在于，一是流胶病仅从杀菌角度寻找方案，不能解决生理性病患问题（韧皮部等营养输送组织破裂）；二是在哪儿流胶就从哪儿堵流难以起到标本兼治的效果，此处不流别处流，根本措施在于解决树势弱、韧皮薄、储备养分少、营养循环能力差的问题；三是流胶病的防治需要周年综合防治，但多数种植者仅在见症后期希望找到特效药，来减轻或延缓危害，认为流胶病无药可治。流胶病直接影响的是树势，当年影响的是产量和果品品质，长期影响的是挂果年限。如果防治流胶病不仅单纯从治病的角度，更是从保产、保质、保树的角度制订方案，防治流胶病必要且成本不高。

防治要点及其产品：一是樱桃、桃等核果类作物采果早，采果后仍然有较长的生长期，但是很多的种植者在采完果后不再管理，致使树体不能得到足够的养分特别是微量元素铜的补充，容易发生虫害、病害，从而导致提前大量落叶。坐果时营养消耗大、树势弱，应及时补充养分，恢复树势，确保落叶时回流养分充足，增加抗病能力，减少流胶。使用产品包括靓果安、沃丰素、木质素类、多肽类、多硫化合物、皂苷类等营养成分与杀菌成分，直接参与作物循环、恢复树势、提高酶活性、增强光合作用、杀灭病菌、修复伤口、愈合组织，起到医养结合的目的。特别是落叶时靓果安、沃丰素的有效成分及使用后转化与多创造的营养会回流到树体，增加来年储备养分。二是春季弱树、病树要及时采取措施，例如刷干、灌根。刷干的作用是直接为树体提供中量元素、微量元素、高能量物质、杀菌物质，起到修复伤口、促进愈合、传导杀菌的作用，还能作为当年的储备养分，参与作物循环、促进展叶、恢复树势。灌根操作简单、持效期长，虽然投入相对大，但从根本上扭转树体生长势弱的局面，促进根系的吸收及叶片的营养合成能力，促进树体抗病相关酶的活性，加快作物的生理循环能力，提高自身的免疫能力。三是涂抹因地而异，例如南方的水蜜桃流胶重，枝干伤口多，不适宜涂抹，建议采用其他方式；北方地区树体多因倒春寒冻伤及虫伤产生流胶，适宜春季、秋季涂抹，应避开夏季难以堵流问题，其原理是通过涂抹传导杀菌、修复伤口、营养树体、解决流胶。四是周年防控，鉴于中草药制剂安全性高、传导性好的特性，结合防控其他病害（穿孔病、褐斑病、疮痂病），通过传导杀菌达到修复伤口、促进愈合、解除病害病患的目的。在作物敏感时期（萌芽、开花前后、展叶、坐果）及日常生长阶段使用中草药制剂，除关键时机杀菌、减少菌源基数、为一年病害防治打一个好底子之外，还促进展叶、提高光合作用、建立作物生长良性循环，起到壮树流胶轻甚至不流胶等根本防治的作用。（刘祥东、王艳）

☆**问**：柑橘溃疡病、树脂病、疮痂病等叶、果部位病害如何防治、如何用药、用药时间？

☆**答**：柑橘类作物品种众多，大类上包括柑、橘、橙、柚等。皇帝柑、沃柑、茂谷柑等柑类，易患溃疡病、树脂病等病害。溃疡病属细菌性病害，在果实、叶片和枝干上均有发生。树脂病属真菌性病害，主要包括枝干的干枯型和流胶型，以及果实上砂皮状的小点，俗称砂皮病。

溃疡病的防治难点：难点1，细菌病源多侵染幼嫩组织，展叶期、坐果期易于细菌的繁殖，此时用药多了易产生药害，用药少了不管用，到显症时往往已致害成病。难点 2，细菌性病源有 2 个特征：一是在阴雨潮湿天气易于繁殖，而柑橘种植区大多位于温度较高、湿度较大的低纬度地区；二是细菌性病源存活能力强，可以潜藏于植株的多个部位（韧皮、叶片、果实、根系等），可以在作物以外的植物上（杂草等）存活，一旦遇雨水或灌溉水会随水流、雨滴喷溅到各部位，在合适温度下大量繁殖，爆发溃疡病。因此，各园区一旦感染细菌性病害，则年年防治年年病，而且越来越难治。难点 3，柑橘类品种，枝条上长刺，长在风口处或经常遭遇台风、风大、雨水多的地区，叶片很容易被刺伤留下伤口，病菌趁机侵入。

树脂病的防治难点：难点 1，因弱易病难治，树脂病多因养分储备不足，春季抽条、展叶、开花养分供应不足，出现幼果细胞不健壮、蜡质层薄，叶片气孔大，易侵染，难免疫。难点 2，展叶、开花、幼果是作物生长的敏感时期，这个时期用药易产生药害，即便用药浓度也达不到防害的需要，形成了不防、难防，见症时难治，即使治住了，危害也已经形成，损失在所难免的局面。难点 3，病菌从气孔、伤口等处侵入，破坏细胞并留下病灶，后期逐渐侵染其他组织如枝干，杀菌难以杀灭潜藏在韧皮部内及其他生理组织的病菌，也不能修复受伤的组织，残余病菌易于再侵染致害。

溃疡病、树脂病的发病规律：规律 1，结果多的树、老树、弱树易患病。结果过多的树树势弱、树体储备养分不足、抵抗力差，病原菌易侵入。规律 2，氮肥施用过多，导致枝叶旺长，细胞壁薄，植株柔软，易受机械损伤和病菌侵袭。规律 3，阴雨天、台风过后易发病。潮湿的环境细菌易大量繁殖，碰到伤口处便趁机侵入，引发病害。台风经常刮断树枝，造成大量落叶，留下伤口和叶痕，病菌乘虚而入。规律 4，遭受冻害、倒春寒的树易患病。细胞被冻伤，等到气温变暖，树液流动后，冻伤部位细胞变软，易被细菌侵入。

防治柑橘溃疡病、树脂病等叶、果部位病害的 4 个关键点：关键点 1，用药浓度要够。对于已经患病的、发病重的果树，一定要提高用药浓度及用药次数，以达到修复伤口、高浓度杀菌的效果。关键点 2，用药时机要对。其一，台风来临前后要用药，一方面可以修复伤口，另一方面可以杀菌，阻止病菌侵染；其二，雨前用药，由于雨后用药吸收利用率低，而雨前用药能起到减少园中的病原基数、早防重防的效果；其三，低温冻害、倒春寒提前用药，起到营养树体、增强树体抗逆能力的作用；其四，每次抽条、展叶、坐果初期都要用药，此时作物易被菌源侵染，此时用药起到提前杀灭病原菌的效果。关键点3，坚持周年连续用药。中草药制剂具有安全性高、无抗药性、累积效果好、营养复壮等优点，一是能修复台风等造成的伤口，阻断病菌的侵染途径；二是溃疡病等细菌性病害繁殖快，需连续用药，才能一次性控制病害。关键点4，综合管理。不偏施氮肥、磷肥，多用有机肥、微生物菌剂等；有条件的园区可以起垄，尽量避免大水漫灌；要及时清理枯枝、烂叶、杂草等；遇到低温冻害、倒春寒时，要提前用药（靓果安＋沃丰素），做好防冻措施。

防治效果标准：标准1，周年连续用药的，特别是每次抽条期、展叶期、雨前、台风前后用药的，可大大降低叶、果部位病害的发病概率。对于出现轻微症状的，通过及时提高中草药制剂的浓度、复配其他杀菌剂等措施也能够控制病害。标准2，幼果期果实见症轻微的（溃疡、疮痂、树脂等），用药及时得当的，果面病斑会逐渐减轻甚至消失。标准3，周年用药的，生长势好，叶片长得厚实，果实表皮油细胞密实，太阳果、裂果少，果实糖度高。（刘祥东、王艳）

☆问：杨梅枝叶凋萎病有特效药吗？

杨梅叶片逐渐枯黄、凋落，最后死树是什么原因？怎么治？

怎么用药，如何用出效果？

☆答：杨梅枝叶凋萎病是疑难病害，其防治难点：难点1，病发时除侵染性病害之外还伴随着根、叶功能受损，除枝、叶凋萎外，往往还伴随着一定的根腐现象。难点2，杨梅根系为浅层肉质根，抗逆性差，其种植区存在梅雨期阴雨天多、雨量大，梅雨期结束后又持续晴天、烈日高温，根系生长逆境较重，作物一旦染病进入不良状态，难以逆转其生长势。难点3，杨梅生长期管理大多数有轻肥少药且夏季用药的特征，导致见病治病为时已晚、夏季用药效果较差的问题。

其防治要点：要点 1，在作物窜条、放叶、放根等关键时期，及时增加养分，促进展叶、生根，提高作物的自营养能力，逆转生长势趋弱的问题。改变凡是上年染病的树体，来年新生枝叶少、抗逆性差、病情继续加重的状况。要点 2，尽一切可能抓住每次窜条、放叶、生根前的关键生长时机，用足够的剂量确保营养杀菌效果，如秋季、春季窜条时机。要点 3，立体化防治，采用灌根、涂干、喷雾（枝干、叶片）、吊针等多种方式。

中草药制剂防治杨梅枝叶凋萎病的优势：其一，具有医养结合的特点，其所含的多糖类、多肽类、生物碱、芸苔素、皂苷类、多硫化合物等多种成分既具有杀菌、修复伤口的特点，又具有直接为作物提供储备养分，促进展叶、生根，营养复壮树体，建立作物生长良性循环的优势。目前，从防治实践经验中总结出凡是使用剂量足够、营养到位、能够逆转生长势的，用药效果好；凡是只当作杀菌剂、甚至只当作特效药、使用剂量不够的，用药效果不佳。其二，具有安全性高的特点，以多味中草药螯合而成，与作物亲和，我们以及众多用户所做的破坏性试验证实在作物生长的任何时期，使用 50 倍以上没有任何药害。这就为早防重治提供了可能。枝叶凋萎病侵染当年幼嫩枝叶，经过一段时间繁殖后显症，在侵染初期（展叶时）早用药解决侵染源；在病害高发前高浓度杀菌是防治枝叶凋萎病的关键措施（杀菌、复壮）。其三，具有传导性好的特点，通过枝干喷雾，树皮吸收药液后直接杀菌，通过喷叶、灌根、吊针传导杀菌，能够达到多途径杀菌又修复伤口、减少侵染隐患的目的。（刘祥东、王艳）

☆问：核桃黑斑病很难防治，原因有哪些？

核桃表面有褐色病斑，沿着病斑发展深入果壳，怎样进行防治减少经济损失？

☆答：核桃黑斑病多见于优质品种，老树、弱树、病树（包括上年挂果多的成年树、根系生长不良的幼树）易染病，养分传导不良的梢部、弱果易感病。其发病规律：病原菌大多潜伏在健康的休眠芽和花芽内越冬，随着花芽的分化，储备养分不足的树体，其分化组织必然气孔大、免疫力低，细菌趁机侵入、繁殖，随着气温的升高与湿度（雨水、露水）加大，一段时间后出现症状。

防治要点：要点1，医养结合，也就是早防、重治、营养复壮。早防：用药时机要早要准，不能见症治症；要在萌芽期早防。重治：要在病害高发期季节来临时及初显症时期大力度杀菌，用药用肥量要足，七分药治不了十分病，要做到一气呵成。营养复壮：中草药制剂中的多糖类、多肽类、多硫化合物、钙等高能量物质及中量、微量元素，可直接补充，提高作物免疫力及自营养能力；通过提高光合作用能力、增强酶促反应，达到作物健壮、免疫力增强的效果。要点2，立体化用药。核桃大多数种植在山区，大多数为乔化形态，用药难度大，可采用灌根、吊针、涂干、喷雾等多种途径。

通过以上综合防治措施达到逆转生长势、提高作物自营养能力和免疫力、综合防治多种病害（含溃疡病）的目的，使用安全性高、传导性好、杀菌广谱、营养复壮的中草药制剂有靓果安、青枯立克、沃丰素、大蒜油等。（刘祥东、王艳）

☆问：草莓毛细根很好，为什么枯萎？

草莓掰开，红中柱出现红褐色病斑，如何治？

草莓发病了，立刻用药，为什么还死很多？

草莓红中柱根腐病怎么治才有效果？

☆答：草莓红中柱根腐病到见症的时候已经造成了危害，中柱吸收传导功能受损，水分、养分传导不正常。红中柱根腐病有蔓延的特征有真菌病害、菌源易传染、隐形病株会相继显症。其防治难点在于具有单一杀菌作用的药剂，通常抗药性强、用多了伤害作物的特性，大多数没有传导功能，只能灭菌，修复不了中柱的传导功能。建议使用医养结合的中草药杀菌剂，具有安全性高、传导性好、适宜早防重治的特点，根、茎、叶都能吸收传导。采用青枯立克（0.5%小檗碱）50~100倍液喷雾杀灭潜藏在中柱的病菌，修复水分、养分传输通道，此时用其灌根杀灭周围菌源，减少传染；同时复配大蒜油 1 000 倍液，复配沃丰素（微量元素水溶肥）600 倍液直接给叶面提供营养。（刘祥东、王艳）

☆**问**：西北地区果树（葡萄、苹果等）、枸杞等白粉病严重，如何防控？

西北地区果树多种病害混发、易复发，如何标本兼治？

西北地区果树越管越弱，甚至死树，根本原因是什么？

☆**答**：白粉病是在高温、干湿交替、少光的条件下易发生的真菌性病害，西北地区具有昼夜温差大、冬季气温低的特性，病原菌不适宜以菌丝体形式越冬，而是以有性态的闭囊壳形式越冬，而只有在株体虚弱的情况下，才具备病菌侵入、寄生、越冬的条件。西北地区夏季具备天然高温、少雨条件，灌溉时干湿交替，氮肥的过量使用及保花保果技术的提高甚至膨大素的使用，导致株体虚壮，抗病能力弱，加重白粉病的危害程度。

西北地区白粉病的防治应采用医养结合、综合管理等措施，一是早防，在展叶期喷施安全性较高的中草药制剂（如奥克分、沃丰素），达到关键时机（初侵染阶段）杀菌，为当年的病害防治打好基础，同时为作物提供多糖类、多肽类、钙等高能量物质及中量、微量元素，避免因养分储备不足、生长不良导致气孔大、易受伤（风伤、倒春寒冻伤）现象。二是重治，在症状初现、高发季节来临前，特别是浇水前，高浓度喷施中草药制剂靓果安、茶皂素（可复配大蒜油、化学药剂），达到重度杀菌、保护树（株）体（特别是叶、果）的目的。三是营养复壮，西北地区苹果冬季剪枝易导致抽干现象，葡萄、枸杞初春季节易受倒春寒危害，只有养分储备充足、抗逆性强、生长势旺盛，才具有免疫力，所以复壮是关键。中草药制剂具有营养复壮的作用，可以直接补充多糖类、多肽类、钙等高能量物质及中量、微量元素，可以使叶片增厚、增大，转绿快，木栓化早，可以提高叶绿素含量，促进光合作用及自营养能力，还可以促进作物新陈代谢、提高酶促反应，在作物营养生长正常的情况下，当季抗病并为下一生长季提供储备养分。四是做好菌源的清理，西北地区特别是新疆，具有单户种植面积较大、种植连片的特征，易于做到统防统治（冬季、春季统一处理落叶、烂果、烂草、修剪枝叶等病残体）。处理方式：初春撒上硫黄粉点火焚烧，既烧死、熏杀病菌，又能减轻倒春寒危害；挖沟深埋于 30 厘米以下，既改良土壤，又提供有机质；将病残体集中于池体中，加水、微生物菌剂发酵，既能彻底清除病原菌，又可为园区提供有机肥。五是合理用肥用水，西北地区普遍存在氮磷肥用量过多、钙镁肥偏少、配方不够科学的现象，也存在撒施、冲施过重，深施、基施不够的问题，同时普遍存在大水漫灌现象，导致毛细根上浮，树势持续衰弱。六是合理修剪与换根，西北地区树体伤患较多（大风、倒春寒、冬季修剪重），防患不够，受伤后未采取相应的保护措施易导致养分抽干、树势转弱、病患加重、甚至直接死树；一些老园区多年未换根，也是树势转弱、易得白粉病的主要原因。（刘祥东、王艳）

☆问：番茄（辣椒、茄子）青枯病出现萎蔫怎么办？还有救吗？

番茄（辣椒、茄子）整株青枯萎蔫如何防治？

在番茄（辣椒、茄子）青枯病发病时立刻用药，仍然死得很多，什么原因？

☆答：番茄青枯病是一种细菌性的急症病害，其特征是细菌随水分、养分的输送到维管束幼嫩部位侵染，导致维管束功能损坏，不能有效传输水分、养分，产生整株青枯、萎蔫症状，其防治难点在于生理功能损坏，只杀菌不解决生理功能问题；灌根、喷叶的措施难以将杀菌的有效成分送至病患部位，多数药剂不具备传导功能；青枯病因急发而难治，出现症状时往往叶片和根系吸收、传导、营养功能受损。防治时应采取重治措施（高浓度使用、用药间隔时间短、复配使用），应选用安全性高、传导性好的中草药制剂如青枯立克、大蒜油、沃丰素。

按照方案使用的病株，萎蔫 1 天的能够解除病患，萎蔫 2 天的可能解除病患（视植株健壮状况及发病条件而定），萎蔫3天以上的建议直接拔除。青枯病有蔓延特征，随雨水传播、蔓延，相邻植株通过土壤及根系传播；有些被病菌侵染的隐形病株，在条件具备时，相继显症，呈蔓延特征。防治青枯病除对显症植株用药外，用药范围覆盖病区并适当扩大，见效后要采取巩固和再防措施，因为喷雾与灌根解决不了全园菌源，有可能再次侵染、蔓延、复发、致害。当然，易发病的区域和时机，全园早防为上策。（刘祥东、王艳）

☆**问**：番茄（辣椒、茄子等）病毒病能治吗？如何治疗？

番茄（辣椒、茄子等）病毒病在坐果之前还能救过来吗？

番茄（辣椒、茄子等）叶片顶端黄叶，植株矮化，怎么办？

☆**答**：番茄（辣椒、茄子等）病毒病有3种类型：其一，缺素致使植株生长不良、自身免疫力低下、抗病毒能力差，像花叶、条斑、小叶等症状基本是这种原因导致的；其二，像刺吸类飞虫如烟飞虱、白粉虱等为传播媒介致病的，像番茄TY病毒病主要是这种原因导致的；其三，假性病毒病，由螨虫造成的卷叶等症状似是而实际不是病毒病。

病毒病原寄生在活细胞内，无任何药物能在保障细胞健康情况下杀灭病毒病源，所以存在病毒病能不能治的问题。多年的实践后，病毒病能"治"，这个"治"是控制、防治；控制就是使用钝化抑制剂达到钝化抑制病毒病原的目的，使其不能复制、危害；防治就是隔断传染源，促使作物健康、发挥营养抵抗作用，同时钝化、抑制病毒的复制。花叶、条斑、小叶等病毒病症状通过医养结合方法（钝化抑制、营养抵抗）就能控制住，不易复发。

番茄TY病毒病为代表的传染性病害防治难度较高：其一，难以切断传染源，像海南、广东、广西、福建等露天反季节种植的番茄在其生长期飞虫类病毒传播者遍地都是，即使治好了，也易再侵染发病，所以用药效果差，而设施内只要防虫、杀虫到位，则治疗后不易复发；其二，隐形病株较多，番茄TY病毒具有发病快、危害严重的特征，显症的病株是传播、侵染、危害的结果，但其实还有很多被传播、被侵染的植株会相继显症，但钝化抑制与营养抵抗需要一段时间才能见效，所以在用药后再看到显症植株都认为不能"治"；其三，在见症病株达到30%以后，加上隐形病株，其实基本上已普遍受害，没有了"治疗"的必要。（刘祥东、王艳）

☆问：蔬菜病毒病前期已经防控，为什么还是会发病？

☆答：蔬菜病毒病涉及多种作物，防病毒能力差异大，对防病毒的要求大，例如粉色番茄（特别是不抗病毒品种）、小油瓜、西葫芦部分品种易得病毒病，前期已经防控，但不一定就能确保安全，原因有几个方面：其一，那些易感病毒品种主要在于传染源，传染源切断了吗，设施类把棚内烟飞虱、白粉虱都杀尽了吗，露天的就没有必要了（烟飞虱、白粉虱杀不尽），前期就是控制住了，有传染源，照样传染，照样发病；其二，病毒是杀不死的，只能控制，抑制其活性，抑制复制，病毒在后期条件合适的情况下很快会大量复制，进而表现症状。病毒抑制剂的药效是有期限的，前期防控1次7~10天，过后应该继续防控，继续补喷，间隔的时间要短，要有足够的剂量和次数，才能有效地控制病毒；其三，防控时间要正确，到了病毒病高发期（特别是已经侵染果实），想控制都很难，在苗期、开花前后进行防控为最佳时机。（刘祥东、王艳）

☆问：马铃薯疮痂病的患病原因是什么？为什么难以防治？
马铃薯疮痂病应该如何防治？

☆答：马铃薯疮痂病是一种放线菌（细菌）病害，通过种薯携带或土壤中病残体形成病原，在果实膨大期侵染致害形成症状，马铃薯表面有疮痂或斑块。染病薯块病原菌越冬后成为来年年初侵染源，作为种薯失去其种用作用，作为商品薯产值也会大幅度下降。

马铃薯疮痂病作为疑难病害，其疑难之处在于：其一，菌源难以消灭，即使种薯无菌，仍有被土壤中病菌侵染的可能，即使大幅度、高强度土壤消毒杀菌措施，仍然难以做到绝菌，何况这也很不现实；其二，现蕾前后秧苗罩地遮阴、果实膨大易于擦伤形成伤口，为了作物生长，浇水量大，内因（表皮薄嫩、有伤口）、外因（温度、湿度）具备的情况下发病；其三，传统的防治方法采用灌根，有严重的局限性，无法杀灭土壤中所有菌源，再次侵染的可能性极大，也无法杀灭已经侵入植物体内的菌源；其四，见症治症情节严重，已经患病的植株再用药就晚了，可能控制危害但不可能做到疮痂症状消失。

疮痂病发病规律：定植后，菌源通过种块创伤面接触寄主，潜育侵染繁殖，待幼果膨大时与土壤摩擦形成众多伤口，温度、湿度具备时致害成病。疮痂病在以下条件时易发病：重茬地容易再次致害，土壤中病菌量逐年增加，症状逐年加重；土壤板结、有机质含量低、土壤偏碱有益菌群少的易患病；沙土地易得病，马铃薯在膨大期容易与土壤中的沙砾摩擦产生伤口，易被病菌侵染；氮肥用量偏多，导致苗期徒长，免疫力差，幼果缺钙不够健壮，易患病。

马铃薯疮痂病的防治原理与要点：其一，医养结合，包括增施有机肥、微生物菌剂等。施用有机肥是为了确保幼苗、幼果健壮、抗病，施用微生物菌剂利用抑菌、拮抗原理保护作物，改良土壤，增加钙、镁等矿物质肥的投入，提高地力；其二，早防重防，抓住种薯定植和幼果膨大中前期等几个增加钙、镁等矿物质肥的投入关键点；其三，立体化用药，灌施、喷施结合，充分利用中草药传导杀菌、修复伤口、营养复壮的综合功能；其四，复方综合防治，包括使用大蒜油及其他生物药剂等。

效果标准及注意事项：预防用药的，非高感病品种、非严重重茬地能够达到不上病或极轻微的效果；中途用药、错过最佳时机的，仍有控制病害扩大的效果；用药得当的，部分创面会缩小或干硬（品种不同有区别）。前述易发病情况应采用重防措施，包括增加用药次数、提高中草药用药浓度、增加复配药剂种类。（刘祥东、王艳）

☆问：人参（三七）死棵病害有哪些？病因根源有哪些方面？

人参（三七）各种病害如何进行统一防控？

☆答：人参是高附加值的作物，易于重茬，也易于发生其他病害。常见的病害有根腐病、锈腐病、红锈病、立枯病、猝倒病、黑斑病（茎斑病、叶斑病）、灰霉病、疫病、日灼等。多由真菌及菌核致害，其防治难点在于：一是人参是高感病作物，既易感病，又对药剂敏感，易致药害；二是人参靠储备养分一次性窜苗、长茎、放叶，这就衍生出2个问题，生长初期芽孢部位易受伤，包括擦伤、冻伤，损伤后的芽孢当年不可再生，在养分储备不足的情况下新生细胞生长密度不够，在伤口多、气孔大、自身免疫力低的情况下易被病原菌侵染；三是人参大多数种植在高纬度地区，具有夏长冬长、春短秋短的特征，秋冬交替季节参苗萎蔫、病菌潜藏、冬初快速降雪、长冬持续大雪覆盖、短春快速融雪进入生长季，为病菌潜藏、繁殖创造了条件；四是近年来随着参价的提高，有些急功近利的参农盲目多施肥、乱施肥现象严重，急于投资回报，导致人参籽不实、根不壮、免疫力低；五是人参是药食两用作物，其绿色、安全的需求较高，但实际可选择的既防病、治病，又安全、绿色、有机环保的药剂很少。

防治要点：一是要补充营养保健、防病治病相结合；二是同步解决生理性病患与侵染性病害；三是要抓住时机、早防重治；四是尽量选用安全性高（对作物安全，对农产品安全）的制剂，以确保防病治病、增产增收。

建议使用医养结合功能的中草药制剂青枯立克，其特征：一是安全性高，可以在芽孢萌发期及窜苗、长茎、放叶时期，适当高浓度用药，达到及时补充多糖类、多肽类、皂苷类、多硫化合物、生物碱等高能量物质及杀菌物质，起到修复伤口、复壮株体、及早防病的效果，在病害高发时提高浓度、适当复配，达到重治快治的目的；二是传导性好，可以通过灌根、喷雾等方式依靠传导性好的特征解决难以见药部位的杀菌、修复伤口、恢复功能问题，达到防治茎斑、立枯等疑难病害的目的；三是杀菌广谱宜于统防统治，一药治多病（包括根、茎、叶等部位病害），中草药制剂可以代替化学类制剂的使用，杜绝、减轻红锈病发生；四是营养复壮，通过直接补充高能量物质，提高作物免疫力及自营养能力，通过提高光合作用能力，增强酶促反应，达到作物健壮、增产增收的效果。（刘祥东、王艳）

☆问：枸杞茎基部（近根处）水肿是怎么回事？

枸杞地上部分突然萎蔫（类似青枯）是怎么回事？如何预防与治疗？

☆答：枸杞茎基部水肿后腐烂，传输功能受损，水分、养分无法正常传输，地上部分表现为枝、叶迅速萎蔫、落叶直至整株枯死，俗称"根腐病""水肿病"，因发病部位首先在茎基部，也称"茎基腐"。春季萌芽抽梢后陆续出现症状，危害轻（不至于快速死亡），高发时期主要在6—9月，特别是大水漫灌后蔓延快、枯死快，发病区域呈辐射状蔓延。

枸杞是耐寒、耐旱、高抗病植物，近年来，在产业化种植条件下，氮肥施用过多，大水漫灌（部分种植区碱性过高，一旦浇水返碱则必定伤害茎基部），农事操作损伤茎基部，部分地区夏天用雪水浇灌、温差过大导致茎基部处于逆境，易于受伤。枸杞茎基腐是茎基部处于逆境导致生理性水肿，进而容易被菌源侵染破坏茎基部传输功能，造成萎蔫，这是典型的生理性与侵染性的叠加病害。发病区域呈辐射状，除菌源传播外，还与生长势相似、营养不足、免疫力低下，甚至已经是隐形病株有关。

枸杞茎基腐病（根腐病）作为疑难病害之一，其防治的疑难之处在于：一是危害急、重的特征，高发期可3~5天青枯死亡；二是茎基部水肿后，水分、养分无法正常传输，仅靠杀菌难以解除生理性病患，只要水肿不消除，后期还会继续患病；三是根腐病（茎基腐病）采用灌根的手段难以达到防治效果，一方面因为枸杞种植区为沙土，灌根药液下渗，另一方面因为患病部位为茎基部，采用灌根方法茎基部见药少、须根少、吸收慢，难以解决急症、重症；四是控制住病症后，因为前期危害已导致落叶甚至部分枝梢枯死，当年难以再发新梢补充养分，树体在营养不足的情况下难以休眠越冬至来年新的生长季。

防治原理及要点：要点1，划分病区、健康区，死棵、重栽地区为病区，其周边特别是下水头为可能蔓延区，甚至有的已经为隐形病区，其他地方为健康区。按照健康区普防，病区早防、重防，有针对性地防治。要点2，早春见症的，应采用灌根、涂干、周年喷雾等方式，选用有医养结合功能的中草药制剂、能杀菌抑菌的微生物菌剂、速效杀菌的制剂及营养液等。通过复方、立体化用药，达到解除生理病患、杀菌治病的作用。要点3，有些大树见症的，应及时用阳光紫外线杀菌，中草药有杀菌、修复伤口、恢复细胞传导功能的作用。简单点讲，就是通过"做手术"消肿、杀菌、恢复功能。要点4，坚持周年用药、用肥方案。通过生长后期喷施医养结合的中草药制剂及相关营养液，起到传导杀菌、修复伤口、营养复壮的作用，满足染病后因早期落叶而导致的储备养分不足、难以越冬、来年春天难以正常开花坐果的需要。要点5，加强综合管理。一是要少用氮肥、磷肥，多用有机肥、微生物菌剂；二是尽量不要大水漫灌，有条件的要起垄浇水；农事操作时，要避免铲伤茎基部，不要用除草剂。

预期效果标准：标准1，出现水肿的、已经变褐色的部位需要刮除，还未变色的可纵划几道，用中草药制剂原液涂抹2~3遍（可适量加配营养液），水肿处慢慢消肿并逐渐愈合，韧皮部逐渐返青且有韧性，恢复部分传导功能。已经落叶的难以做到再生正常枝叶，但树体会保持基本正常的营养状态和颜色（刮开枝条表皮，里面依然是青绿色），翌年依然会正常抽条、展叶，继续开花、坐果。标准2，病区周年立体化复方早防、重防，能够有效控制病害蔓延，消除轻微水肿病患，甚至在整株或部分枝条带病生产的条件下，也能逐步解除病患。标准3，病区移栽的小苗，当年成活率高，生长势好，来年不患茎基腐病。标准4，按周年方案用药的，生长势好，挂果率高（收获的第4茬果依然品质较高）。（刘祥东、王艳）

布坎南，2004. 植物生物化学与分子生物学［M］.翟礼嘉，等，译.北京：科学出版社.

杜文雯，王惠君，陈少洁，等，2015. 中国9省（区）2000—2011年成年女性膳食营养素摄入变化趋势［J］.中华流行病学杂志，36（7）：715-719.

简令成，王红，2009. 逆境植物细胞生理学［M］.北京：科学出版社.

孔垂华，2002. 21世纪植物化学生态学前沿领域［J］.应用生态学报，13（3）：349-353.

李书田，金继运，2011. 我国不同区域农田养分输入、输出与平衡［J］.中国农业科学，44（20）：4207-4229.

梁鸣早，2020. 用生态农业高产优质栽培技术推进新型种业发展［J］.中国科技成果（2）：60-63.

梁鸣早，李书田，孙建光，2020. 我国的氮素管理如何走出困境？高活性固氮微生物肥料为我们带来希望［J］.中国科技成果（9）：4-9.

梁鸣早，刘立新，那中元，2020. 植物次生代谢理论与技术在现代生态农业中的创新应用［J］.中国科技成果（13）：9-15.

梁鸣早，路森，王天喜，2016. 高产优质有机农业技术体系探索［J］.中国土壤与肥料（3）：5-12.

梁鸣早，路森，张淑香，2017. 中国生态农业高产优质栽培技术体系生态种植原理与施肥模式［M］.北京：中国农业大学出版社.

梁鸣早，张淑香，2020. 为什么在异常天气下作物容易表现缺钙［J］.国际农业经济学（1）：5-11.

梁鸣早，张淑香，孙成，2020. 调整土壤微生态平衡，改变化学农业现状——秸秆耕层发酵技术的创新应用［J］.中国科技成果（5）：4-8.

梁鸣早，张淑香，吴文良，2020. 绿色投入品是生态农业的关键环节——有机物、矿物质和有益微生物的有机组合［J］.中国科技成果（10）：24-29.

林文雄，何华勤，郭玉春，2001. 水稻化感作用及其生理生化特性的研究［J］.应用生态学报，12（6）：871-875.

刘立新，2008. 科学施肥新技术与实践［M］. 北京：中国农业科学技术出版社.

刘立新，梁鸣早，2009. 推荐一种能提高肥料功能的方法——药食同源平衡施肥法［J］. 中国土壤与肥料（3）：82-85.

刘立新，梁鸣早，2009. 植物次生代谢作用及其产物概述［J］. 中国土壤与肥料（5）：82-86.

刘立新，梁鸣早，2010. 用化肥开启植物次生代谢途径的原理与方法［J］. 中国土壤与肥料（1）：88-92.

刘立新，梁鸣早，2018. 次生代谢在生态农业中的应用［M］. 北京：中国农业大学出版社.

闵九康，2010. 农业生态生物化学和环境健康展望［M］. 北京：现代教育出版社.

孙建光，胡海燕，刘君，2012. 农田环境中固氮菌促生潜能与分布特点研究［J］. 中国农业科学，45（8）：1532-1544.

孙建光，张燕春，徐晶，2009. 高效固氮芽孢杆菌筛选及其生物学特性［J］. 植物营养与肥料学报，42（6）：2043-2051.

许大全，2021. 光合作用学［M］. 北京：科学出版社.

张亚捷，牛海山，2019. 农田土壤氧化亚氮产生机制和相关模型研究进展［J］. 生态与农村环境学报，35（5）：554-562.

附录

生态农业优质高产"四位一体"种植技术规范

生态种植业允许使用的投入品，是采用有机质、矿物质和微生物的合理搭配，其理论依据，在适宜的温度和光照条件下，足够的含碳有机物和适量的水是形成产量的基础，矿物质是作物生长中不可或缺的营养元素，含固氮菌的微生物是土壤物质流与能量流的推动者，用胁迫＋营养的管理方式是作物形成抗性、品质和风味的重要技术，最终实现农产品高产优质的目标。

有机质　作物对碳、氢、氧的需要占其总干物质量的96％，生态种植业通过耕层发酵与堆制发酵方法，给土壤补充有机质，作物生长期进行叶面补充小分子有机物，以满足作物对碳的需要。

耕层发酵是可以广泛应用的技术，可以在保护地种植中使用，也可以在大田作物收获时使用，耕层发酵的目的是深施底肥（25～30厘米），一般在种植或移栽前10～20天完成。堆制有机肥目的是为作物前期生长提供优质的种肥（0～20厘米）和育苗基质中所用的有机肥。

有机肥耕层发酵和堆制发酵的配料有3个原则：原则1，植物残体和动物粪便各占1/2；原则2，矿物质占投入总量5％～10％；原则3，含固氮微生物菌剂约占1％。符合NY/T 525—2021《有机肥料》。在作物生长过程中追施使用的有机物的提取物、矿物质和有益微生物菌剂，请符合本规范附表1的要求，例如中草药制剂、腐殖酸、氨基酸、酵素、螯合态的微量元素肥和含固氮菌的微生物制剂等。

附表1　生态农业优质高产"四位一体"种植技术使用的投入品清单

物质类别	物质名称、组分和要求	使用条件
植物、动物来源	植物材料（茎秆、叶片、杂草等）	有机叶类菜田内各种作物秸秆、落叶
	畜禽粪便及其堆肥（包括圈肥）	利用生态农产品
	果园生草	生态体系内，生草还田养地
	植物材料（秸秆、绿肥和稻壳等）	与动物粪便堆制并充分腐熟后
	畜禽粪便及其堆肥、沼渣沼液	经堆制并充分腐熟后
	自制有机肥（充分腐熟）	限作底肥
	自制酵素（中草药、农产品下脚料）	经充分发酵后可作为叶面肥
	沼渣沼液、土炕土	—
	动物来源副产品（如肉粉、骨粉、血粉、皮毛、羽毛和毛发粉、鱼粉、牛奶及奶制品）	未添加禁用物质，经过堆制或发酵处理
	食品工业副产品	不含添加剂，堆制并充分腐熟后
	食用菌培养的废料、蚯蚓培养基质的堆肥	培养基的初始原料充分腐熟后

附表 1（续）

物质类别	物质名称、组分和要求	使用条件
植物、动物来源	草木灰	作为薪柴燃烧后的产品
	饼粕、饼粉（非转基因）	未经化学处理
	那氏齐齐发植物诱导剂	发酵，未经化学处理
	腐殖酸类肥料	可作为根施和叶片补充的有机肥
	氨基酸类肥料、氨基寡糖素、多肽酶	未经化学处理
矿物质来源	磷矿石	天然来源，未经化学处理
	土壤调理剂	高温煅烧物理加工
	钙镁磷肥（适用于酸性土）	高温煅烧物理加工
	过磷酸钙（适用于碱性土）	高温煅烧物理加工
	钾矿粉、硫酸钾	天然来源，未经化学处理
	硼砂、石灰石、石膏、白垩、黏土（如珍珠岩、蛭石等）、硫黄、镁矿粉、麦饭石、凹凸棒	天然来源，未经化学处理，未添加化学合成物质
	微量元素活力素	未添加化学合成物质
	窑灰	未经化学处理，未添加化学合成物质
	氧化钙、氯化钠	天然来源，未经化学处理
	碳酸钙镁	天然来源，未经化学处理
	泻盐类（含水硫酸盐）	未经化学处理
	纳米硅	未经化学处理
	高分子材料—功能性载体	物理应力，聚合反应
微生物来源	微生物加工副产品	非转基因微生物
	天然存在的微生物提取物、复合酶制剂	未添加化学合成物质
	藻类、细菌或真菌菌株组合的微生物制剂　世奇牌地力旺	经提纯、复配和工厂化生产的微生物肥料

矿物质　作物必需的碳、氢、氧、氮、磷、钾、钙、镁、硫、铜、铁、锰、锌、硼、钼、氯、镍 17 种元素，除碳、氢、氧、氮外都是矿物质，有益元素硅、钠、硒、钒、钴、钛等被认为是农用元素，稀土元素需要量极少，上述矿物元素协同作物完成从种到收的生命过程，在适量的前提下，一个都不能少。

补充矿物质要考虑作物和土壤的共同需要，补充矿质元素的用量，需符合本规范附表 1 的要求。底肥中矿物质肥的施用比例，应考虑土壤对钙和镁的需要量远远高于作物的需要量。钙、镁、钾的比例调整到 5∶2∶1 较合适。微量元素的有效性取决于土壤 pH 值和所含有机质的络合功能。土壤中钙、镁、铁、锰二价阳离子是形成土壤团粒结构的搭桥物质。通过增加有机质提高土壤有机质和土壤阳离子交换量。

微生物 让有益微生物占领优势生态位，成为土壤物质流和能量流的推动者。选择符合本规范附表1所列的微生物产品。不使用转基因微生物及其衍生物产品。固氮能力强是有益微生物菌剂高品质的标志。有益微生物菌剂重点用在底肥的秸秆耕层发酵和种肥的有机肥堆制发酵过程中。在作物种植中的几个关键期，例如播前拌种、育苗、移栽、苗期，以及作物旺盛生长的各个时期也需要进行微生物菌剂的叶面补充。

操作指南 为作物提供足量的碳（秸秆、畜禽粪便和农业废弃物）和水分调控，是作物高产的基础，碳、氢、氧占总干物质量的96%。让有益微生物推动土壤的物质流和能量流，成为土壤中最活跃的生力军。矿物质在生态种植中占有重要位置，作物生长必需的元素有17种，还有有益元素和稀土元素。作物对不同元素的需求量相差大，但共同遵守少量有效、适量最佳、过量有害的原则。在作物不同生育期用不同的干预手段进行胁迫，例如，蹲苗期中耕除草，刺激根系生长；营养生长期进行干旱胁迫，以促进阳离子营养随土壤毛管作用向耕作层富集；果实膨大期强化水肥管理，促进营养生长和生殖生长的营养需求；采摘中采用干旱胁迫，以促进果实品质物质和风味物质的积累。每次胁迫的同时追加营养，营养包括小分子有机物、螯合态矿物质和有益微生物，胁迫＋营养是获得抗性、品质和风味的重要手段。

应用"四位一体"技术，可以提高土壤肥力、增强作物抵抗逆境的能力，最终生产出高产优质的农产品。

底肥的施用（采用耕层发酵方法） 先将前茬作物秸秆（粉碎小于5厘米）或花生壳、谷壳、菌渣、木糠、豆饼等农业废弃物，1 000～2 000（干重）千克/亩，农家肥（牛粪、羊粪、猪粪、鸡粪、鸭粪等）1 000～2 000千克/亩均匀撒于地面，然后将矿物质（土壤调理剂100～200千克/亩或钙镁磷肥100～200千克/亩＋硫酸钾15～30千克/亩＋根施活力素1千克/亩），将有机物料和矿物质混合均匀撒于地面；用300倍稀释液的地力旺菌剂4～5千克/亩均匀喷洒于物料上。用犁翻耕至25厘米、旋耕2次，使土壤与各种肥料混合均匀，静置10～20天。

堆制有机肥 主要解决大田作物播种和保护地移栽的种肥，以及育苗基质配料的需要。用料配方：有机物料包括总料堆45%的作物秸秆（粉碎小于5厘米）或者花生壳、谷壳、菌渣、木糠、尾菜等农业废弃物，42%的新鲜鸡粪、

猪粪、牛粪、羊粪，5％的豆饼、菜籽饼或其他油料下脚料，2％的中草药药渣等下脚料。将有机物料的碳氮比调整至（25～30）：1；各种矿物质肥占物料的5％，即每吨有机物料中加入钙镁磷肥39千克＋硫酸钾10千克＋根施活力素1千克；料堆的pH值控制在6.5～8；微生物制剂0.5％的地力旺和0.5％的糖蜜。

种肥的施用　种肥是在播种或者移栽前为0～20厘米的表层土壤补充营养，种肥用量是底肥用量的大约1/3。种肥同样要考虑有机质、矿物质和微生物的合理搭配。操作步骤：将发酵好的有机肥300～500千克/亩，腐殖酸肥10千克，矿物质（钙镁磷肥50千克/亩＋硫酸钾15千克/亩＋根施活力素1千克/亩）混合均匀撒于地面；用地力旺1.5千克/亩加水稀释300倍，均匀喷洒在物料上。用旋耕机旋平备用。

育苗　本方法适宜保护地栽培作物和大田作物的育苗工作，育苗基质需要3类材料混合：优质的基质、发酵好的有机肥、当地最好的土壤，这3种材料按照50：30：20的比例搭配。另外添加辅料，腐殖酸占基质干料量的5‰～10‰，根施活力素占基质干料量的1‰，那氏齐齐发占基质干料量的0.05‰（即1吨干料加50克那氏齐齐发），搅拌均匀。在配料基质上用地力旺300倍液喷洒，以基质持水量60％为准。对于多次用过的基质的更新复壮，加入麸皮2％～3％，适量的活力素和腐殖酸，用地力旺发酵，经10～20天发酵后，可以再次使用。

育苗胁迫　根据不同作物选择不同的营养钵或大小穴盘。如选用营养杯育苗，点籽后排列在地表，用地膜覆盖3～5天。育苗前拌种：那氏齐齐发10倍液，薄皮种子浸种1分钟，用清水冲后晾干，硬皮种子浸种几分钟晾干。穴盘育苗每穴1粒种子。播种后，穴盘叠放8～10层，用保温材料围好保温催芽2～3天，待种子出芽后，摆放在育苗场地，如有徒长现象，可及时喷那氏齐齐发100倍液。

定植移栽　合理密植按照种植品种特性和种植技术要点进行合理密植，叶片大、长势旺、分枝多的品种种植密度要小一些，叶片小、分枝少的品种种植密度要适当大一些，垄高10～15厘米，小行距40～60厘米，大行距70～80厘米，株距30～35厘米。适时定植，若在深秋种植作物，定植的时间需要根据当地气候条件、覆盖材料的种类、保温性能的好坏决定，当大棚内10厘米土温稳定在12℃以上，白天气温高于20℃的时间不低于6小时，夜间最低气温不低于13℃，是适宜移栽的温度条件。定植前7～10天给土壤造墒，待地温回升后即可定植移栽。春季和夏季栽培 4 叶 1 心，秋季栽培 5 叶 1 心，即可定植。移栽苗时的胁迫，用那氏齐齐发 300 倍液蘸根放置 4 小时后再移栽。移栽要点：栽苗要在垄上，距垄沿 5 厘米处定植；栽苗时苗头朝太阳方向；定植时注意幼苗要在同一水平线上，把幼苗的土坨埋上即可；栽后滴水加入地力旺 2 000 毫升 / 亩，活力素 50 克 / 亩。

苗期管理 —— 生长早期的胁迫 + 营养管理

灌根胁迫　定植后 3~5 天（温度高时 2~3 天），当移栽苗新根长出 2~3 厘米时，用植物诱导剂进行胁迫灌根，具体用法：把那氏齐齐发 50 克粉剂，用开水 500 毫升化开，静置 3 天，再兑水 100~150 千克，均匀地浇灌 1 800~2 000 棵苗。用那氏齐齐发（不使用激素类的生根剂和多效唑），促进根系生长、抑制地上生长、增加抗逆能力、减少病害。

断根胁迫　定植 1 周后锄地，浅锄 5 厘米（不要破坏苗坨），此时小草已经发芽，随着第 1 遍锄地除草问题也基本解决。

定植 2 周左右需浇水，浇水后（沙壤土 2~3 天、黏土 3~4 天）再次锄地，这次锄地要深一点。苗期要根据土壤情况，浇 1 遍水锄 1 遍地，这就是胁迫的需要，锄地会把作物的细根划断，同时让地表保持干燥。

8 月底和 9 月初是秋季种植作物最适宜生长的温度，通过锄地诱导根系下扎到 10 厘米以下土壤中，到了冬季大棚土壤 10 厘米以下温度比地表温度高，有利于作物根系的成长。

培土胁迫　定植 3 周后开始培土，自然形成垄，小苗周边的草培土时被压死。培土后浇水加营养，营养用地力旺和腐殖酸类的肥料配合。开始降温时可以考虑铺可降解地膜，但两端要撑起来透气。

营养生长和生殖生长并进期管理　作物生长进入营养生长和生殖生长并进期，管理的关键是增温、保墒、通气，秋季栽植作物最重要的是增温，迅速恢复根系的吸收能力，增加光合作用强度，可用二氧化碳补充剂。栽培管理采取控上促下的措施，继续蹲苗，适当控制茎、叶的生长，使植株健壮。强调中耕，要做到耕深、耕勤、耕细。改善根系环境，让根深秧壮。当营养生长过盛时，用高浓度的那氏齐齐发抑制生长。

温度、湿度胁迫　保护地作物在苗期白天温度保持在 23~28℃，夜间温度保持在 15℃左右，地温保持在 25℃左右。当白天棚内温度 25~28℃时要放风，先小通风后大通风，晴天要早通风，阴天要晚通风，夜间高于15℃（特别是在8月）也要适当放夜风，加大昼夜温差，提高作物的抗病能力。开花坐果期控制温度，最高不得超过30℃。果实转红期温度要保持在28～32℃。

通风除了调节温度的作用外，还有排出棚内夜间产生的湿气，更换棚内气体，增加棚内二氧化碳浓度的作用，开花坐果期棚内湿度应保持白天50％～60％、夜间85％～90％为宜。

水分胁迫与调控　根据土壤状况判断是否需要浇水，判断方法，地表5厘米以下的土壤攥不成团，此时土壤含水量10％～15％，是缺水的标志。作物生长旺盛期要保持土壤表层的见干见湿，防止地上部分徒长和落花落果。旺盛生长期也不能过于干旱，否则会出现花打顶。黏性土壤在第1穗果还没有坐住时不要浇水，而沙性土壤在出现干旱时就可以浇水。保护地入冬前要浇1次透水，浇到与地下含水层连通。依靠水的内聚力和比热容，保护地土壤就成为地热源的良导体，冬季棚外的土地已经上冻，而棚内土壤地温还可以维持在15℃以上，植物根系能正常生长。保护地春季浇水要注意，阴天不要浇，茄果类作物在第1穗果坐果后，选择晴天的上午浇水，使用滴灌带浇水时滴灌带和移栽苗距离要保持20厘米。浇水时加肥料，坐果后每隔7～10天喷1次地力旺、氨基酸液肥和活力素。浇水后使用那氏齐齐发。

掐尖打杈胁迫　第1层花开后，摘除子叶、虫叶和枯叶，喷施活力素800倍液，地力旺100倍液；5天后，掐掉腋芽。用尼龙绳等丝带开始吊秧。开花后每亩放熊蜂1箱或进行人工授粉。3层花开后，随水追施硫酸钾10千克/亩，同时喷施活力素和地力旺（比例同前）。每隔10天喷施1次。6层花后摘心，对下3层疏果，摘除僵果、虫害果、老叶，每层留果4～6个。及时摘除病叶、虫叶、老叶，可以剪掉部分叶片利于通风透光。根据不同作物的长势和密度决定去留枝条的策略，要充分地通风透光才能生长正常。

促进授粉　春季、秋季种植的保护地作物，适宜在开花后每3 000～4 000株番茄用1箱熊蜂或振动棒授粉，花朵上出现熊蜂吻痕为最好。

疏花疏果胁迫　保护地栽培作物，例如茄果类作物，早期开的花要去掉，最晚开的花也不留，留住中间的花，果实就会一样大，疏花疏果的同时需要补充营养，即胁迫＋营养。

营养的均衡供应　旺盛生长期也是作物对各种营养需要量最多的时期。特别是作物对补充的各种氨基酸（包括植物源和动物源的氨基酸）、螯合钙、活力素、地力旺及氨基寡糖素，每隔5~7天轮流喷1次。用上述产品替代速效化肥（附表1）。

预防病虫害和抵抗灾害性天气

胁迫＋营养的管理原则 胁迫＋营养理念需要贯彻种植的始终，即用疏导的方法让各种环境生物回归其生态位。特别是在保护地种植作物中，作物生长过程要经常补充一些叶面喷施的营养，例如中草药制剂、地力旺、氨基酸液肥、腐殖酸钾、多肽类、复合酶制剂、藻类及氨基寡糖素等，每隔7~10天喷洒1次，可以替代药物。只要坚持喷施这些小分子有机物，一般作物就不会患病，轻微病害也是胁迫。作物生长后期也要坚持用，一直到拉秧。作物生长后期不能放弃管理，这样下茬作物的棚舍比较干净也没有病。

保护地作物易感的主要病虫害有生理性病害：畸形果、裂果、日灼病、空洞果、脐腐病；病毒性病害：花叶病、蕨叶病；真菌性病害：猝倒病、立枯病、斑枯病、枯萎病、叶霉病、灰霉病、早疫病、晚疫病；细菌性病害：青枯病、溃疡病等；虫害：根结线虫、蚜虫、白粉虱、斑潜蝇、红蜘蛛、棉铃虫、蓟马。

主要异常天气和逆境 干旱、洪涝、低温（冷害）、高温（热害）、大风、次生盐渍化等。

操作方法 按照预防为主、综合防治的植物保护方针，创造不利于病虫草害滋生和有利于各类天敌繁衍的环境条件，保持农业生态系统的平衡和生物多样性，减少各类病虫草害造成的损失。

越冬栽培时在垄上铺可降解地膜或银灰色的地膜，降低空气湿度，减少草籽发芽和病害发生，移栽苗前25天浇透水，高温闷棚持续1周，杀菌消毒、防病防虫。全程用太阳能频振式杀虫灯、蓝板、黄板诱杀害虫。黄板诱杀蚜虫、红蜘蛛、白粉虱、斑潜蝇、蓟马。人工摘除虫叶、病叶。边行和行间种大蒜、韭菜、芹菜、艾草等植物，驱避蚜虫、红蜘蛛、白粉虱、蓟马等。视苗情喷草木灰浸出液，提高抗病能力。制备方法：草木灰5千克＋水10千克，搅拌静置10小时，取上清液兑水20千克喷雾，每10~15天1次。

在秋冬和早春季节，重点要管控好温度和湿度，空气湿度控制在55%以下，温度控制在18~26℃。注意预防灰霉病、疫病的发生，深秋栽培重点防治溃疡病、花叶病、蕨叶病和病毒侵染。溃疡病绝大部分发生在定植后30天左右，要注意认真观察，早发现，早处理，发现根系有细小的白色斑点，即可认定为发病开始，用地力旺原液涂抹即可抑制。延迟定植后的培土时间，也可有效预防该病发生。

在夏季，棚内温度较高，雷雨前及时关闭上通风口，预防病毒侵染。苦参碱 800 倍液、微量元素肥 800 倍液及 5% 氨基寡糖素 1 500 倍液，在定植 10 天后轮换喷施，每 10 天 1 次，可防治多种病虫害。在摘心 15 天后，全部剪除 1 层果以下老叶，1 层果以上疏除部分老叶、交叉叶、染病叶；增加作物通风透光，促进保证植株健壮，增强抵抗病虫害能力（附表 2）。

附表 2　生态农业优质高产"四位一体"种植技术防治病虫草害允许使用的物资

类别	物质名称、组分要求	作用
植物、动物来源	楝素（苦楝、印楝等提取物）	用于防治鳞翅目害虫
	天然除虫菊（除虫菊科植物提取液）	用于防治蚜虫、飞虱、蓟马等害虫
	苦楝碱及氧化苦参碱（苦参等提取液）	用于防治鳞翅目害虫、蚜虫等害虫
	海洋甲壳资源分解物氨基寡糖素、多糖类	对病毒和土传病害有治愈作用
	诱剂和杀线虫剂（万寿菊、孔雀草、芥子油）	杀线虫剂，用于防治叶菜茎、根线虫病害
	鱼尼丁	用于防治鳞翅目害虫的杀虫剂
	具有驱避作用的植物提取物	用于防治多种害虫的驱避剂
	天然酸（如食醋、木醋、竹醋等）	用于防治真菌病害及诱杀地老虎、金龟子
	鱼藤酮类	杀虫剂
	那氏齐齐发植物诱导剂	抵抗逆境天气和病虫害的侵扰
	草木灰	pH 值 12，抑制病虫害
	昆虫天敌（瓢虫、草蛉、赤眼蜂、食蚜蝇、捕食螨等）	控制害虫
	中草药制剂青枯立克、草木灰，辣椒、大蒜浸泡液，洗衣粉等	预防和控制病害
	小檗碱	预防和控制病害，杀菌剂
	藜芦碱	预治红蜘蛛
	蜂胶	杀菌剂

附表 2（续）

类别	物质名称、组分要求	作用
矿物质来源	硫酸铜、氢氧化铜、氯氧化铜、辛酸铜等	杀菌剂，用于防治真菌和细菌性病害
	石硫合剂	杀真菌、害虫、螨虫
	波尔多液	杀真菌
	石蜡油	杀虫剂，杀螨剂
	轻矿物油	杀虫剂，杀菌剂
	硅藻土	杀虫剂，用于防治地下害虫
	硫酸铁（Fe^{3+}）	杀软体动物剂
微生物来源	真菌及真菌制剂（如白僵菌、木霉菌、淡紫抑青霉、哈茨木霉菌等）	杀虫剂、杀菌剂、除草剂等
	细菌及细菌制剂（如苏云金杆菌、枯草芽孢杆菌、蜡质芽孢杆菌、地衣芽孢杆菌、荧光假单胞杆菌、蜡蚧轮枝菌等）	杀虫剂、杀菌剂、除草剂等
	病毒及病毒制剂（如微卫星核酸、核型多角体病毒、颗粒体病毒等）	抗病毒剂、杀虫剂
	世奇牌地力旺	杀虫、抗病
诱捕器、屏障	粘虫板	杀虫
	诱（杀）虫灯	杀虫
	迷向丝（性干扰素）	杀食心虫
其他	苏打	杀菌剂
	昆虫性诱剂	仅用于诱捕器和散发皿内
	昆虫迷向剂	仅用于散发皿内

编辑委员会成员简介

刘立新

本书技术顾问。中国农业科学院农业资源与农业区划所研究员（退休）。主要成果：获得 4 项国家级科技进步奖励，1978 年"提高化肥利用率的研究"项目，获国家科技大会奖（9）；1989 年"碳酸氢铵深施机具及提高肥效技术措施的研究"，获国家级科技进步奖三等奖（3）；1997 年"全方位深松机的研究"，获国家级科技进步奖二等奖（7）；1998 年"含氯化肥科学施肥和机理的研究"项目，获国家级科技进步奖二等奖（4）；1 项农业机械实用新型专利 —— 垄作侧位施肥器（为第 1 发明人）。1992 年 10 月作者获得国务院颁发的政府特殊津贴。经过 40 余年的不断研究与探索，提出了"植物营养元素非养分作用的应用理论基础"或称"药食同源平衡施肥的原理、原则、施用技术与效果"的理论基础。发明了应用专用肥的盐指数提前开启植物次生代谢途径的办法，利用植物次生代谢途径产生的活性物质，达到成功防控病虫草害，抵抗灾害性天气的目的，极显著改善农产品品质，形成独特风味，大幅度提高产量，提高农业生产效率、安全环保性等 6 个方面和谐统一的良好效果。2005 年研制的防控大豆孢囊线虫病的《环保型大豆重迎茬专用肥》，获得发明专利（第一发明人）。2013 年作为《中国式有机农业高产优质栽培技术》的第一完成人，该技术通过了专家鉴定，被认定为国内领先技术。2008 年撰写《科学施肥新思维与实践》一书，由中国农业科学技术出版社出版；2018 年任国家星火计划培训丛书《次生代谢在生态农业上的应用》的主编，由中国农业大学出版社出版。

梁鸣早

中国农业科学院农业资源与农业区划所副研究员（退休）。研究领域：

植物营养、作物栽培、作物生理、土壤养分分析、生态农业高产优质栽培理论与应用。主要成果和获奖情况：1999 年获得国家科技进步奖三等奖（3），获奖项目"土壤养分综合系统评价与平衡施肥技术"；1999 年《土壤肥力与肥料》获得国家优秀科技图书三等奖（3）；2000 年获得国家科技进步奖二等奖（9），获奖项目"北方土壤钾能力及钾肥高效施用技术研究项目"；2001 年获得中国农业科学院科技进步奖一等奖（2），获奖项目"中国土壤肥料信息系统及其在养分资源管理上的应用"；2013 年参与由中国农业科学院农业资源与农业区划研究所牵头的科研成果鉴定，"有机农业优质高效栽培技术"（4）被评价为国内行业领先技术水平。发表学术论文《高产优质有机农业技术体系探索》等 50 多篇；编写 20 种主要作物营养失衡症状挂图；任国家星火计划培训丛书《中国生态农业高产优质栽培技术体系》主编，2017 年由中国农业大学出版社出版，任国家星火计划培训丛书《次生代谢在生态农业上的应用》主编，2018 年由中国农业大学出版社出版。

张淑香

博士，中国农业科学院农业资源与农业区划所研究员，博士生导师。研究方向：土壤肥力演变、土壤生态修复、作物连作和生态农业技术等。主持和参加完成 20 多项国家自然科学资金、国家基础性工作、国家 863 计划课题、农业农村部行业专项和省部级项目。获奖情况：中华农业科技奖二等奖"我国粮食产区耕地质量主要性状演变规律"第 6 完成人（2013 年），中华农业科技奖二等奖"瘠薄土壤熟化过程及定向快速培育技术研究与应用"第 11 完成人（2013 年），获天津市科技进步奖三等奖（2006 年），2007 年获得农业部神农奖三等奖，"环保型大豆专用肥"均为第 2 完成人；获省部级奖励 8 项；发表论文 100 多篇（SCI 20 余篇），作为主编、副主编编写专著 8 部，软件著作权和专利 8 项，培养研究生 20 余名。发表著作：任国家星火计划培训丛书《中国生态农业高产优质栽培技术体系》副主编，2017 年由中国农业大学出版社出版，任国家星火计划培训丛书《次生代谢在生态农业上的应用》副主编，2018 年由中国农业大学出版社出版。

孙建光

德国乌尔姆（ULM）大学博士，中国农业科学院农业资源与农业区划研究所研究员。男，1963 年 2 月出生。多年来从事农业微生物、土壤肥料、生态种植等领域的基础及应用技术研究，主持完成了国家资源平台、国家自然科学基金、科技部 863 项目、农业农村部行业专项等研究课题 20 余项。获得省部级及以上科技奖励 5 项；获得国家发明专利 19 项（第一发明人）；发表学术论文 58 篇（第一作者或通讯作者），其中 SCI 论文 22 篇、中文核心期刊论文 36 篇；培养研究生 20 余名。在基础研究方面，创建了粮食作物内生固氮菌菌种资源库，库存资源 3 500 株，菌株分类地位 62 属 256 种，该资源库在菌种数量、多样性等方面居同类资源的国际前列，为基础研究和应用研究提供了资源保障；创建了固氮菌 *nifH* 基因信息数据库，包含信息 1 120 条，覆盖 54 属 231 种，为高效固氮菌筛选和难培养固氮菌鉴定提供了新思路；全面、系统地研究了我国主栽玉米、水稻内生固氮菌多样性组成，找到了作物体内的活跃固氮菌群，研究内容和研究结果具有创新性，对于固氮微生物的农业应用具有指导意义；发现微生物新种 19 个，丰富了世界微生物资源库，促进了微生物资源学科的学术进步。在应用研究与成果转化方面，针对农田土壤退化研究，获得肥效微生物菌种专11 项，开发微生物肥料生产技术 3 套，产品 9 个；针对农田残留农药污染研究，获得降解农药专利 8 项，开发降解农药技术 1 套，研制净化土壤和大豆抗重茬产品 2 个；指导企业建成微生物肥料生产线 4 条，登记产品 6 个，培训技术人员 30 人；完成技术服务类课题 6 项；推广应用微生物肥料产品 134 万亩，增产粮食 2 550 万公斤，新增经济效益 5 300 万元；针对橡胶生产企业臭气污染问题进行了大量研究，开发了微生物除臭技术 1 套，产品 2 个，解决了臭气污染问题。

吴文良

中国农业大学生态学二级教授，生态学、教育经济管理学博士生导师；曾任中国农业大学教务处处长、资源与环境学院院长。担任国务院学位委员会生态学科评议组成员、联合召集人。担任中国国土经济学会副理事长，中国生态学会、中国自然资源学会、中国农业资源与区划学会、中国农学会和中国生态经济学会等专业学会常务理事职务，为中国国情论坛成员。兼任教育部自然资源保护与环境生态类专业教学指导委员会副主任，"生物多样性与有机农业"北京市重点实验室主任，国际有机农业研究学会（ISOFAR）理事（2 届连任），联合国全球农业文化遗产中国专家委员会委员，全国农业文化遗产专家委员会委员。主要从事农业生态系统碳氮调控研究，有机农业、生态农业、富硒农业、区域发展与乡村振兴跨学科战略研究，农业高等教育复合型、创新型人才研究。主持完成国家科技研发 30 余项，各类农业规划 30 余项。先后获得省部级及以上科技奖励 6 项，省部级及以上教学成果奖 4 项；发表论文 100 余篇；拥有国家发明专利 10 余项；出版专著、合著 8 部。

孙 成

世界生产率科学院（WAPS）院士。"中华人民共和国成立 60 周年百名优秀发明家""中华人民共和国成立 70 周年生产率科学领域功勋科学家"，受到联合国经济与社会理事会世界生产率科学联盟（WCPS）的表彰。现任联合国 NGO 国际信息发展组织学术委员会首席科学家、世界生产率科学联盟中国分会执行主席兼秘书长、国际院士联合体执委会主席、农村教育发展中心院士工作室主任、南洋科学院学部主席团主任委员、亚太科学研究总会会长、山东科龙畜牧产业有限公司院士工作站首席科学家、义乌市浙八味中药产业发展有限公司海外院士工作站牵头院士、"无极县院士科创服务站"牵头院士、中国国际科技促进会国际院士联合体工作委员会主任、赛必德国际科学与技术学者联合会主席（美国）、国际学术期刊《世界农业经济研究》《农业科学》主编、上海应用技术大学特聘教授、研究生导师。孙成院士从事科研工作 30 余年，多项重大科技成果转化为生产力，为农业发展做出巨大贡献。发表《当代兴国战略研究》《新型缓释肥料技术与应用》《植物营养生长与生殖生长平衡比例关系失调是造成肥料过量施用环境污染的重要根源》等论文和专著。"植物营养生长与生殖生长平衡理论学说"的奠基人之一，被誉为"中国肥料之父"。最大的科学技术成就和贡献，是针对我国化肥利用率低、土壤板结、环境污染、粮食安全等一系列问题，研制成功的重大发明专利技术成果"世纪田王"生物有机肥、生物有机无机缓释复混肥等系列新型缓释肥料，被列为"国家重点新产品计划项目"和"高技术产业重点示范工程项目"，填补了中国和世界高浓度天然生物有机肥、生物有机无机缓释复混肥的历史空白。特别是创新升级换代的颠覆性前沿重大科学成果多功能生物有机肥"SC 植物营养餐"，达到国际领先水平，将对调整中国肥料产业结构、改变农业化肥几十年来的主导地位产生重要影响，对实现农业碳中和、降污减碳协同增效，全面推进农业低碳绿色发展发挥重要作用。

王天喜

山西临汾尧都区汾河生物科技有限公司工程师。1953 年 2 月出生，1972—1976 年当兵，1978—1982 年太原理工大学获学士学位，1985 年山西省地震局临汾中心地震台工作，1999 年至今，研发微生物菌剂约 23 年。学理工出身的王天喜在从事菌剂研究中发挥了结构设计的特长，因此，在培养高活性菌群上也有一些突破。已有 2 个专利：①国家发明专利《利用水葫芦汁发酵生产生物菌剂的方法及其发酵装置》（ZL 201110313767.6）；②国家发明专利《一株固氮地衣芽孢杆菌及其用途》（ZL 201310512513.6）；还有 3 个正在申请的发明专利：①一株既固氮又产聚谷氨酸的枯草芽孢杆菌，②一株既固氮又产聚谷氨酸的地衣芽孢杆菌，③一株同时具有固氮解磷解钾的胶冻样芽孢杆菌。王天喜研发的地力旺微生物系列产品，在生态农业优质高产"四位一体"种植技术中起到支撑作用。2013 年参与由中国农业科学院农业资源与农业区划研究所牵头的"有机农业优质高效栽培技术"科研成果鉴定，为第 6 完成人。2016 年在《中国土壤与肥料》上发表论文《高产优质有机农业技术体系探索》。2018 年参与编写国家星火计划培训丛书《次生代谢在生态农业上的应用》，由中国农业大学出版社出版。2019 年参与编写《有机农业区域发展与作物优质高效栽培技术指南》，由中国农业出版社出版。

那中元

云南省生态农业研究所所长。当过知青、工人，1974 年就读于云南农业大学农机设计制造专业，1977 年留校任教，1978 年设计研制气流式联合收割机，1984 年被特邀参加中国首届机械发明创造大会，1985 年发明简易高效型进化装置，获得国家专利，1988 年发明定向移栽制钵器，获得国家专利。20 世纪 80 年代末期，研究出那氏齐齐发植物诱导剂（GPIT），该产品大幅度提高作物的光合作用效率和抗逆能力。1990—1994 主持云南省冬玉米高产栽培课题研究，创造出连续 3 年全国冬玉米栽培的高产纪录，1995 年被云南省列为 12 项重点推广新技术之一。1994 年云南省教育委员会批准成立云南省生态农业研究所，担任所长。1997 年在云南迪庆（海拔 3 276 米，有效积温 493℃）成功种植玉米，改写了玉米最短生育积温的记录。2002 年在中国科学院刊物上发表的文章中强调"动植物在深层具有类同的抗病机制"，该机制在抗禽流感研究应用及动植物抗病系列应用、研究中不断得以验证。2002年那氏齐齐发植物诱导剂（GPIT）通过了农业部的科技成果鉴定。2002年参与国家863滇池水污染治理项目，经改造的紫根水葫芦在分子水平研究证明紫根水葫芦有上万个基因得到改变，其中3 275个显著增强，紫根水葫芦在治理滇池蓝藻污染中获得成功，2015年通过了由3位院士参加的国家863项目成果鉴定。2004年参加国家禽流感防治联合攻关项目，完成了中草药防治禽流感的任务，2006年在北京通过了成果鉴定验收。近年来，那中元的研究精力更集中于育种上，提出"能动抗争累加递增进化遗传"育种理论，采用强化诱导调控、远缘和超远缘杂交育种研究，诱导作物内在的高品质、多抗逆基因成为表现型，产生可累加的、递增性强的、可多年生、超亲、远超亲、超高产的新品种，可产生巨株型、超大穗（桃、荚）型、超强分蘖型，并具有抗逆性强、品质好、产量高的特点。多年来培育出的作物新品种涉及大豆、蚕豆、玉米、小麦、青稞、藜麦、谷子、油菜、水稻、棉花、蔓菁、烟树（6年生）、药用紫青菜、药用葵花，可抗冻越冬多年生甜高粱、棉花、甜菜、油菜、药用红薯等。特别值得一提的是，此技术诱导出了大豆高产与高固氮并存的品种并攻克了大豆光周期、光节律限制等区域性难题，解决扩展大豆种植适宜区的难题，与玉米窄行一穴多株模式配合，为实现我国大豆全自给提供了可行之路；用此技术培育的小麦品种可以克服冬小麦春化和冬播春出苗等一系列难题；此技术攻克了玉米等多种作物的抗倒春寒、晚秋抗早霜和冻雪害等难题，可彻底改变冷凉地区养殖业饲料短缺的现状。那中元和他的团队在攀登"双策谐促高光效"的生物工程工作中，不断完善"能动阳光生态农业"体系，打造"铸中华金碗"的创新平台。相关研究在国内外发表论文100余篇，包括2015年《自然·科学报告》杂志上刊登的《揭开紫根水葫芦净水奥秘》。

韩成龙

生态农业优质高产"四位一体"种植技术促进会会长，山东寿光人。生态农业技术推广人，从事生态农业服务20余年，2005年被寿光农业专家协会聘请为农村科普员，2013年6月被沧州兴业生物技术有限公司聘请为微生物肥应用技术顾问，2015年7月被山西峰瑞肥业有限公司聘请为山东地区钙钾镁纯天然矿物肥技术顾问，2017年起担任山东奥丰作物病害防治有限公司技术顾问，2019年6月被推荐担任生态农业优质高产"四位一体"技术促进会会长。韩成龙具有很丰富的实践指导经验，服务的基地遍及北京、河北、新疆、内蒙古、陕西、山西、河南、广东、广西、四川、贵州、云南、海南、浙江、江西以及马来西亚、缅甸、越南、俄罗斯等地。他指导过的地方，农业生产方面均在土壤改良、农产品产量、品质和风味等多方面有明显进步，第三方检测机构对多地送检样品的农产品农药残留和土壤重金属残留等指标的检测均达到国家标准。在种植实践中总结出的胁迫＋营养的七步法，可以让种植者快速掌握"四位一体"技术的具体田间操作的方法和步骤，深受欢迎。

蒋高明

博士，中国科学院植物研究所研究员，中国科学院大学岗位教授，山东省人民政府泰山学者特聘教授，联合国大学干旱区问题咨询专家，《植物生态学报》副主编、《生态学报》《生命世界》《首都食品与医药》编委，曾任联合国教科文组织人与生物圈中国国家委员会副秘书长、中国生物多样性保护与绿色发展基金会副秘书长、中国生态学会副秘书长等。长期从事植物生态学与生态农业理论与实践研究。在退化生态系统修复中首次提出自然恢复观点，并在实践中大面积应用；是以生态学为指导的第二次绿色革命发起人之一。带领科研团队经过 15 年研发，成功开创了"六不用"弘毅高效生态农业模式，在全国推广 50 家基地 55 万亩。

吴代彦

陕西杨凌有机大联盟董事长。1955 年出生，先后在西北农学院（现西北农林科技大学）农学系和西南农学院（现西南农业大学）土壤农化系就读，大学学历，高级农艺师，1979 年参加工作，2016 年退休。长期从事土壤肥料、农业区划、生态农业、有机农业研究和推广工作。先后主持参与西藏拉萨 12 县、区"土地资源调查研究"和山南市乃东区"农业区划"；陕西合阳县"农业区划更新研究""合阳县农业发展规划""合阳县水田水地增产潜力发掘途径调查""合阳县耕地土壤肥力调查研究""合阳地膜小麦技术推广"；"渭北旱原果树修剪枝条生产香菇技术推广""赛众 28 硅镁钾肥应用与推广"等项目，出版合著 1 部《拉萨菜地土壤》，合著内部专业调查报告 10 部，发表科技论文 9 篇，获得省部级科技奖 6 项。研发"腐殖酸肥料""生物肥"和"矿物质肥"等新型肥料，合作技术发明专利 4 项（治疗果树根腐病的肥料、治疗果树缩果病的肥料、治疗果树流胶病的肥料、用于土壤保健的肥料）。主要学术理论："全营养施肥技术"（2000年），"土壤保健与植物保健"（2011年），"中国耕地土壤病"（2013年），"种地不靠化肥农药，省钱省人安全高效"的中国式有机农业（2015年）。

路　森

仲元（北京）绿色生物技术开发有限公司土壤改良研究所所长、技术总监。技术专长：治理植物连作障碍、土壤修复、中低产田快速改良、重金属原位纯化等技术，仲元土壤调理剂、植物氨基酸液肥和植物营养调理剂等产品的研发人。1997年至今，仲元（北京）绿色技术开发有限公司技术总监。成果与奖励：荣获北京市科学技术委员会和北京市经济技术开发区管理委员会科技创新局技术成果鉴定2项，属国内领先；获得国家发明专利4项，并持有非专利技术30余项；发表学术论文9篇。2020年仲元（北京）绿色生物技术开发有限公司成为中国科学院秦大河院士建站单位。

陈安生

北京孚光天成科技有限公司董事长，菏泽市现代农业产业协会副会长，菏泽市现代农业协会有机分会会长。2012年创建鄄城县舜净田家庭农场（曾用名：大舜创新果园、大舜有机农业产业园），经过10年的努力，坚持生态多样性的发展原则，不使用转基因种子，不使用农药、化肥、激素和除草剂等，近年来，应用生态农业优质高产"四位一体"种植技术进行田间管理，取得明显效果，现已建成1个拥有6 000亩土地包括9个基地的生态家园；园内全部实现自动喷灌或者滴灌，采用自行设计的大型机械进行播种、除草和收获；土壤达到国家无重金属污染的一级土壤标准，土壤松软，蚯蚓多；多种作物经第三方检测都无农药残留；被南京国环有机产品认证中心颁发3 000亩作物的有机转换认证证书，被中绿华夏有机食品认证中心颁发有机产品认证证书已持续7年。

王永仁

山西运城新绛县人民政府县长助理。1954年出生，1978年毕业于山西运城农学院，多年来先后在运城农学院、运城地委农工部、运城市扶贫办、新绛县政府等单位从事农业农村现代化方面教学、调研、管理、成果推广工作。有机高产优质栽培技术新绛模式的推动者。整理出多种作物的有机种植管理规范。

刘祥东

奥丰作物病害防治有限公司董事长，企业创始人。1964 年出生，山东青岛人，2010 年 3 月在潍坊创办潍坊奥丰作物病害防治有限公司，研发生产中药制剂，并担任总经理，2012 年涉足电子商务领域，2020 年企业发展为互联网＋农资的领头羊。公司主要产品小檗碱（杀菌剂），由 20 多味中草药复方而成，复配了矿物质元素，产品包括青枯立克、靓果安、溃腐灵，作用是杀菌、营养复壮、促进伤口愈合，可防治病毒、真菌、细菌等病原菌引起的疑难病害，同时复壮植株，增强树势。奥农乐（土壤调理剂），由中草药、海藻、矿物质复混后，添加有益微生物，可给土壤补充有机质、有益菌和矿物质，增加土壤透气性，调节土壤酸碱度，预防土传病害的发生。

杨金良

山东新界道农业科技有限公司总经理，曾于 1998 年从事饲料行业，2006 年开始转为种植业（果树育苗和传统蔬菜种植），2012 年任宝石沟农业发展有限公司技术顾问，2014 年任乔新农业发展有限公司种植管理主管，开始有机农业种植，2015 年任内蒙古富一方农牧专业合作社运营总监，2017 年成立新界道农业科技有限公司，从事生态种植基地运营至今。在种植业的主要技术专长是植物营养与种植微环境改造技术。2021 年与南京同仁堂合作在青岛的 300 亩基地种植西洋参。

陈丛红

1968 年 7 月下乡北大荒。1979 年 1 月毕业于黑龙江农垦大学农学系，被分配到农垦部计划局计划处从事生产计划、农场规划和环境保护工作。1979 年在中国农业大学农学系进修有机化学和植物生理基础课程。1986 年担任吉林省长春市榆树县挂职副县长。1987—1992 年担任农业部农垦司计划处处长。1989 年在农业部农垦司担任计划处处长期间，开创了中国的"绿色食品"事业。1992 年农业部成立中国绿色食品发展中心，担任该中心副主任。1998 年至 2000 年 7 月担任中国绿色食品总公司总经理，2000 年 7 月创办北京天地生辉农业科贸有限公司，发展有机食品在中国市场规模化销售。

王春懿

四川攀枝花市农林科学研究院，高级农艺师。男，1963 年 11 月出生于四川邻水县，1985 年毕业于四川农业大学林学系，同年分配到四川攀枝花林业科学研究所工作，1985—1990 年获得市级科研三等奖 1 项，1991—2006 年主要从事杧果、石榴、葡萄等 200 余亩基地的综合管理，包括生产、经营、科研以及花卉生产、销售，承担全市绿化工程 10 余项，在全市推广杧果苗数百万株，推广花卉绿化苗木上百万株，2006 年所在单位合并为攀枝花市农林科学研究院，开始了解探索中医农业、生态农业、有机农业，2018 年到北京参加中医农业大会并学习到了"四位一体"技术，利用这项技术在攀枝花市枇杷、葡萄、杧果、四季豆、魔芋等植物种植中应用实践，取得了突破性效果，基本解决了很多难以解决的难题，产品品质得到很大提升，经济效益、生态效益、社会效益均得到大的提高，现在正在全市农业种植领域推广。

罗立双

北京绿洲生态工程技术研究院高级农技师，广西桂中职业农民学院特聘专家。《乐民之乐》农业技术平台首席专家。希望绿洲环境保护公益团队发起人。常年组织农民学习和培训生态高效栽培技术，取得明显效果，用生态种植模式生产出的柑橘品质好。经第三方检测，农药残留检测合格。现在还有 3 个比较大的基地正在试验：广东河源 180 亩沃柑，广西上林县 180 多亩火龙果，广西隆安县 11 000 多亩的沃柑、红宝石青柚。正在尝试更大规模的种植。

王站厂

山东平度生态农业番茄种植户，以前用化学方法种植大棚番茄，越种土壤越差且病虫害越多，3 年前改用生态农业优质高产"四位一体"种植技术，田间管理轻松了，病虫害明显减少，土壤变得越来越松软，番茄抗异常天气能力提高，番茄的产量比以往化学种植的略有提高，但品质和风味变化很大，深受大众的喜爱。

徐 江

沈阳绿色春天科技农资中心主任。1939 年 2 月 13 日出生，1956 年毕业于上海市复兴中学，1965 年毕业于西北工业大学飞机系，1965 — 1984 年工作于沈阳滑翔机厂，技术员、工程师，1984 — 1999 年工作于沈阳航空学院（现称沈阳航空航天大学）讲师、副教授，1999 年退休至今，从事生态农业新技术应用、推广，取得了很好的应用效果。

秦 义

北京绿洲生态工程技术研究院特邀专家。广西桂林人，1964 年出生，1980 — 1985 年在漓江激素厂从事 30 烷醇的生产与销售，1986 年在桂林市施乐化工有限公司生产中微量元素叶面肥，2015 年在广西希望绿洲生态农业平台做酵素、堆肥等生态种植义务推广员，2017 年经营生态农业产品，2018 年认识徐江老师，开始接触、了解"四位一体"技术。目前从事"四位一体"技术的推广。

查宏翔

重庆新太祥合农业发展有限公司总经理，高级农技师，重庆市合川区第十八届人大代表。2018 年 8 月创建重庆新太祥合农业发展有限公司，在合川区太和镇流转 300 亩土地，种植太和黄桃和凤凰李。建园初期，按生态农业优质高产"四位一体"种植技术管理，用有机肥、钙镁磷肥、罗布泊硫酸钾配合地力旺做底肥，用腐殖酸、氨基酸、活力素等进行叶面喷施给果树补充全面的营养，主要用生物农药、黄板、梨小食心虫性信息诱剂迷向丝等防治病虫害，用那氏齐齐发控旺，果园生草，人工除草，增加土壤有机质含量，果实口感好。2020 年，重庆新太祥合农业发展有限公司生产的太和黄桃，经通标标准技术服务有限公司（SGS）检测 242 项农药残留全部为零，2021 年太和黄桃荣获农业农村部农产品质量安全中心颁发的"特质农品"证书，已被登录为特质农品，正式纳入全国特质农品名录，证书有效期 2021 年 12 月 22 日至 2024 年 12 月 21 日。

郭 强

甘肃省天水市甘谷县季颖农业有限责任公司董事长。1973 年出生在甘肃天水甘谷县磐安镇三十铺村。受其祖父的影响，从 1995 年起自学农学专业知识并开展试验工作，专业从事番茄内在风味品质的研究。在深刻领会传统农耕文化精髓的基础上，结合生态学物种间相生相克的原理，应用现代科学的试验分析方法，总结出病虫害管理和口感物质控制的系统管理方法，尤其是在设施农业土壤矿物质营养元素的运动规律管理方面有着独特的见解。2016 年申请专利《一种番茄的种植方法及抗菌组合物》CN 201610715652.2。2018 年参加援非农业项目，在加纳种植推广番茄种植管理技术。2019 年在天水举办的创客中国大赛中获得优秀奖。2021 年建设和托管 180 亩优质番茄种植基地，为促进当地农业发展起到积极的带头作用。

秦小鸥

北京地福来生物科技有限公司总经理。1955 年 4 月出生，1969 — 1991 年当兵，1996 年创建地福来北京公司，从事藻类在农业种植、养殖、生态环境和健康领域新产品的研发、应用以及产业化的工作。地福来藻类生物肥是以最古老的低等植物：蓝藻（固氮、放氧、营养）、小球藻（光合、修复、营养）以其与植物特有的内外共生关系，给植物不断提供有机养分，减肥增效，提升品质，改良土壤，是绿色、有机、安全的新型投入品。2006 年农业部批准颁发肥料登记证，2007 年分别获得中绿华夏有机食品认证中心、南京国环有机产品认证中心和欧盟 CE 的有机认证，中国绿色认证，环保部环境友好技术产品。2014 年通过由农业农村部组织的成果鉴定，评价为 2015 年农业农村部 103 项主推技术之一。2019 年农业农村部评为 100 项创新创业产业项目，在全国推广应用。

程存旺

博士，诚食（北京）农业科技有限公司创始人，董事长；分享收获 CSA 农场以及小毛驴农场的联合创始人。中国人民大学农业经济管理硕士，可持续发展管理博士，师从著名乡村振兴专家温铁军教授。小毛驴农场主办的小毛驴市民农园于 2011 年荣获农业部休闲农业创新奖；分享收获 CSA 农场于 2019 年荣获世界未来委员会生态农业杰出实践奖；诚食（北京）农业科技有限公司于 2016 年获得教育部和苏州市联合举办的"中教未来杯"全国大学生创业大赛金奖，该公司打造了好农场乡村振兴生态农业产业平台，成为国内首家服务于乡村振兴的专业化平台，于 2018 年获得北京市高新科技企业称号，并获得了千万元的融资。目前，已经在北京、合肥、西安、广州、成都、江门、三亚、福州、泉州、建阳等地投资运营有机 CSA 项目和田园综合体项目。发表论文 9 篇，出版译著 3 部。

石 嫣

博士，北京分享收获 CSA 项目创始人与负责人，世界 CSA 联盟联合主席。中国人民大学农业与农村发展学院博士，清华大学人文与社会科学学院博士后，2012 年创办分享收获（北京）农业发展有限公司。中国社区支持农业和可持续农业的重要推动者。现在社区支持农业（CSA）模式的项目在全国已有上千家。国家发改委公众营养与发展中心全国健康家庭联盟健康传播大使。研究方向：可持续农业与公平贸易，至今发表过 20 余篇有关农村发展的论文，并翻译了《四千年农夫：中国、朝鲜、日本的永续农业》《分享收获：社区支持农业指导手册》《慢是美好的：慢钱的魅力》3 部相关领域著作，著有《我在美国当农民》。2016 年 3 月 16 日，当选 2016 年"全球青年领袖"。

赵兴宝

北京汉力森新技术有限公司创建人。1985 年毕业于复旦大学化学系，于北京燕山石油化工有限公司的化工一厂乙烯装置和模拟中试工作 7 年，后调入原化工部工程和规划部门，于 1997 年自主创业，自费主持亲水高分子功能材料交联聚丙烯酰胺（CL-PAM）的研发和推广应用，定名为智动载体。该功能材料的农业推广难度相当大，就连以色列、日本、美国以及欧洲等国的跨国企业也因多年亏损而放弃。智动载体表现出快速高效埙改土、促根壮株抗逆的特性。遇涝时，载体缓胀沥水下渗、增埙、稳埙，作物不徒长；遇旱时，智动载体凝胶被根系穿过吸水，体积回缩埙土，有效缓解作物对干旱的适应过程。也就是说，智动载体在其寿命周期内遇水缓胀失水慢缩若干次，这一功能有利于作物的正常生长。因此，土壤拌有智动载体，能提高作物对干旱胁迫的适应能力，最终提升农产品风味物质，提升口感。十几年来，超大颗粒智动载体应用在山东、陕西、甘肃、河北、福建、湖南、广西等地果园，表现为提升和稳定土壤通透性，尤其在黄黏土中更能增加水肥的缓冲性。智动载体（粉末型）先吸附尿素和中量、微量元素等，做到当季作物不追氮肥的同时丰产提质，特别应用在水稻生产上。2021 年 11 月，河北顺平的果农对智动载体（超大颗粒型）的稳定功效做了长达 7 年的观察，发现其在土壤中有效期超长。因此，可以在作物种植中使用，具体做法是将长、短 2 种粒径型的智动载体组合，与秸秆一起翻入 25～30 厘米土壤中，翌年依靠降水，其产量不低于常规种植模式，效果可以持续 7～8 年。

现已发表学术论文 2 篇，文献查阅涉及汉力淼的交联聚丙烯酰胺（CL-PAM）应用研究的中外论文 100 余篇。

王士奎

农业农村部规划设计研究院研究员。1963 年 9 月出生。享受国务院政府特殊津贴专家。长期从事生物质多糖转化寡聚生物活性衍生物技术创新及应用研究工作。国内外首创海洋生物源农药氨基寡糖素（OS），并完成"一步法生产氨基寡糖素"技术创新及升级，引领中国农药行业诱抗剂产业体系的形成。分别主持国家 863 项目、国家"十二五"科技攻关计划项目子课题、国家"十三五"重点研发专项子专题等 10 余项。发明创制新型生物活性物质 7 个；产业化注册新产品 5 个；探索发明了新型纳米流体碘及相变碘（I-60）材料原创技术，其超强的光热稳定性为研发新型抗癌物、杀菌剂（消毒剂）、高能量密度电解质及激光源新材料提供了新的途径，提出以碘及其衍生物为基础构建作物寄生病害（病毒病及黄龙病等）绿色防治技术体系，共获得国家授权发明专利 23 项（包括美国授权发明专利 2 项，其中 85% 以上为第一发明人和重要发明人），出版著作部，发表论文 50 余篇，获国家科技进步奖二等奖 2 项，省科技进步奖 2 项，其他科技进步奖 5 项。

王建钧

土木工程学士，岩土工程硕士。云南梓盟农业科技有限公司总经理，云南永续农业协作中心联合发起人，云南云丰耕乡生态农业专业合作社联合发起人。2014 年从国企辞职，返乡归农从事 CSA 社会生态农业的生产与销售工作，在云南昆明组建吃土社区——梓盟西红市（Zimeng tomato community），社区以番茄为纽带，链接有机生产的小农户、小农场及有机生活的消费者，特色产品包括有机番茄、胡萝卜、云小姜等。

杨小英

陕西秦人良品生态有机农民专业合作社理事长，陕西西安蓝田英杰农场负责人，白鹿原上的七零后新农人，西北 CSA 联络处负责人。从教多年，2012 年回乡创业，一路风雨，一路坚持，在 CSA 的帮助下，农场从困境中逐渐走出，2018 年樱桃的成功分销案例，促使了各地在 CSA 联盟的组织下，先后成立省级合作社，开展互助模式。现秦人良品也成为 CSA 联盟下全国第 1 个省级合作社，逐渐探索出互助合作的合作社生态发展模式，推动了生态产品的市场化销售，为其他省市合作社的成立提供了宝贵的经验。2021 年蓝田英杰农场有机种植的 100 亩樱桃经第三方随机送检，经 SGS 检测，结果 5 项重金属未检出，519 项农药残留未检出。同期农场种植的红灯（樱桃早果）参加了西安市果业科举办的樱桃大赛，取得金奖第一名的优异成绩。

邹子龙

广东珠海绿手指有机农园总经理。2011 年起陆续获得人民大学农业经济管理专业学士学位，北京大学经济学学士学位，中国人民大学农业推广硕士学位。2010 年在校期间开始返乡经营绿手指有机农园。2013 年，绿手指启动志愿者发展项目，通过该计划培养出来的许多青年朋友加入了绿手指团队，更多年轻人把"社区支持农业"模式带回了自己的家乡和城市，开办了自己的有机农场。2016 年起，农场开始和全国各地的生态有机农友合作开发安全农产品。2018 年绿手指农场的有机餐厅方野农原正式开业，餐厅 70％ 的食材来自农场自产，其余的来自全国各地生态有机农友，希望向消费者传递尊重农民、尊重厨师、尊重食物的理念。同年绿手指广州基地、珠海热带水果生产基地开始经营，生产当地优势品质蔬菜和水果。绿手指是珠海首个"消费者和生产者共担风险，共享收益"城乡互助模式的有机农场，由农场直达餐桌，目前该农园已获得全国3 000 多个家庭、5 万多个消费者的支持，农产品通过南京国环有机认证。

代 鑫

河南晶碳农业科技有限公司董事长，该公司是生产研发腐殖酸高水溶性有机碳肥的民营企业。2008 年至今一直从事腐殖酸水溶有机碳肥的研究，现有年生产能力 20 万吨有机碳肥的生产线 1 条，4 项发明专利和多项新型专利，在同行业中达到领先技术水平。利用纳米技术，独创了肥料膏剂生产工艺和生物发酵技术，采用"提纯"技术，辅助先进生产工艺流程，经过科学合理配方，制成性能稳定的全水溶性、全营养的腐殖酸肥，填补了有机水溶碳肥领域的空白。有机水溶小分子晶碳碳肥，腐殖酸含量 ≥ 30％，$N+P_2O_5+K_2O$ ≥ 27％，中量元素（Ca+Mg+S 等）≥ 5％，微量元素（Fe+Zn+B+Mn+Cu+Mo）0.5％～3％，营养全面。

李迎春

博士，中国农业科学院农业环境与可持续发展研究所副研究员。主要研究领域：定量核算农产品全生命周期碳足迹，解析不同农产品的碳减排贡献，提出双碳目标下农产品低碳路径，综合评估未来气候情景下不同农田管理措施的适应能力和减排潜力的协同效应；开展基于作物品质与产量提高的低碳农业发展模式的研发，尝试通过施肥、灌溉、耕作、品种改良、病虫害防治等农田管理措施调整，达到气候资源的高效利用。主持课题5项、子课题4项，参加课题6项；发表论文50余篇，主编著作5部、译著1部，参编4部；获河北省科技进步奖二等奖1项，获实用新型专利1项，软件著作权7项。

李书田

博士，中国农业科学院农业资源与农业区划研究所研究员，博士生导师。长期从事作物营养和肥料高效施用研究。主持或参与主持国际合作项目、研发计划专项课题、支撑计划课题或子课题，参加973项目课题、国家自然科学基金项目等。在国内外学术刊物上发表论文80余篇。获国家科学技术进步奖二等奖1项、北京市科学技术奖一等奖1项。主要从事肥料减施增效途径与模式、有机肥安全施用技术标准、有机肥替代化肥的替代率和替代当量研究、4R作物养分管理研究、我国农田养分投入/产出和需求分析、蔬菜养分推荐方法和限量标准研究。

赵士明

农圣生态科技有限公司创始人。1973年6月出生，1992年毕业于潍坊科技学院，就职于寿光市葡萄协会，1995就职于寿光市技术开发中心，1996年任中国人民解放军55181部队农药分装厂副厂长，1998年转职山东绿园农业科技有限公司，2000年成立山东申达作物科技有限公司，专业从事生物农药—糖生物工程研究、开发、生产。公司已取得有机农投品认证，农业农村部正式登记，被潍坊市人民政府评为农业龙头企业。公司生产的免疫诱抗剂"绿俏"（氨基寡糖素）年推广销售量超过200吨，提升多种作物产量和品质，为万千农户增产增收、保驾护航。2021年，氨基寡糖素进入北京市绿色防控农投品产品名录。

张家元

千县千品（北京）农业科技有限公司总裁，集牧佳源（内蒙古）农牧科技有限公司董事长、总裁。1961年出生，湖北荆州人，1978年底参军入伍，从军14年，1992年转业至国家机关。2009年开始从事农业种植、养殖。先后担任中国城镇化工作委员会副主任，中国市县招商网董事长、总裁，中招云信息科技有限公司董事长，千县千品（北京）农业科技有限公司董事长。2018年起致力于草原生态治理与改良，以及智能科学种植、养殖项目的调研和实践。目前，经营和管理的有3000余亩种植基地，近5000亩藏香猪散养基地，主要负责为在京部分企事业单位及会员提供健康、生态的农副产品保障。

侯月峰

山东省昌乐县农业农村局高级农艺师，担任昌乐县农业农村局生态种植技术推广首席专家。主要从事西瓜品种选育及生态种植技术研究推广工作。已成功选育出大型西瓜"三粒红宝都"、小型西瓜"三粒红贝贝"2种高产优质西瓜品种。利用"四位一体"技术成功解决了瓜菜病毒病、根结线虫、重茬病等瓜菜生产难题。

梁龙华

绿油油生物肥料有限公司总经理。高级工程师。曾经在原化工部属企业从事农业杀菌剂研发及生产。在国家级刊物发表文章10篇。后从事植物营养研究，特别是纳米技术植物营养研究10余年，主要研究诱导杀菌剂、光合促进剂、盐碱地修复改良及重金属钝化技术产品。其中，硅肥研究达到了一个新高度，纳米硅（根魁/众望所归）是目前活性高的硅肥产品之一，安全性高，第一批取得农业农村部的批准登记。秉持土壤修复改良、根系根际微循环、均衡及精准施肥、增强作物自身免疫力提高等可持续农业发展方向，从产品入手，研究生产了一系列产品。已经获得3个国家发明专利，15个实用专利。

仝雅娜

博士，天津市农业科学院现代都市农业研究所助理研究员，2011年毕业于贵州大学森林培育专业。长期从事草莓、蔬菜栽培生理、生化及分子生物学研究，在解决草莓连作障碍，改良土壤，提高草莓、蔬菜产量和品质方面做了较多工作。主持和参与完成 10 余项省部级项目；发表论文 24 篇，其中第一作者 9 篇；授权实用新型专利 9 项；作为副主编编写专著 1 部；主持参与编写天津市地方标准 4 项。获得 2021 年天津市科学技术进步奖二等奖 1 项（第三名）。任国家星火计划培训丛书《次生代谢在生态农业上的应用》副主编，2018 年由中国农业大学出版社出版。

任凤莉

中国爱地集团山东爱康海洋生物技术研发中心负责人，青岛蓝江康托海洋生物科技有限公司负责人。专业特长：从事活性酶参与土壤代谢与参与植物生长机理研究和实际应用，多年来一直致力于土壤改良和生态农业的建设工作。工作经历：20 世纪 90 年代末，在中国台湾从事农业技术服务职业组训工作时涉及生物有机肥领域，并且开始接触土壤中酶活性对土壤代谢的影响，进而走入土壤改良的探讨工作中。2000 年代初接触到海藻肥料后，开始将海藻与生物活性酶结合参与土壤代谢与植物生长代谢的研究实践。为了能将技术与实践结合，自主创业成立青岛蓝江海洋生物科技有限公司，主要生产含酶海藻有机肥料，在解决土壤代谢上效果显著。为进一步加大土壤改良力度 2018 年在青岛蓝江公司基础上又创建了专业从事技术研发和生产海藻原料及活性酶原料的公司——青岛蓝江康托公司。由于技术和资源的优势，2020 年夏天，中国爱地集团注资控股了青岛蓝江康托海洋生物科技有限公司。

张鹏鹏

北京篱笆文化创始人。俄罗斯列宾美术学院油画系硕士，师从于俄罗斯功勋艺术家哈米德·萨夫库耶夫。留学 7 年，多幅作品留校收藏。2014 年 9 月于中国美术学院举办"涅瓦回望——中国美院 列宾美院交流展"，2015 年加入俄罗斯华人艺术家协会并参加"纪念反法西斯战争胜利 70 周年"美术作品展，获得"最佳作品"奖，2016 年 5 月作品《生活》在"一带一路"第五届俄罗斯艺术家协会美术展演中获得"最佳学术奖"，2017 年参加俄罗斯美术家协会举办"春之赞歌——俄罗斯华人艺术家八人联展"，硕士毕业作品《母亲》被列宾美院满分收藏。

金玉文

男，1996 年出生，河北承德人，河北农业大学资源与环境科学学院在读硕士，主要从事养分资源高效管理与利用、土壤培肥与改良工作。参与河北省重点研发计划项目，以第一作者身份发表论文《Meta 分析养分管理措施对菜田土壤硝酸盐累积淋溶的阻控效应》，以共同第一作者身份发表《Comprehensive assessment of plant and water productivity responses in negative pressure irrigation technology : A meta-analysis》（审稿中），多次参加大型学术会议，具有丰富的外出交流经验。